（中国博士后基金特别资助项目：2022T150612）

双面叠合剪力墙关键问题研究

余少乐　杨联萍　著

中国建筑工业出版社

图书在版编目（CIP）数据

双面叠合剪力墙关键问题研究 / 余少乐，杨联萍著. 北京 ：中国建筑工业出版社, 2024. 10. -- ISBN 978-7-112-30404-2

Ⅰ. TU398；TU37

中国国家版本馆 CIP 数据核字第 20247X0K87 号

责任编辑：仕 帅 刘颖超

责任校对：张 颖

双面叠合剪力墙关键问题研究

余少乐 杨联萍 著

*

中国建筑工业出版社出版、发行（北京海淀三里河路 9 号）

各地新华书店、建筑书店经销

国排高科（北京）信息技术有限公司制版

建工社（河北）印刷有限公司印刷

*

开本：787 毫米×1092 毫米 1/16 印张：14¼ 字数：338 千字

2024 年 11 月第一版 2024 年 11 月第一次印刷

定价：**60.00** 元

ISBN 978-7-112-30404-2

（43746）

序　一

2021 年国务院印发了《碳达峰行动方案》，明确了我国双碳工作的总体要求和主要目标。建筑领域是我国能源消耗和碳排放的主要领域之一。加快推动建筑领域节能降碳，对实现碳达峰碳中和、推动高质量发展意义重大。住房和城乡建设部印发《"十四五"建筑业发展规划》，提出到 2025 年，装配式建筑占新建建筑的比例达 30%以上；新建建筑施工现场建筑垃圾排放量控制在每万平方米 300 吨以下，并初步形成建筑业高质量发展体系框架。

装配式双面叠合剪力墙结构是由两片工厂预制而成的混凝土墙板叠合而成，叠合的方式是由钢筋桁架将两侧的混凝土板联系在一起，在工厂预制完成时，两侧的混凝土板之间内含空腔，现场安装就位后再浇筑空腔部分混凝土，形成整体结构体系。装配式双面叠合剪力墙结构体系属于半装配半预制的结构体系，结构内部存在双叠合面，上下剪力墙连接通过竖向钢筋插入空腔，由后浇筑的混凝土握裹传递荷载。装配式双面叠合剪力墙结构构造形式以及水平节点荷载传递方式有别于其他装配式结构体系，需要针对其特点开展研究。

本专著主要内容是余少乐博士和杨联萍教授针对装配式双面叠合剪力墙叠合面抗剪性能、水平连接节点抗震性能以及水平连接节点竖向连接钢筋的粘结滑移性能，历时十余载研究形成的成果，专著中提出了基于剪切-摩擦理论的双叠合面抗剪承载力计算公式，揭示了装配式双面叠合剪力墙水平连接节点在循环剪切荷载作用下破坏机理，建立了装配式双面叠合剪力墙水平节点竖向连接钢筋界面粘结应力-滑移本构模型，为装配式双面叠合剪力墙结构体系的推广和应用提供了重要的理论与试验研究参考，为装配式双面叠合剪力墙建筑设计规范和标准的制定提供科学依据。

最后，祝愿本专著能够更好地服务装配式建筑行业，在促进装配式建筑产业的标准化和规模化发展中作出应有的贡献！

中国科学院院士
浙江大学教授
2024.10.22

序　二

2016年发布的《国务院办公厅关于大力发展装配式建筑的指导意见》指出，发展装配式建筑是建造方式的重大变革，是推进供给侧结构性改革和新型城镇化发展的重要举措，有利于节约资源能源、减少施工污染、提升劳动生产效率和质量安全水平，有利于促进建筑业与信息化、工业化深度融合，培育新产业新动能，推动化解过剩产能。近年来，我国积极探索发展装配式建筑，但装配式建筑比例和规模化程度较低，与发展绿色建筑的有关要求以及先进建造方式相比还有很大差距。上海市人民政府关于印发《上海市加快推进绿色低碳转型行动方案（2024—2027年）》的通知中指出，实施工程建设全过程绿色建造，全面落实装配式建筑，推行全装修住宅，推进建筑废弃物循环再生利用。

中央及各地政府从可持续发展角度考虑，对传统的建筑业提出转型与升级要求，装配式建筑结构体系迎来了新的发展机遇。双面叠合剪力墙体系是从德国引进的一种装配式结构体系，属于半装配半预制的结构体系，目前在国内的应用刚刚起步，由于我国和德国的应用环境差别较大，需要对双面叠合剪力墙进行深入的研究。该专著针对双面叠合剪力墙的关键问题，通过试验研究、数值模拟和理论分析，对双叠合面抗剪性能、水平连接节点的抗震性能、连接节点竖向钢筋粘结滑移性能开展分析研究，书中对世界各国的叠合面抗剪强度公式进行了归纳统计，根据试验结果绘制叠合面粘结力、叠合面摩擦力、钢筋销栓作用力随着滑移量的变化趋势，结合剪切-摩擦理论提出了计算双叠合面抗剪强度计算公式；巧妙地设计了双面叠合剪力墙水平连接节点在循环剪切荷载作用下的试件和装置，通过剪切-摩擦理论和软化拉压杆模型来分析双面叠合剪力墙水平连接节点的抗剪机理，最后建立双面叠合剪力墙水平连接节点抗剪承载力的计算公式；通过对竖向连接钢筋切割开槽后粘贴应变片得到拉拔试验加载过程中钢筋应变分布情况，利用应变数据计算得到了界面粘结应力以及相对滑移，建立了竖向连接钢筋界面粘结应力、相对滑移沿粘结长度的分布规律，绘制不同荷载作用下竖向连接钢筋粘结应力分布情况，建立粘结应力分布位置函数。

该书揭示了双面叠合剪力墙的受力机理，对双面叠合剪力墙的推广应用非常有意义，最后衷心祝愿本专著顺利出版，也期望本专著能够更好地服务装配式建筑领域，为建设人民满意的“好房子”作贡献。

全国工程勘察设计大师
华东建筑设计研究院资深总工程师

FOREWORD 前言

在当今建筑行业高质量发展的背景下，装配式建筑以其高效、节能、环保等诸多优势，逐渐成为建筑领域的重要发展方向。其中，装配式双面叠合剪力墙结构作为一种新型的装配式结构体系，因其具有良好的整体性、抗震性能以及施工便捷等特点，受到了广泛的关注和应用。装配式双面叠合剪力墙结构体系是由德国引入的新型装配式结构体系，由于我国和德国应用场景、地区类型等方面均存在较大的差异，因此我国装配式双面叠合剪力墙结构在理论研究、设计方法等方面仍存在着有待深入探讨和解决的关键问题。

从理论研究的角度来看，由于双面叠合剪力墙结构内存在两个叠合面，双叠合面的破坏模式是什么样的，叠合面的存在对双面叠合剪力墙的极限承载力是否存在影响；双面叠合剪力墙结构水平节点的连接取消了套筒连接，采用底部剪力墙内预埋钢筋插入上部剪力墙空腔的方式连接，通过界面插筋“间接搭接”的水平连接节点能否有效传递剪力等问题，都需要更加系统和深入的研究，以确保结构在地震等极端工况下的安全性和可靠性。

在设计方法方面，如何根据装配式双面叠合剪力墙结构的特点，制定科学合理的设计方法和标准规范，是当前面临的一个重要挑战。由于双面叠合剪力墙结构的构造形式与传统现浇剪力墙结构存在一定的差异，现有的设计方法和规范在某些方面并不完全适用于该结构体系。因此，需要开展大量的研究工作，建立起适合装配式双面叠合剪力墙结构的设计理论和方法，为工程设计提供科学的依据。

本书旨在对装配式双面叠合剪力墙结构的关键问题进行系统的研究和探讨。通过对国内外相关研究成果的梳理和分析，结合大量的试验研究和理论分析，深入剖析装配式双面叠合剪力墙结构在理论研究和设计方法等方面的关键问题，并提出相应的解决方案和建议。本书中的试验开展得到了上海宝业（集团）有限公司和华东建筑集团股份有限公司的大力支持，在此表示由衷的感谢！

希望本书的出版能够为装配式双面叠合剪力墙结构的研究和应用提供有益的参考和借鉴，推动我国装配式建筑技术的不断发展和进步。

作者

2024 年 11 月

上海

目 录

CONTENTS

第 1 章

绪 论

1.1 研究背景

建筑工业化是建筑业的一次新改革，其基本内容可以归纳为建筑设计的标准化与体系化、建筑构配件生产的工业化、建筑施工的装配化和机械化、组织管理的科学化。从20世纪50年代开始，我国的建筑工业化开始发展，在第一个五年计划中曾提出借鉴苏联和东欧国家的经验，在国内推行标准化、工厂化、机械化的预制构件和装配式建筑。20世纪60年代到20世纪80年代期间是我国装配式建筑持续发展的时期，尤其是从20世纪70年代后期开始，我国多种装配式建筑体系得到了快速的发展[1-2]。如砖混结构的多层住宅中大量采用低碳冷拔钢丝预应力混凝土圆孔板，其楼板每平方米用钢量非常小，仅为3～6kg，而且施工时不需要支模，通过简易设备甚至人工即可完成安装，施工速度快。同时，预应力混凝土圆孔板生产技术简单，各地都建有生产线，大规模生产的预应力空心板成为我国装配式体系中应用最广的产品。从20世纪70年代末开始，为满足北京地区高层住宅建设的发展需要，从东欧引入了装配式大板住宅体系，其内外墙板、楼板都在预制厂预制成混凝土大板，采用现场装配，施工中无需模板与支架，施工速度快，有效地解决了当时发展高层住宅建设的需求，北京地区大量10～13层的高层住宅采用了装配式大板体系，个别甚至应用于18层的高层住宅，至1986年北京市累计建成的装配式大板高层住宅面积就接近70万m^2[3-4]。在多层办公楼的建设方面，上海市曾采用装配式框架结构体系，其框架梁采用预制的花篮梁，而柱为现浇柱，楼板为预制预应力空心板。单层工业厂房当时普遍采用装配式混凝土排架结构体系，构件为预制混凝土排架柱、预制预应力混凝土吊车梁、预制后张预应力混凝土屋架和预应力大型屋面板等。据有关文献报道，截至20世纪80年代末，全国已有数万家预制混凝土构件厂，全国预制混凝土年产量达2500万m^3。在那个时期装配式体系被广泛应用与推广，大量预制构件都标准化，并有标准图集，各设计院在工程项目设计中也都按标准图集进行选用，预制构件加工单位也按照标准图集生产加工，施工单位按照标准图集进行构件的采购。

然而从20世纪80年代末开始，我国装配式建筑的发展却遇到了前所未有的低潮，结构设计中很少采用装配式体系，大量预制构件厂关门转产。装配式建筑存在的一些问题开始显现，采用预制板的砖混结构房屋、预制装配式单层工业厂房等在唐山大地震中破坏严重，使人们对于装配式体系的抗震性能产生担忧，相比之下认为现浇体系具有更好的整体性和抗震性能；而大板住宅建筑因当时的产品工艺与施工条件限制，存在墙板接缝渗漏、隔声差、保温差等使用性能方面的问题，在全国住宅建设中的应用也大规模减少。现浇结构开始得到广泛的认可和大规模的应用。

新时期，随着我国社会的发展和经济的增长，我国的人口红利正在消失，建筑行业面临劳动力短缺、人工成本快速上升的问题，同时目前传统现场施工方式也面临环境污染、水资源浪费、建筑垃圾量大等日益突出的问题。为解决这些问题，保持建筑行业可持续发展，近年来我国政府出台并制定了一系列政策措施扶持推行建筑工业化，以实现“四节一环保”的要求。中央及各地政府从可持续发展角度考虑，对传统的建筑业提出转型与升级要求。装配式建筑结构体系迎来了新的发展机遇。目前我国的装配式建筑体系大多是由国外引入，但实际上各国的国情与国策各不相同，盲目效仿国外已有的成套理论体系并不一定适合当前我国情况。欧洲国家具有完善的装配式建筑产业，但这些国家多数为非地震区，对结构的抗震性能要求低，且多应用于低层住宅；土地资源紧张的新加坡虽然具有成熟的高层装配式混凝土结构住宅建造技术，但其发展装配式体系主要原因是为了摆脱现浇体系需用大量境外劳工而带来的社会问题，并且新加坡同样不用考虑抗震问题。日本为解决抗震要求，其高层装配式混凝土框架结构体系采用了耗能支撑技术，其建造成本较高。这些国外的体系均与中国国情不完全相符，因而不能简单借鉴其研究发展成果。本书研究的双面叠合剪力墙体系是从德国引进的一种装配式结构体系，双面叠合剪力墙体系是一种半装配半预制的结构体系，目前在国内的应用刚刚起步，我国和德国的应用环境差别较大，需要对双面叠合剪力墙进行深入的研究。

1.2 叠合剪力墙研究现状

1.2.1 国外研究进展

国外的叠合剪力墙和国内构造有所区别，国外文献中称为“三明治墙”，“三明治墙”做法是在内外预制混凝土层中填充不同材料的保温板，如图 1-1 所示，一般用作外墙板，因此，国外对“三明治墙”的研究重点是考虑其在自重和附加结构传递来的轴向荷载下的受力性能以及由风和温度变化引起的侧向荷载下的受力性能。早期的研究表明[5-6]：通过实心混凝土或金属桁架钢筋作为剪力传递方式的“三明治墙”的整体性能良好，基本上可以达到等同于整体浇筑混凝土墙的效果。但是这两种剪力键的缺点在于：在“三明治墙”中形成较为明显的“热桥”效应，降低保温隔热的效果。调查表明：当穿过保温板的金属剪力键的面积占 0.08%，就会导致保温隔热的效率降低 38%[7]，因此，当设计强调“三明治墙”的保温隔热效果时，就会牺牲结构的整体性能，例如 ASHRAE（美国供暖、制冷与空调工程师学会）就设定了 2007—2010 年建筑节能 30%的目标，强制要求“三明治墙”具有更好的保温隔热效率[8]。为了寻找结构整体性和保温隔热效果的平衡，不同材料的非金属剪力连接键成为研究中的热点[9-11]，如聚丙烯材料的连接键、乙烯基酯的连接键、玻璃纤维连接键、碳纤维连接键等。

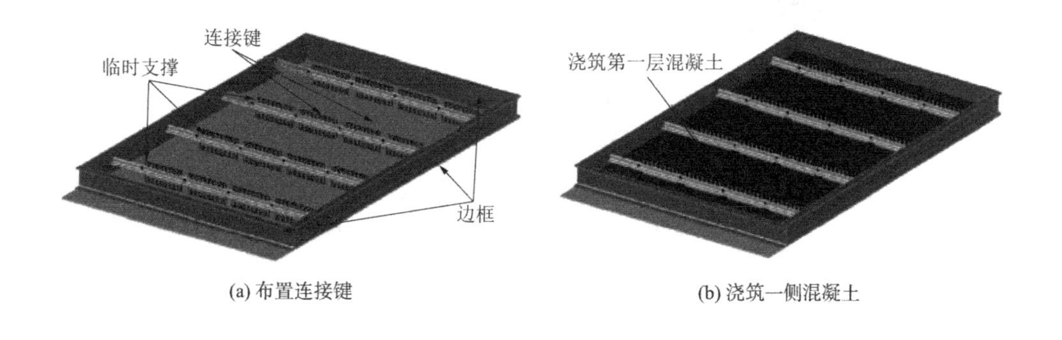

(a) 布置连接键

(b) 浇筑一侧混凝土

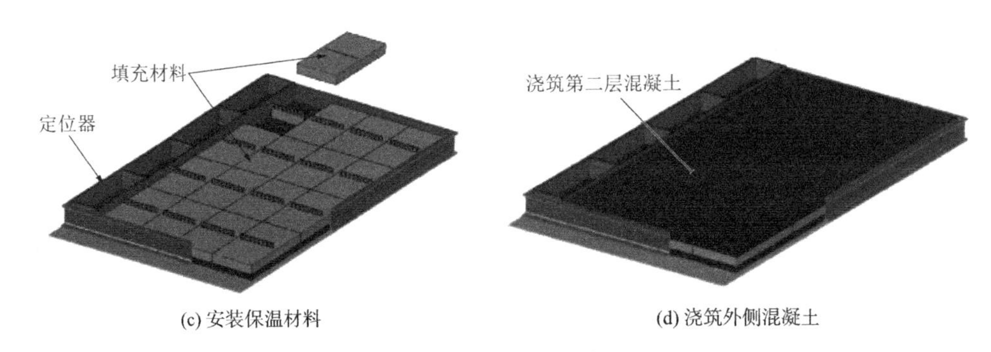

(c) 安装保温材料　　(d) 浇筑外侧混凝土

图 1-1　“三明治墙”制作过程

1. 平面外抗弯性能研究

1965 年，Pfeifer 和 Hanson[12]对 50 片“三明治墙”进行了模拟风荷载作用的平面外抗弯性能试验研究，分析不同类型的剪力连接键的影响。试验结果表明：不同类型的剪力连接键、不同的布置间距对“三明治墙”的抗弯整体性能带来不同程度的影响，钢筋桁架连接键相比其他没有腹杆的金属连接键，其剪力传递效率最高，而实心混凝土剪力键的剪力传递效率比金属剪力键效率更高。

1992 年，Einea 等[13]对采用 FRP 作为剪力连接键的“三明治墙板”进行了模拟风荷载作用的抗弯试验研究，试验结果表明：“三明治墙板”的抗弯承载力取决于剪力连接键的刚度，FRP 连接键能够满足“三明治墙”整体性能的要求，能够抵御三倍的设计荷载；剪力键在平面外弯曲荷载作用下承受压应力（或拉应力）和弯曲应力。

1994 年，Bush 和 Stine[14]对 6 片通过桁架连接键连接的“三明治墙”进行试验研究，主要分析桁架连接键间距、数量、布置朝向的影响。试验结果表明：沿着墙板纵向布置桁架连接键能够较好地保证结构的整体性能，提供较强的抗弯能力，构件破坏模式以弯曲破坏为主，如图 1-2（a）所示；布置在桁架上的应变片显示桁架钢筋的应变较小，剪力的传递是通过插入键在混凝土中的剥离以及桁架钢筋包裹形成的混凝土肋来传递，如图 1-2（b）所示；保温板和预制层间的摩擦粘结性能提高剪力传递。同时对“三明治墙”进行模拟日常热量梯度变化作用下其疲劳试验，试验结果表明：55000 次循环加载后，刚度损失了 15% 左右，在出现裂缝时，刚度降低到 4%，此时循环加载了 12500 次，刚度在出现裂缝前降低较多的原因是预制层和保温板的界面出现严重的损坏。

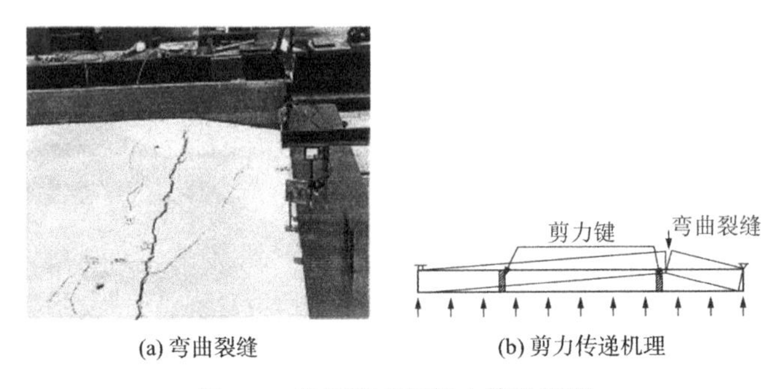

(a) 弯曲裂缝　　(b) 剪力传递机理

图 1-2　破坏模式和剪力传递机理

1999 年，Adbelfattah[15]对 6 片带肋的“三明治墙”进行了试验研究，每个构件承受三种不同类型的荷载，首先承受弹性范围内的侧向荷载，接着承受弹性范围内的轴向荷载，最后在侧向荷载和轴向荷载的共同作用下加载至破坏。试验结果表明：在轴向荷载作用下，剪力连接键的作用非常小，预制混凝土部分承担了主要的轴向荷载。

2008 年，Benayoune 等[16]对 6 片不同长宽比的“三明治墙板”进行抗弯试验研究，试验结果表明：所有的“三明治墙板”破坏均是源于底部受拉区出现大量的裂缝，底部钢筋受拉破坏，均表现出较好的延性特性；单向“三明治墙板”表现出明显的弯曲裂缝，沿短边长度方向布置的应变片读数几乎为零，表明单向“三明治墙板”受力性能和实心墙板类似，双向的“三明治墙板”开裂模式和实心墙板相同，如图 1-3 所示；“三明治墙板”整体性很大程度上和剪力连接键的刚度有关。

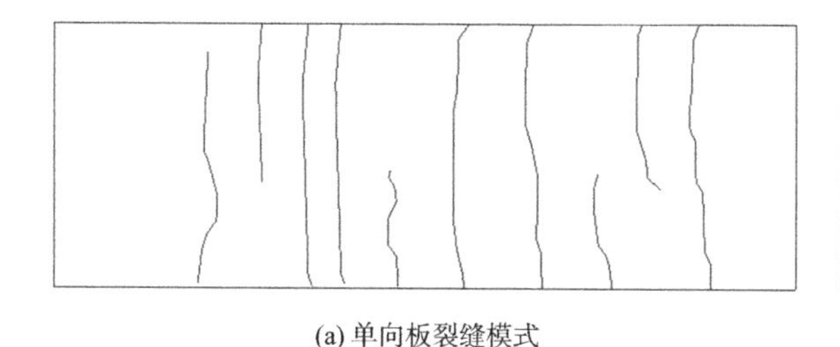

(a) 单向板裂缝模式　　(b) 双向板的裂缝模式

图 1-3　裂缝模式

2008 年，Frankl[17]对通过 6 片 CFRP 连接的带预应力筋“三明治墙”进行了面外的疲劳性能试验研究，分析不同填充材料、预制层和中间层厚度变化，剪力连接键的数量变化等因素的影响，如图 1-4 所示。试验结果表明：增加内外预制层的厚度或者增加剪力连接键的数量能够增加结构的整体刚度，减缓结构破坏程度；由于 EPS（泡沫聚苯乙烯）和预制层的粘结性能比 XPS（挤塑聚苯乙烯）粘结性能好，采用 EPS 作为保温板的“三明治墙板”的极限承载力更高；剪力连接键被拉断的构件过早地发生了弯曲破坏；混凝土的压溃一般出现在顶部靠近托架的地方，但是锚固良好的构件的破坏特征以弯剪裂缝的出现为标志，同时出现层间脱离。2010 年 Tarek 和 Sami[18]对其试验结果进行了理论分析，提出了基于叠合钢梁理论的部分相互作用理论，分析结果表明在给定板曲率情况下，提出的部分相互作用理论能够计算“三明治墙”的整体刚度。

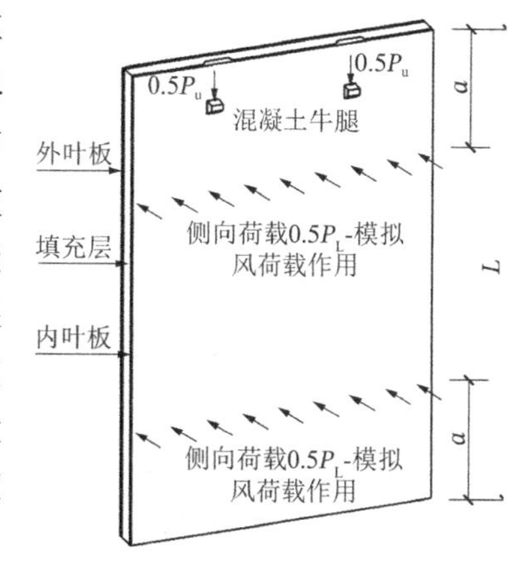

图 1-4　荷载施加示意

2011 年，Frankl 等[19]对 6 片含预应力钢筋的“三明治墙板”进行了试验研究，墙板承受轴向荷载和往复的平面外荷载作用。试验结果表明：“三明治墙”的刚度和变形与剪力传递构造形式有很大关系，有混凝土实心区域的“三明治墙”在往复荷载作用下刚度退化最小；CFRP 剪力连接键能够提供有效的剪力传递；EPS（泡沫聚苯乙烯）填充的“三明治墙”和包含混凝土实心区域的 XPS（挤塑聚苯乙烯）填充的“三明治墙”整体性能较好，内外叶板厚度不同的“三明治墙”整体性能较差。

2014年，Tomlinson和Fam[20]对含混凝土“栓钉”的“三明治墙板”进行了面外抗弯性能的试验研究，150mm厚的保温层内包含了4个100mm厚混凝土“栓钉”，混凝土“栓钉”将剪力连接键包裹以减小内外叶板的相对变形，如图1-5所示。试验结果表明：当GFRP剪力连接键的配筋率从0.026%增加到0.098%，“三明治墙”的极限承载力从0.58倍的整体墙承载力增加到0.8倍的整体墙承载力；在GFRP剪力连接键的配筋率0.055%的试件中，保温板和混凝土之间的粘结和摩擦对整体极限承载力贡献达50%，因此，推测在没有任何连接键的“三明治墙”，其极限承载力也能达到整体构件的50%，但是在整个寿命周期中粘结和摩擦不会一直保持；混凝土“栓钉”能够增强结构的整体性能，但是其作用随着连接键直径的增大而折减。

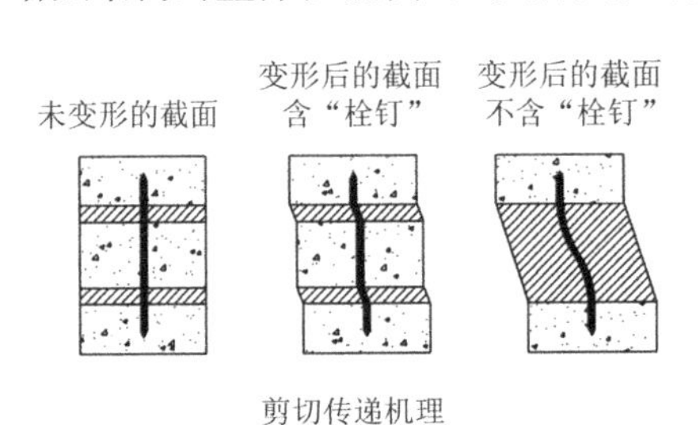

图1-5 混凝土“栓钉”作用

2015年，Insub Choi等[21]对18片“三明治墙”在风吸力和风压力作用下的受力性能进行了试验研究，分析不同保温材料和GFRP连接键数量的影响。试验结果表明：当剪力连接键的数量不够，则发生剪力键的撕裂，界面粘结破坏，如图1-6（a）所示，当剪力连接键的数量适当，EPS保温板剪切强度较低而发生保温板剪切破坏，如图1-6（b）所示，当连接键布置数量较多，能够抵抗弯曲产生的界面剪力，发生弯曲破坏，如图1-6（c）所示；风压力作用下EPS保温板试件的抗弯强度受剪力连接键的数量的影响较小，风压力作用下剪力键数量影响较大；保温板和预制层的粘结力能够提高“三明治墙”在风压力作用下的整体性能，保温板和预制层之间摩擦产生的粘结力能够提高“三明治墙”在风压力和风吸力作用下的整体性能。

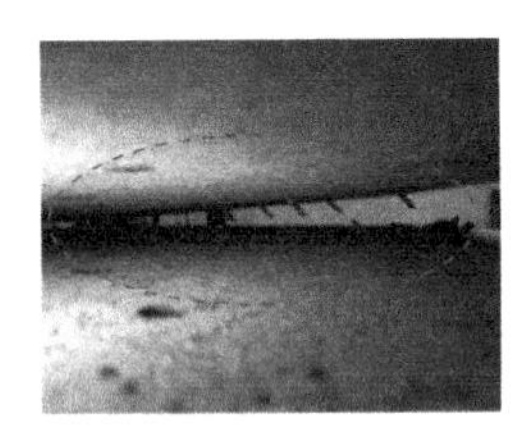

(a) 界面粘结破坏

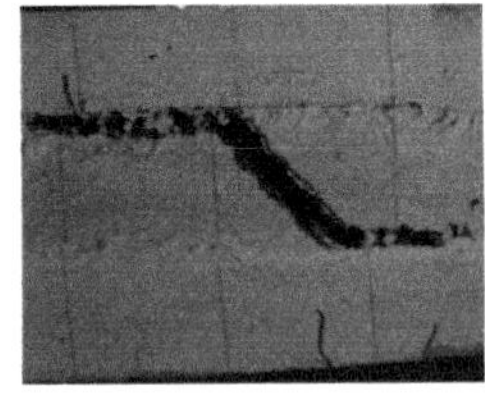

(b) EPS保温板剪切破坏

(c) 弯曲破坏

图1-6 破坏模式

2. 轴心受压和偏心受压性能研究

1973年，Oberlender[22]对54片“三明治墙”进行轴心受压和偏心受压试验研究，试验结果表明：在轴心和偏心压力作用下，高厚比小于20的“三明治墙”发生混凝土压溃，而高厚比大于20的试件发生屈曲破坏；高厚比小于20的“三明治墙”在破坏时侧向变形不明显，而高厚比大于20的试件侧向变形非常显著；高厚比从8变化到28时，偏心荷载作用下的试件强度退化18%到50%。

2003年，Pessiki和Mlynarczyk[23]对4片采用不同剪力传递方式的“三明治墙”进行抗弯性能的试验研究。试验结果表明：剪力通过实心混凝土传递的“三明治墙”的整体性能最好，整体性能达到92%；M形剪力键和自然粘结的“三明治墙”的抗弯性能很接近，整体性能较差，分别为10%和5%。

2006年，Benayoune等[24]对6片三明治墙进行偏心受压试验研究，试验结果表明：所有墙体在顶部出现内叶板和外叶板的脱离，构件均发生受压破坏，除了竖向裂缝外，偏心荷载产生的弯曲导致在加载顶部附近出现水平裂缝，如图1-7所示；随着高厚比的增大，构件的承载力呈非线性降低的趋势；布置在混凝土表面的应变片的结果显示直到构件破坏，其整体性能良好；桁架钢筋相邻两肢的应变显示一肢受压一肢受拉，顶部和底部的桁架钢筋的应变较中部大，但均没有到达屈服应变。

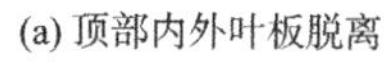
(a) 顶部内外叶板脱离　(b) 顶部水平裂缝

图1-7　构件破坏模式

2007年，Benayoune等[25]对6片“三明治墙”进行轴心受压试验研究，试验结果表明：试件的破坏时顶部或者底部的混凝土被压溃，如图1-8所示；随着高厚比的变化，构件压溃的部位不同；当高厚比从10增大到20，构件的极限承载力下降17%；高宽比越大的构件，墙体的侧向位移越大；高宽比一定的构件，保温板厚度从40mm增大到50mm，对荷载-侧向位移曲线的影响不明显；布置在混凝土表面的应变片的结果显示在出现明显裂缝之前，其整体性能良好；桁架钢筋相邻两肢的应变显示一肢受压一肢受拉，不同高度处桁架钢筋的应变均较小，没有到达屈服应变。

(a) 底部混凝土压溃　(b) 顶部混凝土压溃

图1-8　混凝土破坏模式

3. 竖向拼缝研究

2002 年，Hofheins 等[26]对 10 片竖向拼缝通过角钢和钢板连接的“三明治墙”进行拟静力试验研究。试验结果表明：角钢和钢板作为竖向连接能够传递较大的剪力，锚固钢筋被拉离角钢，导致构件破坏呈脆性，如图 1-9 所示；此种连接不适用于高度抗震区域，提出一种新的连接方式增大连接键和混凝土的接触面积以增加构件的延性性能。

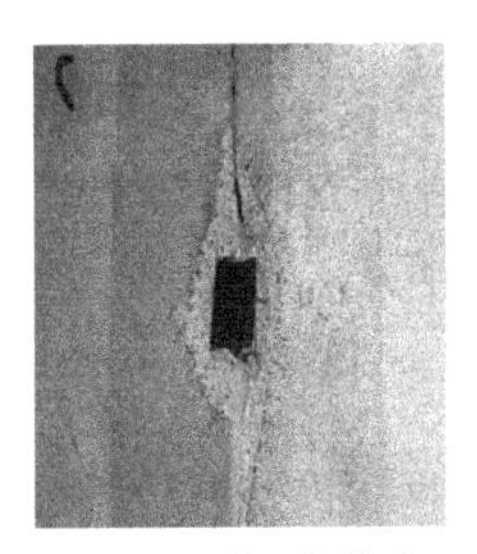
(a) 顶部连接破坏模式

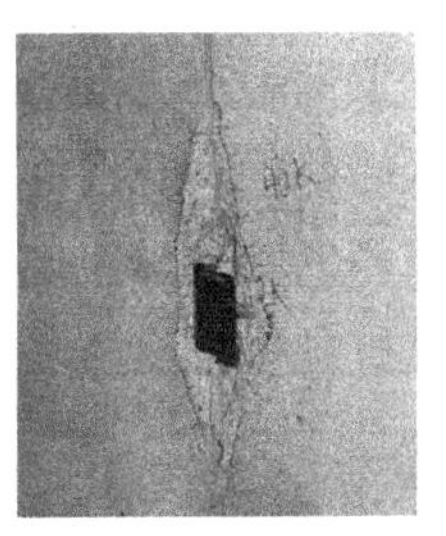
(b) 底部连接破坏模式

图 1-9 “三明治墙”竖向连接试验

4. 连接键性能研究

2006 年，Post[27]对 6 片通过 FRP 剪力连接键连接的“三明治墙”进行了剪切疲劳试验研究，其中三片墙的剪力键布置方向和荷载平行，其余三片墙的剪力键布置方向和荷载垂直。在三个目标位移（±1.59mm、±2.38mm、±3.18mm）往复加载 4000 次，12000 次循环加载后施加单调的荷载直到破坏。试验结果表明：剪力键布置方向和荷载平行的试件的最大承载力为 14.7kN，最大变形为 1.09mm，剪力键布置方向和荷载垂直的试件的最大承载力为 13.3kN，最大变形为 0.69mm，平行于荷载方向布置的剪力键能够提供更好的连接性能。

2016 年，Jaiden 等[28]对 40 个“三明治”试块进行剪切试验研究，分析不同构造的 GFRP 剪力连接键、不同保温材料、不同预制层厚度的影响，如图 1-10 所示。试验结果表明：无粘结构件（通过塑料膜隔断保温层和预制层粘结力）的极限承载力均低于有粘结构件，对于 A 类连接键构件界面无粘结的构件极限承载力较有粘结的构件降低 10%，而采用 EPS 材料的 D 类连接键构件，其无粘结的极限承载力降低 70%；不同类型的保温材料对极限承载力的影响不大；相比于其他三类的连接键，A 类剪力连接键构件的弹性承载力最大，B 类连接键构件的初始刚度最小，A 类和 C 类连接键的构件的极限承载力较 B 类和 D 类高，因此类似桁架的构造能够更有效地传递界面剪力。

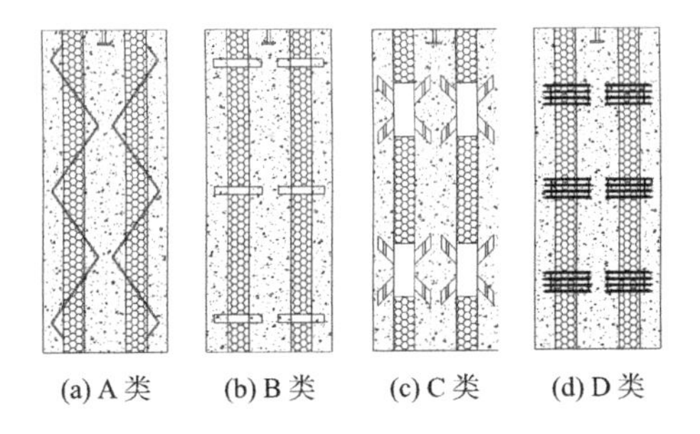
(a) A 类　(b) B 类　(c) C 类　(d) D 类

图 1-10 不同构造的剪力连接键

1.2.2 国内研究进展

国内的叠合剪力墙是由在工厂预制的混凝土层充当内外墙板，通过桁架格构钢筋连接，在施工现场浇筑中间层混凝土形成整体剪力墙结构，用斜支撑作为叠合剪力墙的临时支撑，调节其垂直度、保证叠合剪力墙的稳定性，并能够承受风荷载及新浇筑混凝土的侧压力，用塑料垫片控制叠合剪力墙安装时下部水平标高，以保证墙板顶部的水平标高及其下部留有 40mm 左右的空隙，叠合剪力墙基本构造和施工现场安装如图 1-11 所示，工厂的制作过程如图 1-12 所示。目前，国内的叠合剪力墙结构多用于承重构件，其结构的整体抗震性能、水平拼缝和竖向拼缝的连接部位的抗震性能是国内研究学者们关注的重点和热点。

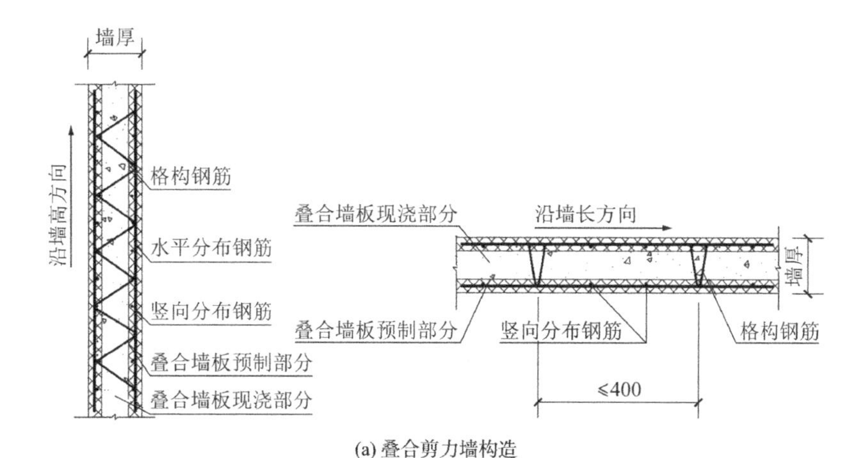

(a) 叠合剪力墙构造

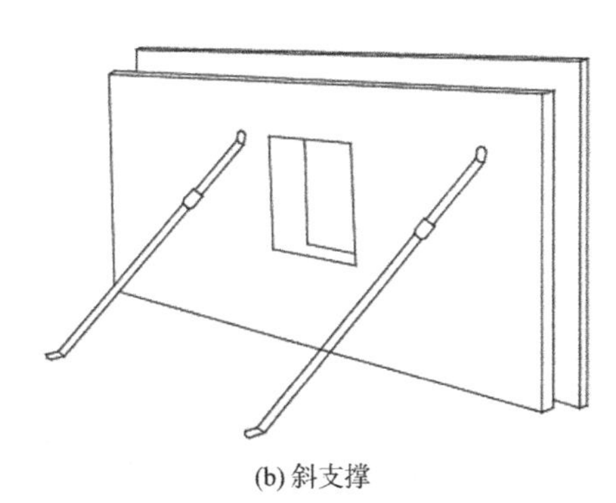

(b) 斜支撑

(c) 不同厚度的塑料垫片

图 1-11 叠合剪力墙基本构造和施工现场安装

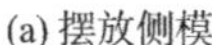

(a) 摆放侧模

(b) 摆放钢筋保护层垫片

(c) 摆放受力钢筋　(d) 布料机布料

(e) 混凝土振捣　(f) 养护预制层

(g) 浇筑第二面预制混凝土　(h) 翻板机翻转

(i) 扣入第二面预制层　(j) 起吊至堆放地

图 1-12　叠合剪力墙的制作过程

1. 整体抗震性能研究

（1）界面采用桁架钢筋连接

2009 年，合肥工业大学连星[29]对 4 片双面叠合剪力墙试件进行拟静力试验研究。试验结果表明：在 0.1 轴压比下，高宽比为 1.72 的叠合剪力墙的破坏形态与现浇结构相同，均发生弯曲破坏。由于叠合剪力墙的塑性变形范围集中存在于底部与底座连接附近，和现浇结构相比，叠合剪力墙的结构的变形能力，延性系数值，屈服荷载和极限荷载均小于现浇结构。约束边缘构件现浇和边缘构件预制的叠合剪力墙结构受力性能以及承载能力相差很小。试件最终破坏时，边缘构件与中间叠合墙板之间的竖向接缝以及叠合面之间没有出现任何的裂缝，说明叠合部分与现浇部分之间的粘结性能良好，格构钢筋的连接使预制部分和现浇部分可以共同作用。

2010 年，同济大学章红梅、吕西林等[30]对单面叠合剪力墙和带洞口的单面叠合剪力墙进行了竖向和水平向荷载作用下的拟静力试验。试验结果表明：高宽比为 1.2 的单面叠合墙的破坏和同尺寸现浇结构破坏形态相同，主要是底部受压混凝土压碎，受力钢筋屈服。带洞口单面叠合墙的破坏形式类似小开口剪力墙，其角部混凝土保护层剥落，洞口四个角分布有斜裂缝。在试验的加载后期，部分试件的预制和现浇结合面也出现裂缝，但该竖向裂缝未见明显开展。单面叠合剪力墙预制部分的横向叠合钢筋和竖向叠合钢筋可以很好地连接预制和现浇部分，二者共同工作，界面未见明显破坏。

2012 年，安徽建筑工业学院张伟林、沈小璞等[31]对 T 形、L 形双面叠合式墙体抗震性能进行拟静力试验研究，试验结果表明：在 0.1 轴压比下，T 形叠合剪力墙试件的滞回曲线、骨架曲线和同尺寸的现浇剪力墙基本一致，叠合剪力墙刚度退化程度略大，滞回环的反 S 形明显，T 形叠合剪力墙破坏荷载比全现浇剪力墙低 15%。两片 L 形叠合墙板，其上部墙顶梁和板连接成整体，其抗震性能一致。T 形和 L 形剪力墙叠合面之间未出现粘结滑移，叠合板中格构钢筋的连接能够满足叠合式剪力墙板的整体性能要求。

2012 年，合肥工业大学李宁[32]对两片半装配双面叠合剪力墙工字形试件进行拟静力试验。试验结果表明：两片不同配箍率的叠合剪力墙抗震性能差别不大；由于未施加轴力，试验过程中部分基础插筋被拉断，发生了较大的水平剪切滑移。试验过程中竖向拼缝在底部出现受拉脱离现象，但整体的叠合墙板部分与现浇 T 形边缘构件能够有效地共同工作，其原因可能是由于预制部分的强度高于现浇部分。

2014 年，叶燕华等[33]对现浇自密实混凝土双面叠合剪力墙进行拟静力试验研究。结果表明：在 0.2 轴压比下，高宽比为 1.3 的预制墙板内现浇自密实混凝土的叠合剪力墙极限承载力比预制墙板内现浇普通混凝土叠合剪力墙的极限承载力低 10%左右，自密实叠合墙位移延性系数值比普通混凝土叠合墙位移延性系数值略大，二者延性相差不大。两种叠合墙的抗震性能以及破坏形式基本相同，自密实叠合墙轴压比从 0.1 增加到 0.2，极限承载力提高约 30%，位移延性系数也提高了 14%；对于在 0.2 轴压比下的两种叠合墙，采用暗柱形式的叠合剪力墙的极限承载力约为不设边缘构件的 1.3 倍，二者的延性系数值相当。整个实验过程中叠合面没有出现裂缝。

2016 年，姚荣等[34]开展了型钢混凝土双面叠合墙钢筋应力的试验研究，即用型钢替代现浇边缘构件中的钢筋。对 3 片高宽比为 2 的型钢混凝土叠合剪力墙试件进行 0.1 轴压比下的拟静力试验，分析了内置的钢筋及型钢应变值。试验结果表明：在加载过程中所有构件水平分布钢筋的应变较小，没有达到屈服；现浇构件和中间浇筑普通混凝土的型钢混凝土叠合墙竖向钢筋先受压屈服接着受拉屈服，而浇筑自密实混凝土的叠合墙体竖向钢筋并未达到屈服；所有构件在靠近墙体底部暗柱附近的封闭箍筋首先达到屈服，在中上部箍筋应变较小，建议在墙底部 1/3 高度范围内加密布置；桁架钢筋的应变值随着高度的增加而减小，不含保温层墙体内的桁架钢筋应变值较小，钢筋未屈服，表明桁架钢筋能够保证叠合面的整体性能，而含保温层的构件由于叠合面的开裂，在底部位置桁架钢筋应变较大，达到屈服应变，建议对此类构件增加叠合面的粗糙处理；现浇墙体型钢的腹板和翼缘在墙体屈服时均未达到屈服，而叠合墙体型钢的腹板和翼缘达到屈服，为了改善叠合型钢墙体耗能，建议增加插筋或者型钢连接键；上部型钢中的栓钉应变较小，未达到屈服，而下部栓钉的应变较大，均达到屈服，建议在底部栓钉加密，避免点焊。

2016 年，肖波等[35]设计了三层叠合剪力墙结构模型进行了振动台试验研究，试验结果表明：直到所有试验工况结束（最大加速度 1g），叠合剪力墙结构模型基本完好，裂缝主要分布在叠合墙外侧中部，而且裂缝极为细小，层间拼缝及墙板交接处也基本完好；直至地震波结束，结构的自振频率仅下降 10%，塑性发展程度很小；模型以第一振型为主，呈现弯曲变形特性；拼缝处的混凝土应变在加速度峰值 1.0g之前，均没有超过混凝土的开裂应变，拼缝处表现出良好的抗震性能；现浇层中的插筋应变明显高于同一高度处预制层中钢筋应变，表明插筋的连接作用明显。

2017 年，汪梦甫等[36]提出了一种新的带暗支撑双面叠合剪力墙：在墙体下方左右角设置缺口的混凝土墙肢内置带抗剪钢筋条的 X 形钢斜撑，墙板内现浇自密实混凝土，在底部塑性铰区增加高阻尼材料。试验结果表明：在 0.1 轴压比下，高宽比值为 1.4 的普通局部高阻尼混凝土预制叠合剪力墙和带钢板暗支撑局部高阻尼混凝土预制叠合剪力墙破坏形态和破坏模式均为弯曲破坏，普通局部高阻尼混凝土预制叠合剪力墙的极限承载力较带钢板暗支撑局部高阻尼混凝土预制叠合剪力墙低 15%，延性系数低 22%，钢板暗支撑的引入能够提高预制叠合剪力墙的抗震性能。

（2）界面采用对拉螺栓连接

2016 年，侯和涛等[37]对双面叠合带肋整体式剪力墙的抗震性能开展拟静力试验，轴压比为 0.15，高宽比 2.5。叠合整体式剪力墙沿高度方向等距打孔安装 5 个对拉螺栓增强墙体的整体性。试验结果表明：叠合剪力墙和现浇墙体的破坏模式均为弯曲破坏，其破坏形态、裂缝分布以及滞回特性与现浇墙体接近，二者的延性系数相差 2%左右，由于预制部分混凝土强度等级高于现浇剪力墙，叠合剪力墙的承载力比现浇墙体高 20%左右。

（3）界面无连接

2016 年，初明进等[38]设计了 3 片叠合面不同处理方式的无界面连接钢筋的双面叠合剪力墙，对其进行拟静力试验研究，试验结果表明：在 0.15 轴压比下，高宽比为 1.75 的 3 片无界面连接钢筋叠合剪力墙破坏模式相同，表现出明显的弯剪破坏，构件的延性系数均超过 6.5，并表现出较好的延性特性；叠合面的破坏区域在离底部 1000mm 的范围内，叠合面采用键槽处理的叠合剪力墙的整体性能优于叠合面粗糙处理的构件，约束边缘构件纵筋面积的增大能够有效减轻叠合面的破坏程度；界面采用键槽处理和粗糙处理的构件，在边缘构件纵筋面积相同的情况下，二者的骨架曲线几乎重合，表明界面处理方式对无界面连接钢筋的叠合墙体的刚度和压弯承载力基本无影响。

2. 竖向拼缝研究

2010 年，沈小璞等[39]通过对竖向接缝处分别采用暗柱和水平构造钢筋的 2 片双面叠合剪力墙进行了拟静力试验，研究竖向拼缝处采用不同构造连接方式的双面叠合剪力墙抗震性能。试验结果表明在0.1轴压比下，高宽比为1.4的叠合剪力墙试件的破坏时表现出弯剪型破坏，与全现浇试件破坏形态相同。两种采用不同接缝构造措施的叠合剪力墙构件，其抗震性能相差很小。试验过程中双面叠合剪力墙的竖向拼缝始终未见滑移，破坏时在构件墙底两端部附近新老混凝土叠合面出现分离。竖向拼缝采用水平钢筋连接形式的叠合板相比于暗柱连接的叠合板，由于钢筋用量较小施工方便，更具有应用前景。

2012年，王滋军等[40]对竖向拼缝采用不同构造形式的双面叠合剪力墙进行拟静力试验研究，研究结果表明：在0.2轴压比下，高宽比为1.32的竖向拼缝采用不同构造形式的叠合剪力墙的极限承载力比现浇剪力墙略高，整体叠合剪力墙的极限承载力和现浇结构相差2%，表明竖向拼缝采用水平钢筋连接和采用现浇暗柱连接均能够可靠地将两块叠合墙连成整体，使其共同工作。在整个试验过程中，水平拼接叠合剪力墙的现浇部分与预制部分没有发生剥离的现象，表明预制部分和叠合部分的剪式支架可以有效工作。

3. 水平连接节点研究

2015年，王滋军等[41]针对连接节点的薄弱对叠合剪力墙进行了相应的改进。将叠合墙体的面层预制成带有缺口的形式，如图1-13（a）所示；在缺口部位支模板后浇筑中间层的现浇层混凝土，如图1-13（b）所示。针对新型的叠合剪力墙，开展了带保温板和不带保温板的新型双面叠合墙体的抗震性能试验，并与现浇墙体进行对比。试验结果表明：在0.2轴压比下，高宽比1.32的新型无保温板的叠合剪力墙的各个抗震性能指标（滞回曲线、骨架曲线、延性、耗能）与现浇剪力墙基本相同；新型带保温板的叠合剪力墙的延性系数较现浇墙体低，其初始刚度较现浇墙体大；新型叠合墙体的承载能力比现浇墙体的承载力高8%；新型预制叠合剪力墙方便施工，能够保证连接的可靠性。

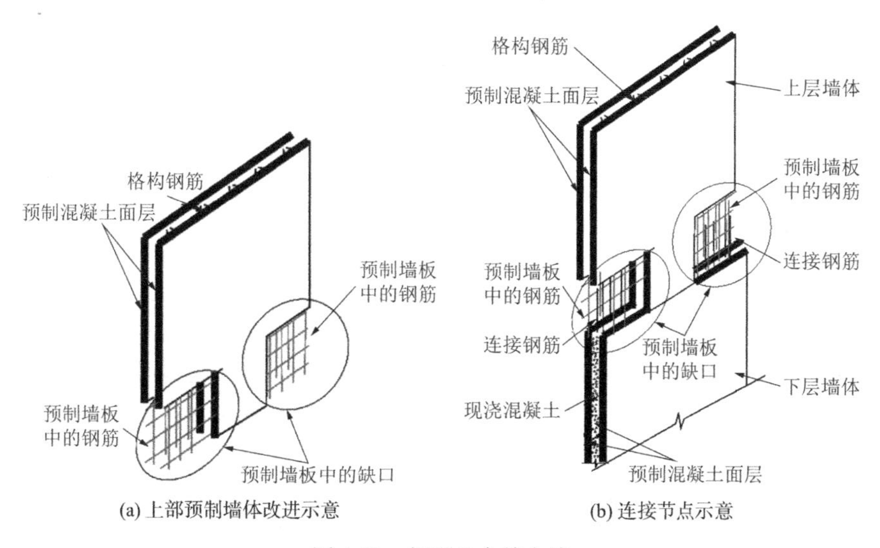

图1-13 新型叠合剪力墙

2015年，种讯等[42]针对双面叠合剪力墙和基础水平连接的薄弱环节提出对水平拼缝进行强连接设计，强连接设计部位使得地震作用下当构件中指定的非线性区域出现弹塑性变形时，该部位仍能保持弹性。开展了两个强连接的双面叠合剪力墙试件的拟静力试验，双面叠合剪力墙与基础间水平拼缝处采用大直径的插筋连接。试验结果表明：在0轴压比下，高宽比为1.7的试件，插筋形式为6ϕ16的双面叠合剪力墙的破坏模式为剪力墙与基础底座连接处受压边缘混凝土压碎，插筋屈服；插筋形式为6ϕ18双面叠合剪力墙的破坏模式为插筋顶部附近区域受压混凝土保护层剥落、纵筋压屈，而剪力墙与基础底座连接处裂缝开展不大，插筋未屈服，塑性部位由墙与基础间水平拼缝上移至墙板内部；插筋面积较大的试件的承载力较插筋面积小的试件提高17%左右，二者的延性系数几乎相同。

4. 轴心受压和偏心受压性能研究

2016年，侯和涛等[43-44]开展了双面叠合带肋整体式剪力墙轴压和偏心受压试验研究，双面叠合剪力墙界面无连接钢筋，分析了高厚比、预制率和T形肋方向等因素对双面叠合剪力墙试件的影响，轴压试验结果表明：双面叠合剪力墙轴压破坏模式分为两种：叠合面开裂破坏和轴心受压破坏；叠合面开裂破坏的构件破坏过程平缓，但构件的承载力较低；轴心受压破坏的构件破坏过程突然，承载力较高；随着墙体高厚比（13.5增大到19.5）的增加，发生叠合面开裂破坏的试件的承载力提高17%；而对于发生轴压破坏的构件，高宽比的影响不明显。由于预制混凝土弹性模量较大，所以预制率越高，构件的压缩刚度越大，墙体的竖向变形就越小。预制薄板板肋方向不同的构件，二者的承载力相差在7%以内，其对叠合墙受压性能影响较小。偏心受压试验结果表明：双面叠合剪力墙偏压破坏模式分为两种：叠合面开裂的小偏心受压破坏和典型的小偏心受压破坏；随着墙体高厚比（10.5增大到19.5）的增加，发生典型小偏心受压破坏的构件的极限承载力呈现先增加后下降的趋势，而高厚比的变化对发生开裂的小偏心受压破坏模式的构件影响很小；预制率越高，构件的压缩刚度越大；预制薄板板肋方向的变化没有影响构件破坏模式的变化，二者载力相差在7%左右。

1.3 本书的研究内容与研究方法

1.3.1 本书的研究内容

根据对文献的总结分析可以看出，国内针对双面叠合剪力墙的研究刚刚起步，与国外相比，国内研究学者关注的重点不同，针对国内特殊的使用环境和要求，双面叠合剪力墙还有一些关键问题仍需进一步探究。双面叠合剪力墙结构和现浇整体剪力墙结构相比，其构造上的区别主要在两点：第1点区别在于双面叠合剪力墙结构是由两面预制层和中间现浇层组成，预制层和现浇层之间存在两个叠合面，如图1-14（a）所示；第2点区别在于双面叠合剪力墙结构上下墙体之间水平连接节点是通过界面连接钢筋连接，界面连接钢筋和预制层中的纵向钢筋是“间接搭接”，在水平连接部位存在灌浆层，如图1-14（b）所示。针对双面叠合剪力墙结构和现浇整体剪力墙结构构造上的区别，本书探讨两个问题：①双叠合面的破坏模式是什么样的，叠合面的存在对双面叠合剪力墙的极限承载力是否存在影响；②通过界面插筋“间接搭接”的水平连接节点能否等效现浇节点，有效传递剪力。

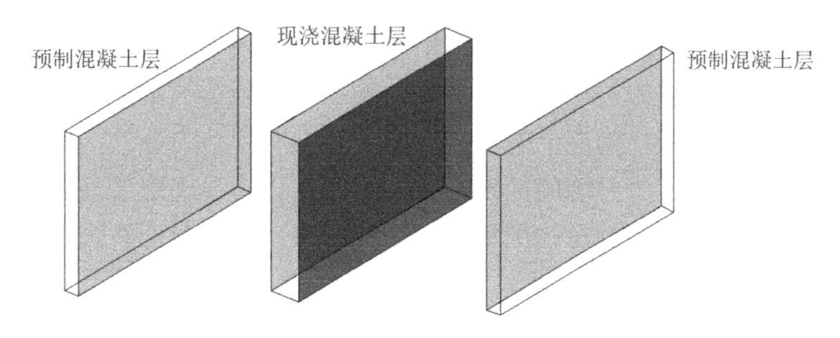

(a) 现浇层和预制层之间的双叠合面

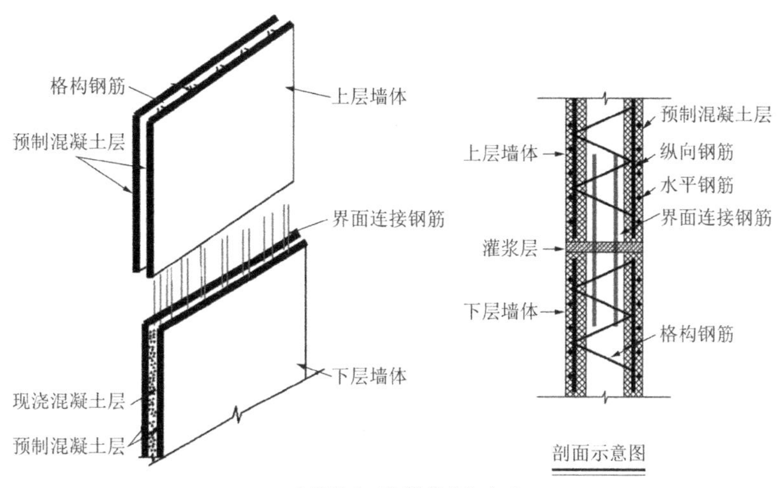

(b) 水平节点“间接搭接”方式

图 1-14　双面叠合剪力墙和现浇墙体构造区别

1.3.2　研究方法

双面叠合剪力墙作为承重结构，主要承受面内的侧向作用，因此叠合面承受面内的剪切作用。单面叠合试件剪切性能的研究很多，但针对双面叠合试件叠合面抗剪性能的研究较少，由于双面叠合剪力墙中的连接钢筋采用的是不对称的桁架钢筋，所以针对单面叠合试件剪切性能的研究成果不适用双面叠合剪力墙。为了得到双面叠合剪力墙界面剪切性能，设计了 27 个双面叠合试件，通过试验研究双叠合面存在情况下叠合面的抗剪性能。接着通过有限元模拟预制层和现浇层的叠合面，定义叠合面的粘结-脱离模型来分析叠合面的存在对双面叠合剪力墙极限承载力的影响。

双面叠合剪力墙的水平连接节点是传递剪力和竖向荷载的关键部位，针对其“间接搭接”的连接方式，通过 6 个双面叠合剪力墙水平连接节点和 2 个现浇节点在竖向荷载和循环剪切荷载作用下的试验，分析双面叠合剪力墙水平连接节点和现浇节点的承载力、滞回特性、位移延性系数、刚度退化、承载力退化以及耗能特性之间的区别，阐明双面叠合剪力墙水平连接节点受剪破坏机理，建立双面叠合剪力墙水平连接节点抗剪承载力计算公式。

1.3.3　研究意义及创新点

双面叠合剪力墙体系在德国经过较长时间的发展已经具备成熟的建造技术和完善的产

业链模式，然而由于国情与国策的不同，双面叠合剪力墙体系在国内的应用才刚刚起步，双面叠合剪力墙应满足国内的各项经济条件、结构要求与施工技术要求。本书针对双面叠合剪力墙与现浇整体剪力墙在构造上差别，探讨了双面叠合剪力墙的两个关键问题，揭示双面叠合剪力墙和现浇整体剪力墙的区别，为上海市工程建设规范《装配整体式叠合剪力墙结构技术规程》DG/TJ 08-2266—2018 的编写提供参考，对双面叠合剪力墙的推广应用非常有意义。

本书针对双面叠合剪力墙结构双叠合面的存在，设计了双面叠合试件叠合面抗剪试验，揭示了双面叠合试件叠合面的抗剪性能，基于剪切-摩擦理论得到了双面叠合试件界面抗剪组成因素随滑移的变化关系，提出了适用于双面叠合试件叠合面抗剪承载力的计算公式。双面叠合剪力墙水平连接节点是传递水平和竖向荷载的关键部位，通过水平连接节点的拟静力试验，揭示水平连接节点的破坏机理，提出了双面叠合剪力墙水平连接节点受剪承载力的计算公式。

第 2 章

双面叠合试件叠合面抗剪性能试验

双面叠合剪力墙结构是一种类“三明治”结构，大量的研究分析表明在使用荷载作用下，大部分的“三明治”结构的破坏是由于中间部分的剪切破坏或者是由于叠合面之间的粘结破坏产生的[45-47]。双面叠合剪力墙主要承受面内的侧向作用，因此叠合面之间的抗剪性能是保证双面叠合剪力墙整体工作的关键，然而目前对叠合面抗剪性能的研究常见于单面叠合试件中，针对双叠合面的抗剪性能的研究还较少。为了研究双面叠合剪力墙叠合面的抗剪性能，设计双面叠合试件进行叠合面抗剪性能试验，研究双面叠合试件叠合面的抗剪性能。

2.1 试验概况

2.1.1 试验设计及制作

目前对单叠合面进行抗剪性能试验的试件，其设计样式多采用 Z 形[48-51]，如图 2-1 所示。对双叠合面进行抗剪试验，设计了“山”字形试件，双面叠合剪力墙结构中常用的界面连接钢筋为桁架钢筋，工程实际中采用的桁架钢筋的腹杆筋直径为 6mm，桁架高度为 150mm，设计了 15 个界面连接钢筋为桁架形式的双面叠合试件，研究界面配筋率、桁架高度对双面叠合试件叠合面抗剪强度的影响，目前界面连接钢筋的形式较为单一，为了研究不同构造形式的界面连接钢筋对叠合面抗剪性能的影响，增设 9 个箍筋形式的界面连接钢筋的双面叠合试件，共计 24 个双面叠合有筋试件和 3 个双面叠合无筋试件，双面叠合抗剪试件的宽度取 200mm，厚度取叠合剪力墙常用厚度 200mm（预制层 50mm，中间层 100mm），叠合面的高度取 300mm，叠合无筋试件尺寸与叠合有筋试件一致，试件设计及编号如表 2-1 所示，试件构造形式如图 2-2 所示。双面叠合抗剪试件在宝业预制装配式构件厂生产制作，为了保证试件叠合面表面处理与双面叠合剪力墙中的叠合面一致，试件的加工和双面叠合剪力墙在同一流水线上同时完成。首先，在双面叠合剪力墙的模台周边放置模板，在模板中放置界面连接钢筋，通过在下弦钢筋上插入半径 15mm、25mm 和 35mm 的卡扣构造不同高度界面连接钢筋的试件，混凝土布料机浇筑双面叠合试块第 1 面预制层，同双面叠合剪力墙一起送入养护窑中养护 3d，第 1 面养护完成后浇筑双面叠合抗剪试件第 2 面预制层混凝土，并将连接钢筋扣入其中（通过在模板上放置 100mm 高的垫块保证中间层混凝土厚度满足要求），送入养护窑再养护 3d 后浇筑中间部分混凝土。中间部分混凝土浇筑完成后室外养护 2 个月，图 2-3 为双面叠合抗剪试件的制作过程。

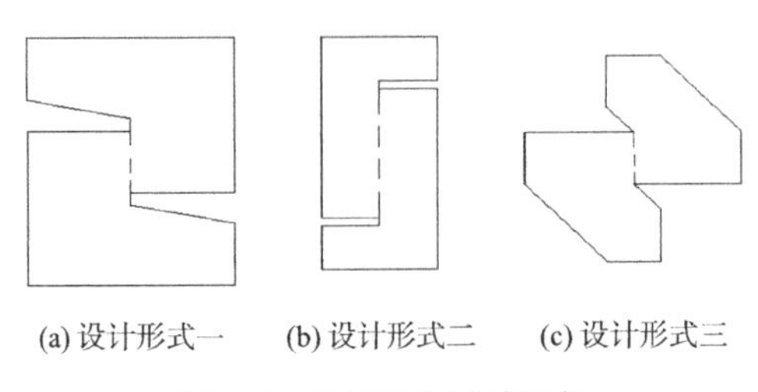

(a) 设计形式一　(b) 设计形式二　(c) 设计形式三

图 2-1　单面叠合抗剪试件

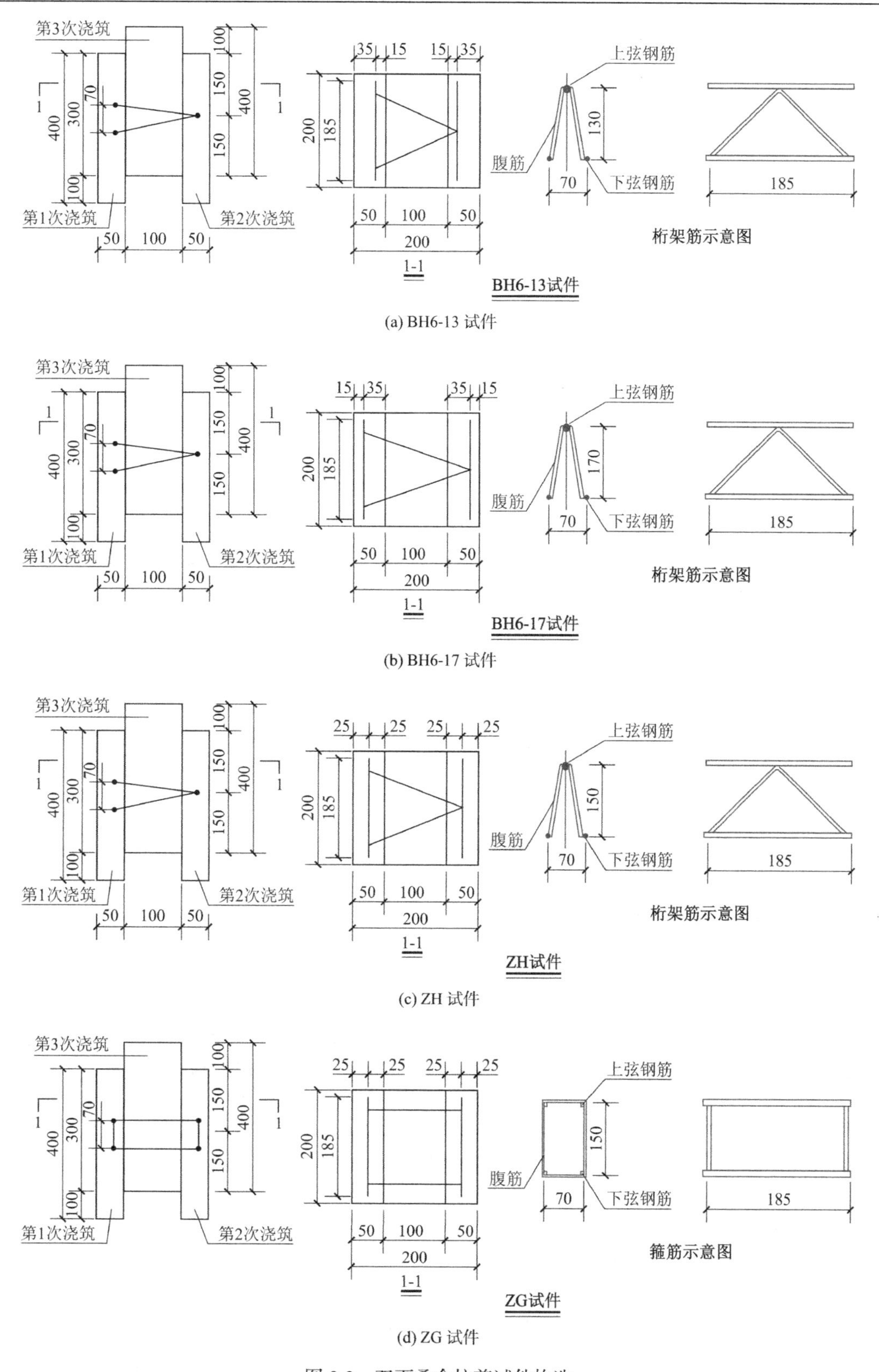

图 2-2　双面叠合抗剪试件构造

试件设计及编号 **表 2-1**

试件说明	试件编号	试件数量	预制层混凝土强度等级	中间层混凝土强度等级	界面钢筋形式	腹杆钢筋直径/mm	配筋率/%
测界面粘结力	NJ	3	C40	C30	无	无	0
变桁架高度	BH6-13	3	C40	C30	桁架钢筋	6	0.19
	BH6-17	3	C40	C30	桁架钢筋	6	0.19
整体测定	ZH-6	3	C40	C30	桁架钢筋	6	0.19
	ZG-6	3			箍筋连接	6	
	ZH-8	3			桁架钢筋	8	0.36
	ZG-8	3			箍筋连接	8	
	ZH-10	3			桁架钢筋	10	0.52
	ZG-10	3			箍筋连接	10	

(a) 安装卡扣、放置钢筋

(b) 浇筑第 1 面预制层

(c) 浇筑第 2 面预制层

(d) 浇筑中间层混凝土

图 2-3 双面叠合抗剪试件的制作过程

2.1.2 试件材料特性

1. 混凝土材性

双面叠合抗剪试件中预制层混凝土强度等级为 C40，中间层混凝土强度等级为 C30，每次浇筑混凝土时留 9 组试块，与试件一同养护，根据《混凝土物理力学性能试验方法标准》GB/T 50081—2019[52]测得的 28d 混凝土立方体抗压强度实测值如表 2-2 所示。

混凝土立方体抗压强度实测值　表 2-2

混凝土	立方体抗压强度/MPa									
	试块 1	试块 2	试块 3	试块 4	试块 5	试块 6	试块 7	试块 8	试块 9	平均值
第 1 面预制层	42.4	42.6	41.1	38.3	39.7	37.1	38.6	40.5	37.8	39.8
第 2 面预制层	39.4	39.6	38.3	42.1	45.2	39.1	38.2	39.3	42.8	40.4
中间层	38.6	37.8	36.2	37.3	37.8	37.5	37.4	36.2	36.1	37.2

根据材性试验的结果，第 1 面预制层混凝土立方体抗压强度标准值$f_{cu,k\text{-}y1}=39.8\text{MPa}$，第 2 面预制层混凝土立方体抗压强度标准值$f_{cu,k\text{-}y2}=40.4\text{MPa}$，中间层混凝土立方体抗压强度标准值$f_{cu,k\text{-}x}=37.2\text{MPa}$。根据《混凝土结构设计标准》GB/T 50010—2010（2024 年版）[53]规定：对用于结构设计的混凝土强度按照试件混凝土强度加以修正，修正系数取为 0.88。在确定试件混凝土的轴心抗压强度时，根据规范规定还需要考虑两个修正系数：α_{c1}和α_{c2}，其中α_{c1}为棱柱体和立方体抗压强度的比值，对于混凝土强度等级不超过 C50 的普通混凝土，其值取 0.76；α_{c2}为脆性折减系数，对于混凝土强度等级不超过 C40 的普通混凝土，其值取 1。混凝土轴心抗压强度的设计值由强度标准值除混凝土材料分项系数γ_c，混凝土材料分项系数取 1.4，混凝土轴心抗压强度标准值f_{ck}和设计值f_c可按照式(2-1)和式(2-2)进行计算。

$$f_{ck}=0.88\times\alpha_{c1}\times\alpha_{c2}\times f_{cu} \tag{2-1}$$

$$f_c=f_{ck}/\gamma_c \tag{2-2}$$

第 1 面预制层混凝土轴心抗压强度标准值和设计值分别为

$$f_{ck\text{-}y1}=0.88\times0.76\times1\times39.8=26.6\text{MPa}\qquad f_{c\text{-}y1}=f_{ck\text{-}y1}/\gamma_c=19.0\text{MPa}$$

第 2 面预制层混凝土轴心抗压强度标准值和设计值分别为

$$f_{ck\text{-}y2}=0.88\times0.76\times1\times40.4=27.0\text{MPa}\qquad f_{c\text{-}y2}=f_{ck\text{-}y2}/\gamma_c=19.3\text{MPa}$$

中间层混凝土轴心抗压强度标准值和设计值分别为

$$f_{ck\text{-}x}=0.88\times0.76\times1\times37.2=24.9\text{MPa}\qquad f_{c\text{-}x}=f_{ck\text{-}x}/\gamma_c=17.8\text{MPa}$$

轴心抗拉强度标准值f_{tk}和设计值f_t可根据混凝土结构设计规范中的公式进行换算，如式(2-3)和式(2-4)所示，其中混凝土材料分项系数γ_c取 1.4。

$$f_{tk}=0.88\times0.395\times{f_{cu}}^{0.55}(1-1.645\delta)^{0.45} \tag{2-3}$$

$$f_t=f_{tk}/\gamma_c \tag{2-4}$$

第 1 面预制层混凝土轴心抗拉强度标准值和设计值分别为

$$f_{tk\text{-}y1}=0.88\times0.395\times39.8^{0.55}\times0.96=2.54\text{MPa}\quad f_{t\text{-}y1}=f_{tk\text{-}y1}/\gamma_c=1.81\text{MPa}$$

第 2 面预制层混凝土轴心抗拉强度标准值和设计值分别为

$$f_{tk\text{-}y2}=0.88\times0.395\times40.4^{0.55}\times0.96=2.54\text{MPa}\quad f_{t\text{-}y2}=f_{tk\text{-}y2}/\gamma_c=1.81\text{MPa}$$

中间层混凝土轴心抗拉强度标准值和设计值分别为

$$f_{tk\text{-}x}=0.88\times0.395\times37.2^{0.55}\times0.98=2.50\text{MPa}\quad f_{t\text{-}x}=f_{tk\text{-}x}/\gamma_c=1.78\text{MPa}$$

2. 钢筋材性

界面连接钢筋采用强度等级为 HPB300 的圆钢，直径 6mm 钢筋、直径 8mm 钢筋和直径 10mm 钢筋试样各三根，按《金属材料 拉伸试验 第 1 部分：室温试验方法》GB/T 228.1—2021[54]进行拉伸试验，测定钢筋的屈服强度、极限抗拉强度、弹性模量，材性试验测得的钢筋应力应变关系如图 2-4 所示，试验结果如表 2-3～表 2-5 所示。

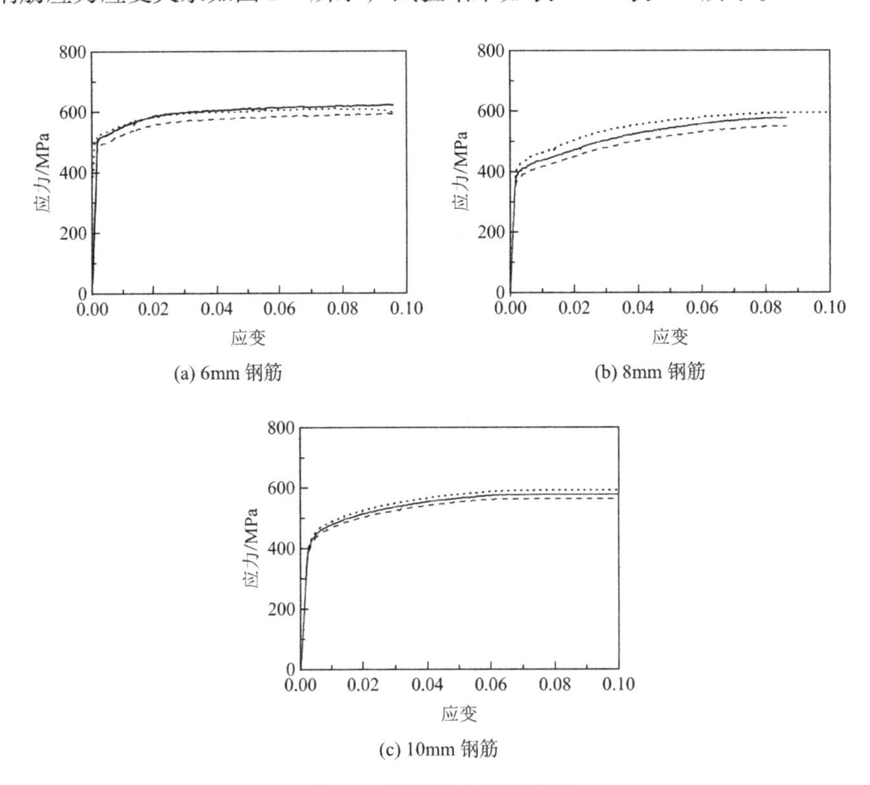

图 2-4 钢筋应力-应变曲线

6mm 钢筋拉伸性能试验结果（单位：MPa） 表 2-3

钢筋试件	屈服强度	极限强度	弹性模量
试件 1	495.8	595.9	2.79×10^5
试件 2	492.5	621.8	2.82×10^5
试件 3	505.6	625.7	2.88×10^5
平均值	497.9	614.5	2.83×10^5

8mm 钢筋拉伸性能试验结果（单位：MPa） 表 2-4

钢筋试件	屈服强度	极限强度	弹性模量
试件 1	398.9	591.3	2.59×10^5
试件 2	433.8	616.1	2.52×10^5
试件 3	391.1	594.1	2.79×10^5
平均值	407.9	600.5	2.63×10^5

10mm 钢筋拉伸性能试验结果（单位：MPa） 表 2-5

钢筋试件	屈服强度	极限强度	弹性模量
试件 1	443.7	596.7	1.89×10^5
试件 2	454.8	611.6	1.92×10^5

续表

钢筋试件	屈服强度	极限强度	弹性模量
试件 3	433.1	582.5	1.90×10^5
平均值	443.9	596.9	1.90×10^5

2.1.3　测点布置和加载方案

1. 测点布置

（1）位移计的布置

在试件加载端和自由端分别设置 1 个量程为 30mm 的位移计测量叠合面的沿加载方向的滑移，位移计布置示意图和现场照片分别如图 2-5 和图 2-6 所示。

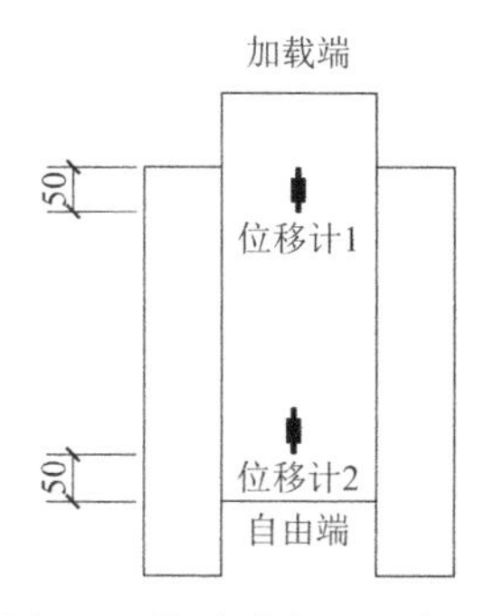

图 2-5　位移计布置示意图

(a) 1 号位移计

(b) 2 号位移计

图 2-6　现场位移计布置示意图

（2）电阻应变片布置

为了深入了解界面连接钢筋在双面叠合试件抗剪过程中的作用，在钢筋表面布置了电阻应变片，文献[55]中对双面叠合试件进行了试验研究，其应变片的布置如图 2-7 所示，试验结果表明应变片 1 腹杆 1 和 1 腹杆 2（1 箍 1 和 1 箍 2），2 腹杆 1 和 2 腹杆 2（2 箍 1 和 2 箍 2）的数据变化趋势和大小一致，底部钢筋缺少相应的应变数据，因此，采用图 2-8 所示的位置布置电阻应变片，其中弦杆/竖杆中应变片标号中的第一个数字 1 和 2 分别表示该应变片预埋在第 1 次和第 2 次浇筑的混凝土中，第二个数字表示应变片编号；腹杆/箍筋应变片标号中的第一个数字 1 表示该应变片预埋在第 1 次浇筑的混凝土和第 3 次浇筑的混凝土的界面，腹杆/箍筋应变片编号中的第一个数字 2 表示该应变片预埋在第 2 次浇筑的混凝土和第 3 次浇筑的混凝土的界面，应变片标号中第二个数字表示应变片编号。

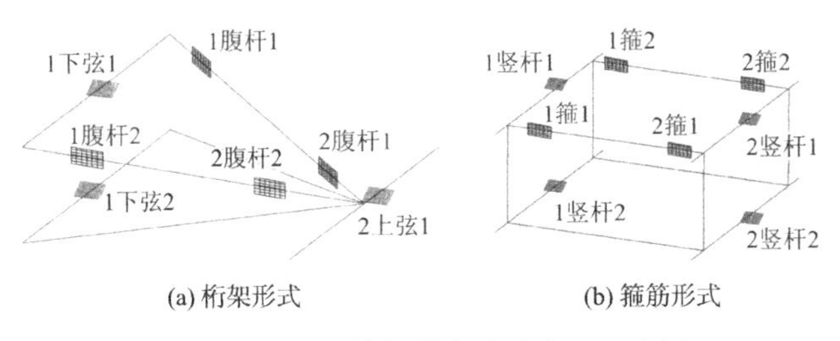

(a) 桁架形式　　(b) 箍筋形式

图 2-7　界面连接钢筋应变片布置示意图

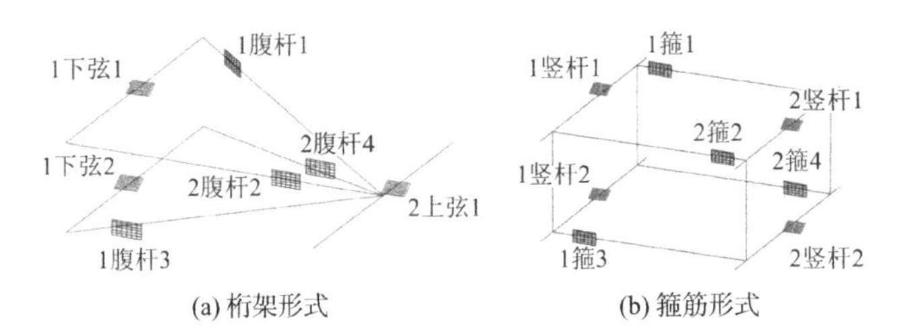

(a) 桁架形式　　(b) 箍筋形式

图 2-8　界面连接钢筋应变片布置示意图

2. 加载方案

试验于同济大学土木工程防灾国家重点实验室完成，试验加载装置示意图如图 2-9 所示，采用 200t 伺服作动器施加竖向荷载，伺服作动器端部装有力传感器，用于量测施加的荷载的大小。使用位移加载控制，加载速率为 0.01mm/min，为了观察试验破坏后的现象，当荷载低于峰值荷载的 50%时停止试验。

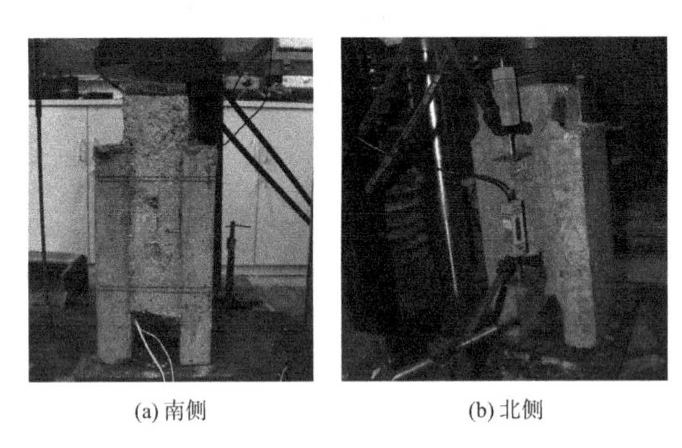

(a) 南侧　　(b) 北侧

图 2-9　试验加载装置示意图

2.2 试验现象和破坏过程

2.2.1 NJ 试件破坏过程

无界面连接钢筋的双面叠合抗剪试件破坏过程相似，以 NJ1 试件为例进行说明。在破坏前观察不到明显裂缝出现，如图 2-10（a）所示，荷载增加到极限荷载 173.5kN 时在 13 叠合面（第 1 次浇筑和第 3 次浇筑的界面）发生剪切破坏，整个叠合面被剪坏如图 2-10（b）所示，在 23 叠合面（第 2 次浇筑和第 3 次浇筑的界面）仍然保持完整，如图 2-10（c）所示，整个破坏过程呈脆性破坏特性。

(a) 加载初

(b) 预制层破坏面

(c) 现浇层破坏面

图 2-10　试件 NJ1 破坏过程

2.2.2　ZH 试件破坏过程

1. ZH6 试件破坏过程

界面连接钢筋采用桁架钢筋的双面叠合抗剪试件 ZH6 的破坏过程相似，以 ZH6-1 试件为例进行说明。荷载增加到 100kN，首先在 23 叠合面底部出现裂缝，如图 2-11（a）所示；裂缝出现后迅速贯通至顶部，此时荷载 159kN，如图 2-11（b）所示；当荷载增加到 217kN 左右时，13 叠合面出现裂缝如图 2-11（c）所示；裂缝出现后迅速贯通至顶部，继续加载达到极限荷载，极限荷载为 308.9kN，如图 2-11（d）所示；试件达到极限荷载后承载力突降至 216kN；继续加载，荷载下降到 180kN，在第 2 面预制层（即桁架钢筋上弦杆预埋侧）出现“一”字形裂缝，可以看出 23 叠合面的裂缝宽度明显大于 13 叠合面，如图 2-11（e）所示；试验结束后对混凝土试件进行剥离，可以“一”字形裂缝贯穿第 2 面预制层截面，如图 2-11（f）所示。

(a) 23 界面初始裂缝

(b) 23 界面裂缝贯通

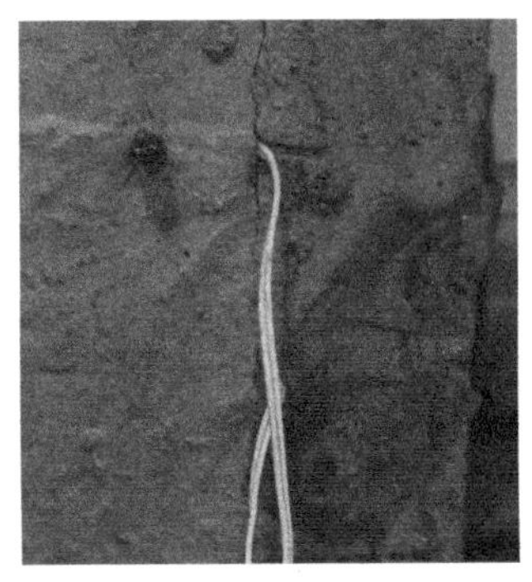

(c) 13 界面初始裂缝

(d) 13 界面裂缝贯通

(e) 第 2 面预制层侧面水平裂缝

(f) 试验破坏

图 2-11 试件 ZH6-1 破坏过程

2. ZH8 试件破坏过程

界面连接钢筋采用桁架钢筋的双面叠合抗剪试件 ZH8 的破坏过程相似，以 ZH8-1 试件为例进行说明。荷载增加到 180kN，首先在 23 叠合面底部出现裂缝，如图 2-12（a）所示；裂缝出现后迅速贯通至顶部，此时荷载 219kN；当荷载增加到 248kN 左右时，13 叠合面出现裂缝，裂缝出现后迅速贯通至顶部，继续加载达到极限荷载，极限荷载为 308.4kN，如图 2-12（b）所示；试件达到极限荷载后承载力突降至 240kN；继续加载，荷载下降到 180kN，在第 2 面预制层出现“一”字形裂缝，如图 2-12（c）所示；荷载下降到 150kN，在第 1 面预制层（即桁架钢筋下弦杆预埋侧）侧面也出现“一”字形裂缝，如图 2-12（d）所示。

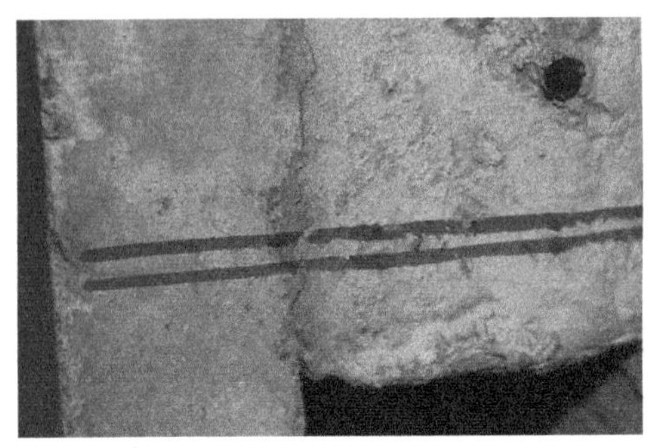
(a) 23 界面初始裂缝

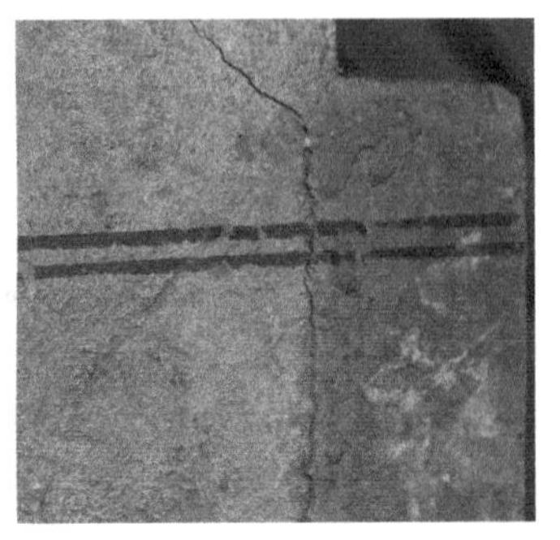
(b) 23 界面裂缝贯通

(c) 第 2 面预制层侧面水平裂缝

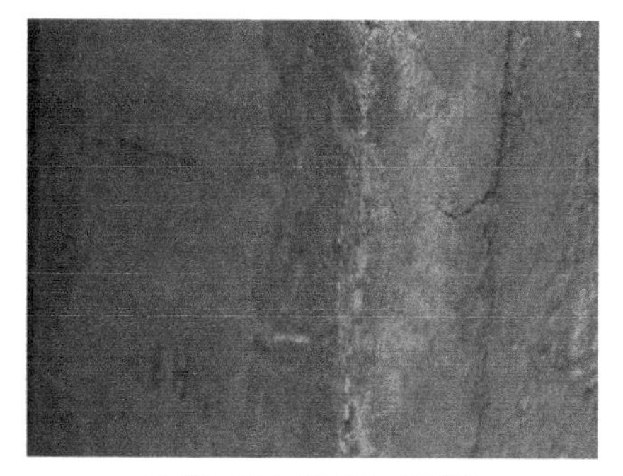

(d) 第 1 面预制层面水平裂缝

图 2-12　试件 ZH8-1 破坏过程

3. ZH10 试件破坏过程

界面连接钢筋采用桁架钢筋的双面叠合抗剪试件 ZH10 的破坏过程相似，以 ZH10-1 试件为例进行说明。荷载增加到 260kN，首先在 13 叠合面底部出现裂缝，如图 2-13（a）所示；裂缝出现后迅速贯通至顶部，此时荷载 270kN，如图 2-13（b）所示；当荷载增加到 303kN 左右时，23 叠合面底部出现裂缝如图 2-13（c）所示；裂缝出现后迅速贯通至顶部，达到极限荷载，极限荷载为 315.3kN，如图 2-13（d）所示；试件达到极限荷载后承载力突降至 260kN；继续加载，荷载下降到 200kN，在第 2 面预制层（即桁架钢筋上弦杆预埋侧）侧面出现“一”字形裂缝，如图 2-13（e）所示；荷载下降到 170kN，在第 1 面预制层（即桁架钢筋下弦杆预埋侧）侧面也出现“一”字形裂缝，如图 2-13（f）所示。

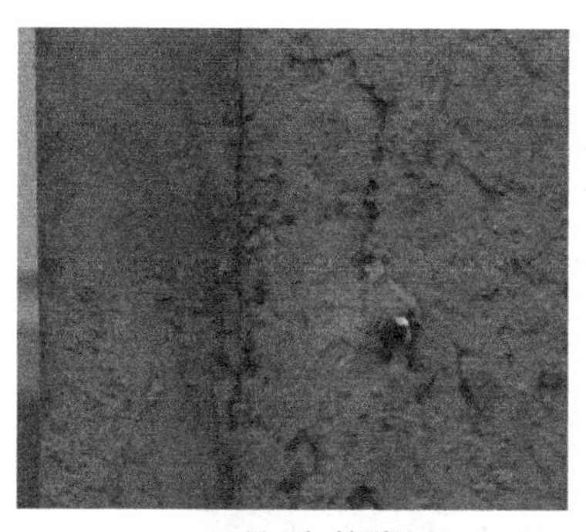

(a) 13 界面初始裂缝

(b) 13 界面裂缝贯通

(c) 23 界面初始裂缝

(d) 23 界面裂缝贯通

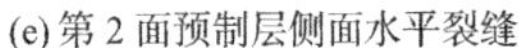
(e) 第 2 面预制层侧面水平裂缝

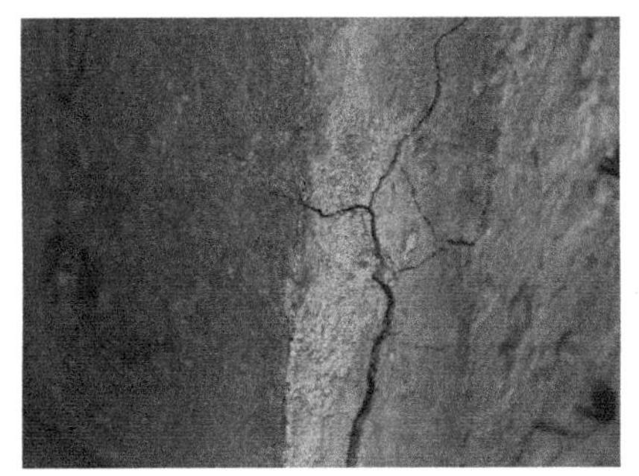

(f) 第 1 面预制层面水平裂缝

图 2-13 试件 ZH10-1 破坏过程

2.2.3 ZG 试件破坏过程

1. ZG6 试件破坏过程

界面连接钢筋采用箍筋形式的双面叠合抗剪试件 ZG6 破坏过程类似，以 ZG6-1 试件为例进行描述。荷载增加到 146kN，首先在 23 叠合面底部出现裂缝，如图 2-14（a）所示；裂缝出现后迅速贯通至顶部，此时荷载 169kN，如图 2-14（b）所示；当荷载增加到 258kN 左右时，13 叠合面出现裂缝如图 2-14（c）所示；裂缝出现后迅速贯通至顶部，继续加载达到极限荷载，极限荷载为 349.5kN，如图 2-14（d）所示；继续加载荷载缓慢下降，可以看出 23 叠合面的裂缝宽度和 13 叠合面的裂缝宽度相差不大，如图 2-14（e）所示；试验结束时可以观察在界面有斜裂缝产生如图 2-14（f）所示。

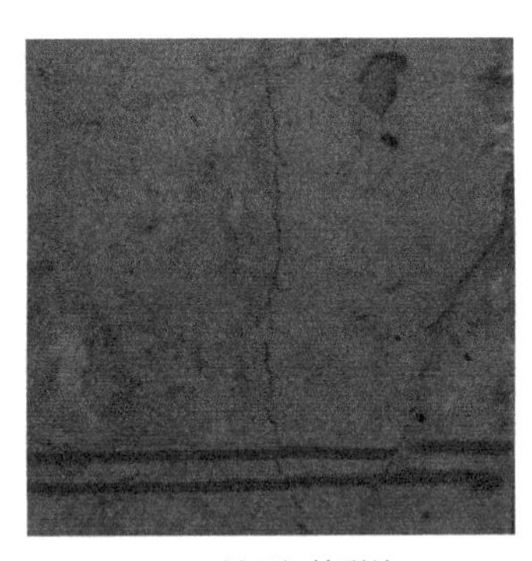

(a) 23 界面初始裂缝

(b) 23 界面裂缝贯通

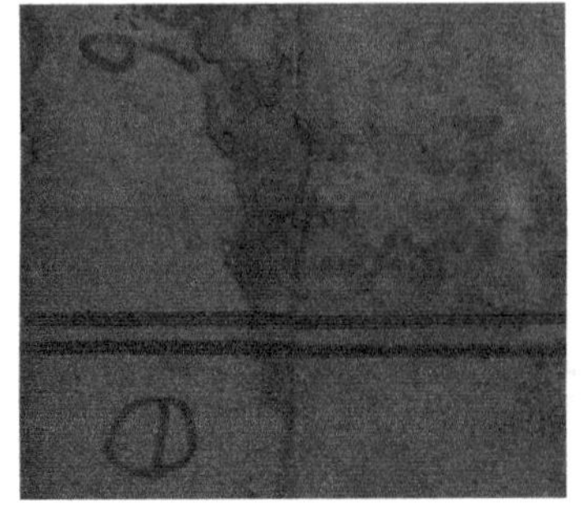

(c) 13 界面初始裂缝

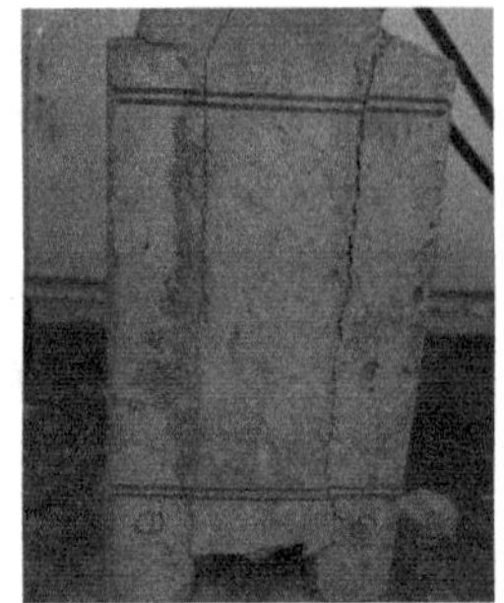

(d) 13 界面裂缝贯通

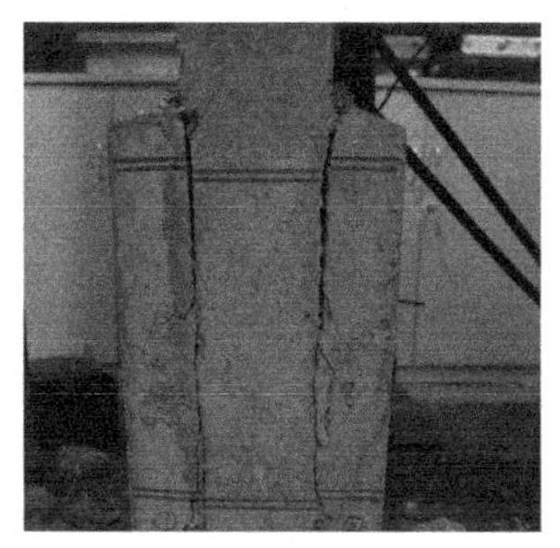

(e) 13 界面裂缝对比

(f) 试验结束后

图 2-14　试件 ZG6-1 破坏过程

2. ZG8 试件破坏过程

界面连接钢筋采用箍筋形式的双面叠合抗剪试件 ZG8 破坏过程类似，以 ZG8-1 试件为例进行描述。荷载增加到 176kN，首先在 23 叠合面底部出现裂缝，如图 2-15（a）所示；裂缝出现后迅速贯通至顶部，此时荷载 209kN，如图 2-15（b）所示；当荷载增加到 266kN 左右时，13 叠合面出现裂缝如图 2-15（c）所示；裂缝出现后迅速贯通至顶部，继续加载达到极限荷载，极限荷载为 349.9kN，如图 2-15（d）所示。

(a) 23 界面初始裂缝

(b) 23 界面裂缝贯通

(c) 13 界面初始裂缝

(d) 13 界面裂缝贯通

图 2-15　试件 ZG8-1 破坏过程

3. ZG10 试件破坏过程

界面连接钢筋采用箍筋形式的双面叠合抗剪试件 ZG10 破坏过程类似，以 ZG10-1 试件为例进行描述。荷载增加到 250kN，首先在 23 叠合面底部出现裂缝，裂缝出现后迅速贯通至顶部，此时荷载 269kN；当荷载增加到 308kN 左右时，13 叠合面出现裂缝，裂缝出现后迅速贯通至顶部，继续加载达到极限荷载，极限荷载为 375.9kN，如图 2-16（a）所示；继续加载荷载缓慢下降，可以看出 23 叠合面的裂缝宽度和 13 叠合面的裂缝宽度相差不大，如图 2-16（b）所示。

(a) 峰值荷载时

(b) 界面裂缝对比

图 2-16　试件 ZG10-1 破坏过程

2.2.4　BH6 试件破坏过程

桁架高度为 170mm 的双面叠合抗剪试件 BH6-17 和桁架高度为 130mm 的双面叠合抗剪试件的 BH6-13 的破坏过程和 ZH6 试件类似。BH6-13-3 试件由于锚固不足，其抗剪承载力只能达到 BH6-13-1 和 BH6-13-2 试件承载力的一半，破坏主要是由于上弦钢筋锚固深度不足，23 叠合面裂缝宽度明显大于 13 叠合面，如图 2-17（a）所示，加载结束后对混凝土剥离，可以看出 23 叠合面上弦钢筋周围包裹的混凝土极少，如图 2-17（b）所示。试件破坏模式统计如表 2-6 所示。

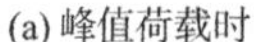

(a) 峰值荷载时

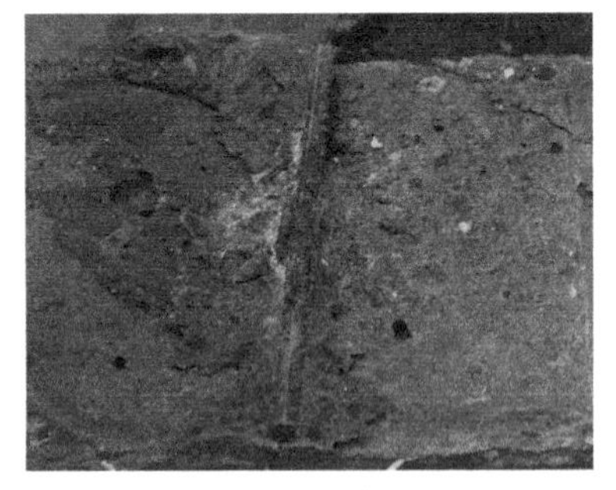

(b) 上弦杆被拉出

图 2-17　试件 BH6-13-1 破坏过程

试件破坏模式统计　　　　表 2-6

试件编号	先开裂侧（开裂荷载/kN）	后开裂侧（开裂荷载/kN）	峰值荷载/kN
NJ-1	13 叠合面（173.5）	—	173.5
NJ-2	13 叠合面（171.3）	—	171.3

续表

试件编号	先开裂侧（开裂荷载/kN）	后开裂侧（开裂荷载/kN）	峰值荷载/kN
NJ-3	23 叠合面（121.5）	—	121.5
BH6-13-1	13 叠合面（154.7）	23 叠合面（213.5）	314.7
BH6-13-2	23 叠合面（150.6）	13 叠合面（228.7）	313.2
BH6-13-3	13 叠合面（132.5）	23 叠合面（158.5）	158.5
BH6-17-1	13 叠合面（164.5）	23 叠合面（247.3）	329.8
BH6-17-2	13 叠合面（131.6）	23 叠合面（201.3）	315.4
BH6-17-3	13 叠合面（171.3）	23 叠合面（171.3）	320.7
ZH6-1	13 叠合面（100.3）	23 叠合面（217.6）	308.9
ZH6-2	23 叠合面（120.4）	13 叠合面（197.6）	290.8
ZH6-3	23 叠合面（206.3）	13 叠合面（295.6）	351.9
ZH8-1	13 叠合面（177.3）	23 叠合面（247.6）	308.4
ZH8-2	13 叠合面（157.3）	23 叠合面（261.6）	296.4
ZH8-3	13 叠合面（203.1）	23 叠合面（301.2）	386.1
ZH10-1	13 叠合面（270.1）	23 叠合面（303.4）	315.1
ZH10-2	13 叠合面（290.3）	23 叠合面（308.5）	314.6
ZH10-3	13 叠合面（268.9）	23 叠合面（347.2）	365.1
ZG6-1	23 叠合面（146.7）	13 叠合面（245.6）	347.1
ZG6-2	23 叠合面（106.4）	13 叠合面（195.7）	310.8
ZG6-3	13 叠合面（126.3）	23 叠合面（186.6）	305.4
ZG8-1	23 叠合面（176.1）	13 叠合面（266.2）	349.9
ZG8-2	23 叠合面（157.4）	13 叠合面（243.2）	331.5
ZG8-3	23 叠合面（161.5）	13 叠合面（252.4）	341.7
ZG10-1	23 叠合面（257.1）	13 叠合面（308.2）	375.9
ZG10-2	23 叠合面（274.4）	13 叠合面（301.4）	365.7
ZG10-3	23 叠合面（251.2）	13 叠合面（298.2）	357.3

2.3 试验结果分析

2.3.1 双面叠合无筋试件和双面叠合有筋试件

从上节的试验破坏过程可以看出，双面叠合无筋试件破坏呈现出明显的脆性破坏特征，观察到裂缝的同时荷载达到峰值，界面被完全剪坏。双面叠合有筋试件的破坏呈延性破坏，可以观察到不同界面裂缝出现。试件NJ-1、ZH6-1和ZG6-1自由端的荷载-位移曲线如图2-18所示，从图中也可以反映双面叠合无筋试件脆性破坏明显，双面叠合有筋试件延性要优于无筋试件。

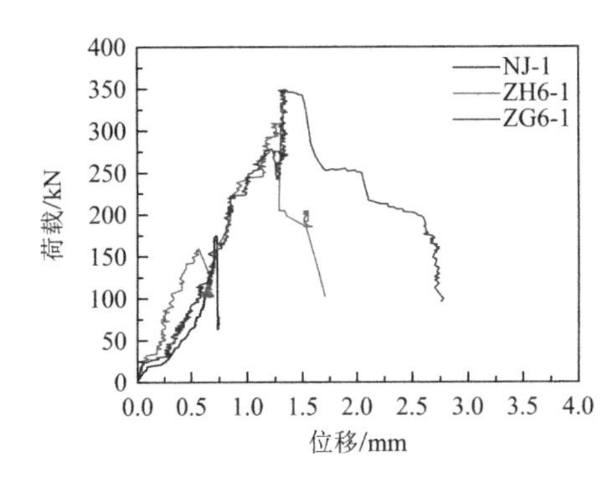

图2-18 叠合无筋试件和叠合有筋试件荷载-位移曲线对比

2.3.2 界面连接钢筋形式变化的影响

桁架形式界面连接钢筋的双面叠合试件和箍筋形式界面连接钢筋的双面叠合试件在峰值荷载之前破坏模式基本相同：一侧叠合面先开裂，裂缝贯通叠合面，随着荷载的增加另外一侧叠合面开裂，接着裂缝贯通叠合面，荷载达到峰值。二者的区别在峰值荷载之后：①随着位移继续增加，桁架形式界面连接钢筋的试件两侧裂缝宽度不同，无论是13叠合面先开裂还是23叠合面先开裂，23叠合面的裂缝宽度大于13叠合面，在第2面预制层的外侧面出现水平裂缝；箍筋形式界面连接钢筋的试件两侧的裂缝宽度相差不大，在预制层的侧面也未观察到水平裂缝出现；②峰值荷载之后，桁架形式界面连接钢筋的试件荷载突降，降低幅度较大；箍筋形式界面连接钢筋的试件荷载则缓慢降低，没有出现大幅降低情形。试件ZH6-1和ZG6-1、ZH8-1和ZG8-1及ZH10-1、ZG10-1自由端的荷载-位移曲线如图2-19所示，从图中也可以看出在达到峰值荷载前，桁架形式界面连接钢筋的试件和箍筋形式界面连接钢筋的试件自由端的滑移量不超过2mm，在达到峰值荷载后，桁架形式界面连接钢筋的试件荷载突降，滑移量增加较小；箍筋形式界面连接钢筋的试件的荷载随着滑移量的增加而逐渐减小，表现出较好的延性。

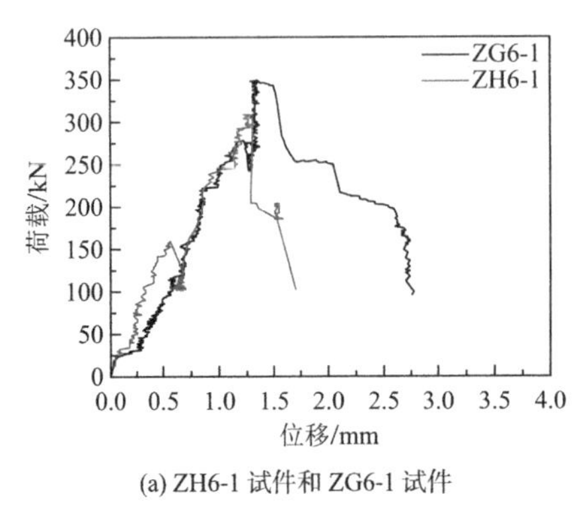

(a) ZH6-1试件和ZG6-1试件

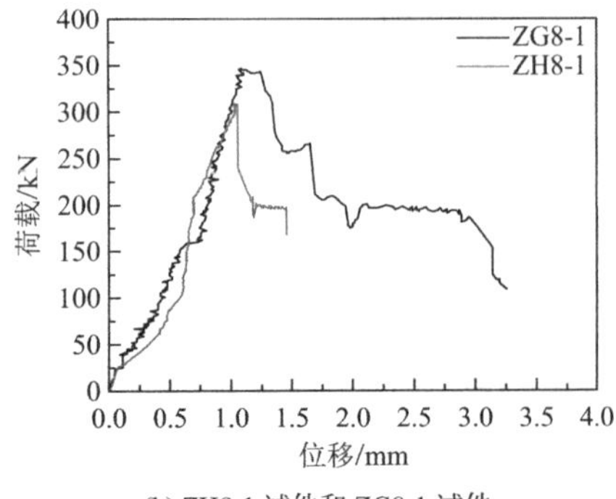

(b) ZH8-1试件和ZG8-1试件

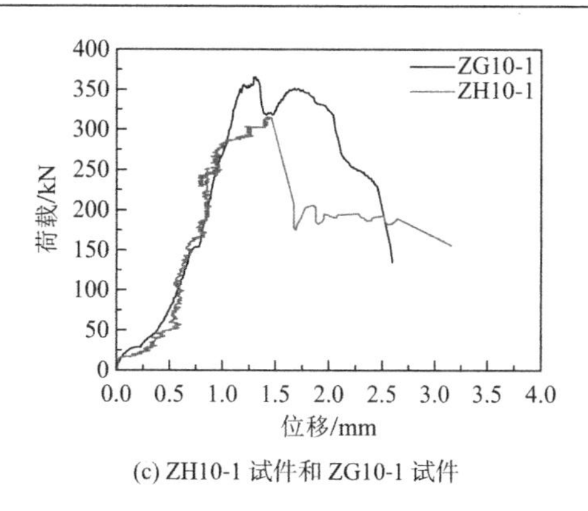

(c) ZH10-1 试件和 ZG10-1 试件

图 2-19　不同形式界面连接钢筋的试件荷载-位移曲线对比

2.3.3　桁架钢筋高度变化的影响

桁架钢筋高度从 130mm 变化到 170mm，双面叠合试件的破坏模式基本一致。试件 BH6-13-1、ZH6-1 和 BH6-17-1 荷载-位移曲线如图 2-20 所示，从图中可以看出桁架高度变化对荷载-位移曲线影响不明显。不考虑因锚固不足的 BH6-13-3 试件，BH6-13、BH6-17 和 ZH6 试件峰值荷载如表 2-7 所示，从表中可以看出，桁架钢筋高度变化对双面叠合试件叠合面的受剪承载力影响较小。

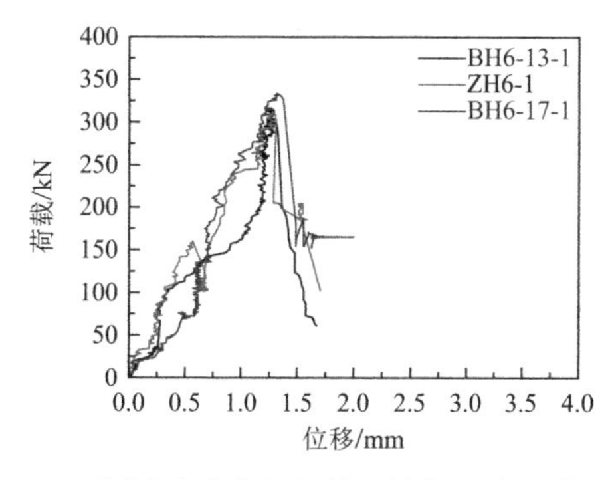

图 2-20　不同高度的桁架钢筋试件荷载-位移曲线对比

不同高度桁架形式界面连接钢筋试件峰值荷载（单位：kN）　表 2-7

试件编号	BH6-13	ZH6	BH6-17
试件 1	314.7	308.9	329.8
试件 2	313.2	290.8	315.4
试件 3	—	351.9	320.7
平均值	313.9	317.2	322.0

2.3.4　界面钢筋配筋率变化的影响

从破坏过程看，当界面配筋率从 0.19%增加到 0.52%，桁架形式界面连接钢筋的试件和箍筋形式界面连接钢筋的试件开裂荷载随着配筋率的增加而提高，但其破坏模式没有发生实质性的变化。试件 ZH6-1、ZH8-1 和 ZH10-1 以及试件 ZG6-1、ZG8-1 和 ZG10-1 的荷载-位移曲线如图 2-21 所示，从图中可以看出界面连接钢筋的配筋率的提高对荷载-位移曲线的影响不明显。试件 ZH6、ZH8 和 ZH10 峰值荷载如表 2-8 所示，试件 ZG6、ZG8 和 ZG10 峰值荷载如表 2-9 所示，从试件受剪承载力平均值角度分析，当界面配筋率从 0.19%增加到 0.52%，桁架形式界面连接钢筋的试件承载力增加 4.5%，箍筋形式界面连接钢筋的试件承载力增加 12.9%。

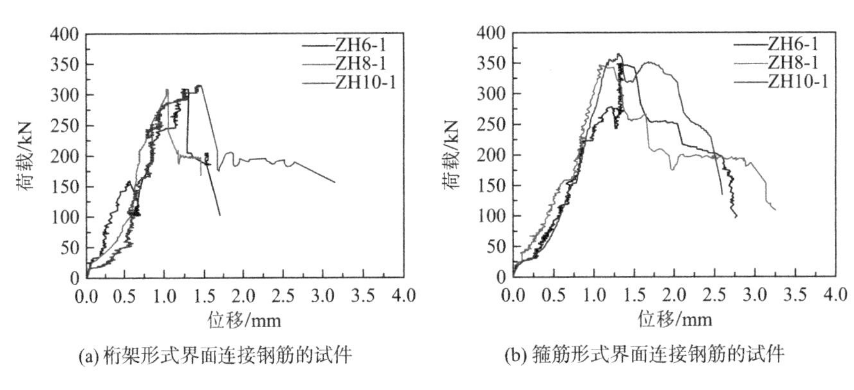

(a) 桁架形式界面连接钢筋的试件　　(b) 箍筋形式界面连接钢筋的试件

图 2-21　不同界面连接钢筋配筋率的试件荷载-位移曲线对比

不同桁架形式界面连接钢筋配筋率试件峰值荷载（单位：kN）　　表 2-8

试件编号	ZH6	ZH8	ZH10
试件 1	308.9	292.7	315.1
试件 2	290.8	306.7	314.6
试件 3	351.9	386.1	365.1
平均值	317.2	328.5	331.6

不同箍筋形式界面连接钢筋配筋率试件峰值荷载（单位：kN）　　表 2-9

试件编号	ZG6	ZG8	ZG10
试件 1	347.1	346.2	375.9
试件 2	310.8	331.5	362.2
试件 3	305.4	341.7	357.3
平均值	321.1	339.8	365.1

2.4　界面连接钢筋应变规律

2.4.1　ZH6 试件

布置在 ZH6-1 试件界面连接钢筋表面的电阻应变片测得钢筋应变随着荷载的变化规

律如图 2-22 所示，从图中可以看出在峰值荷载之前，同一叠合面处的钢筋应变规律较为一致，先开裂侧的钢筋应变发展较快，后开裂侧钢筋应变发展较慢；裂缝先开裂的 23 叠合面，在 100kN 前钢筋的应变非常小，约 3×10^{-4}，在 150kN 左右裂缝贯通截面，此时钢筋应变迅速增加达到并超过屈服应变，此时未开裂侧（13 叠合面）钢筋应变仍然较小约为 5×10^{-4}；当荷载增加 220kN 左右，13 叠合面出现裂缝，此时钢筋应变约 1.5×10^{-3}，随着荷载增加 13 叠合面处的钢筋应变增加缓慢，峰值荷载时此侧钢筋应变约为 1.6×10^{-3}，仍未达到屈服应变，峰值荷载后试件的承载力突降，此时 1 腹杆 1 钢筋的应变陡增，达到 6.6×10^{-3}；在整个加载过程中弦杆的应变值均较小，最大应变不超过 2×10^{-4}。

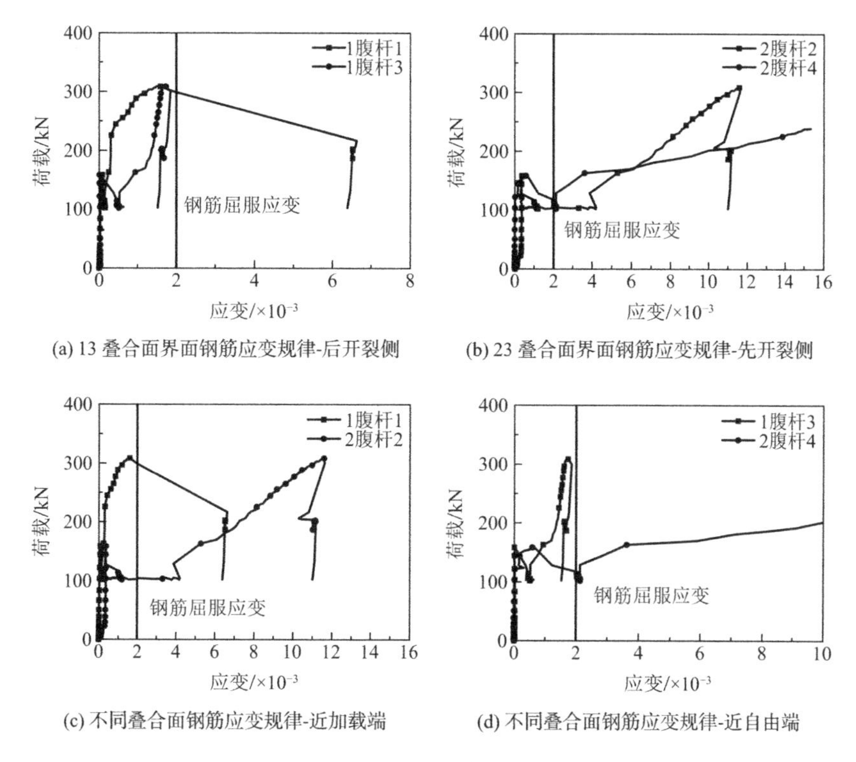

(a) 13 叠合面界面钢筋应变规律-后开裂侧　(b) 23 叠合面界面钢筋应变规律-先开裂侧

(c) 不同叠合面钢筋应变规律-近加载端　(d) 不同叠合面钢筋应变规律-近自由端

图 2-22　ZH6-1 试件钢筋应变规律

2.4.2　ZG6 试件

布置在 ZG6-2 试件界面连接钢筋表面的电阻应变片测得钢筋应变随着荷载的变化规律如图 2-23 所示，从图中可以看出在峰值荷载之前，同一叠合面处的钢筋应变规律较为一致，先开裂侧的钢筋应变和后开裂侧钢筋应变在峰值荷载前均能达到屈服应变；在裂缝先开裂侧的 23 叠合面，在 90kN 前钢筋的应变非常小，约 7×10^{-4}，在 100kN 左右裂缝贯通截面，23 叠合面处钢筋应变迅速增加超过屈服应变，并超过应变片量程而失效，此时未开裂侧（13 叠合面）钢筋应变仍然较小约为 3.5×10^{-4}；当荷载增加 190kN 左右，13 叠合面出现裂缝，此时钢筋应变约 6×10^{-4}，随着荷载增加 220kN 裂缝贯通 13 叠合面，此侧的钢筋应变增加明显达到 4.5×10^{-3}，超过屈服应变，峰值荷载时 1 箍 3 钢筋对

应的应变约为 1.7×10^{-2}；在整个加载过程中竖杆的应变值均较小，最大应变不超过 5×10^{-4}。

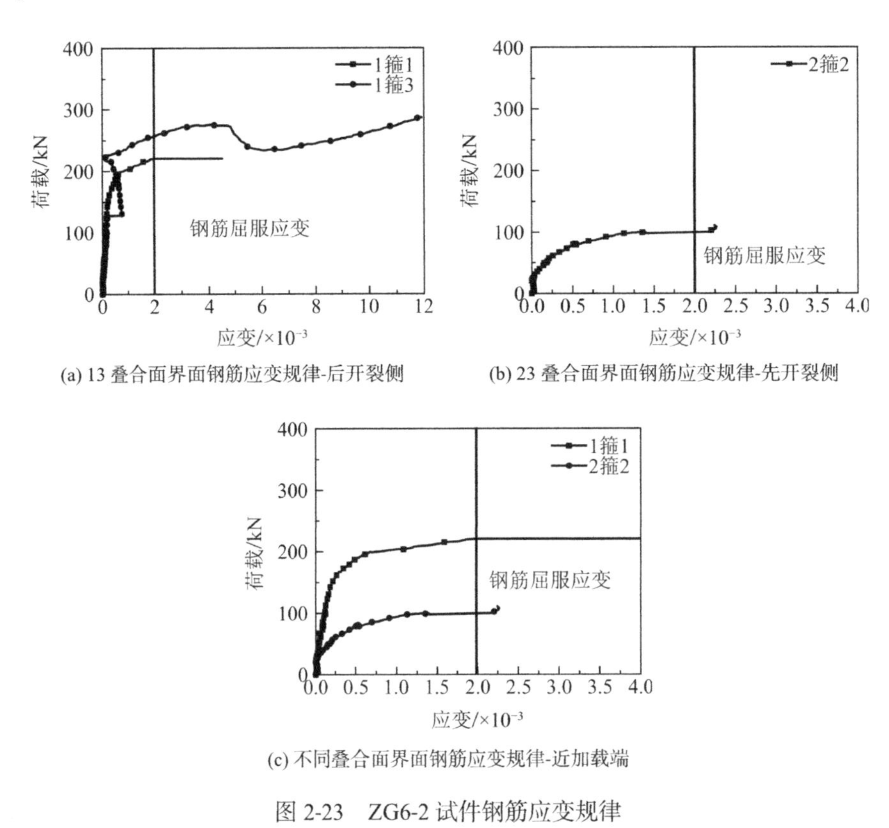

(a) 13 叠合面界面钢筋应变规律-后开裂侧

(b) 23 叠合面界面钢筋应变规律-先开裂侧

(c) 不同叠合面界面钢筋应变规律-近加载端

图 2-23 ZG6-2 试件钢筋应变规律

2.4.3 ZH8 试件

布置在 ZH8-2 试件界面连接钢筋表面的电阻应变片测得钢筋应变随着荷载的变化规律如图 2-24 所示，ZH8-2 试件的钢筋应变的变化规律和 ZH6-1 试件规律相同。从图中可以看出在峰值荷载之前，同一叠合面处的钢筋应变规律较为一致，先开裂侧的钢筋应变发展较快，后开裂侧钢筋应变发展较慢，在峰值荷载前先开裂侧钢筋应变达到屈服应变，后开裂侧钢筋应变没有达到屈服应变。

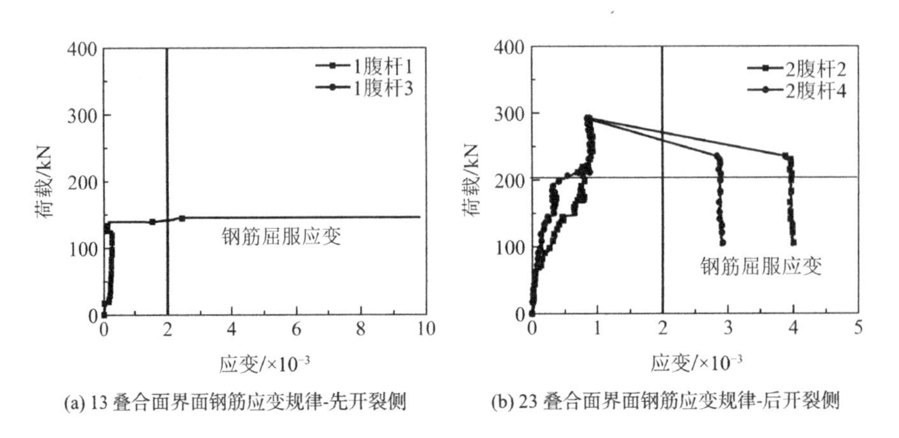

(a) 13 叠合面界面钢筋应变规律-先开裂侧

(b) 23 叠合面界面钢筋应变规律-后开裂侧

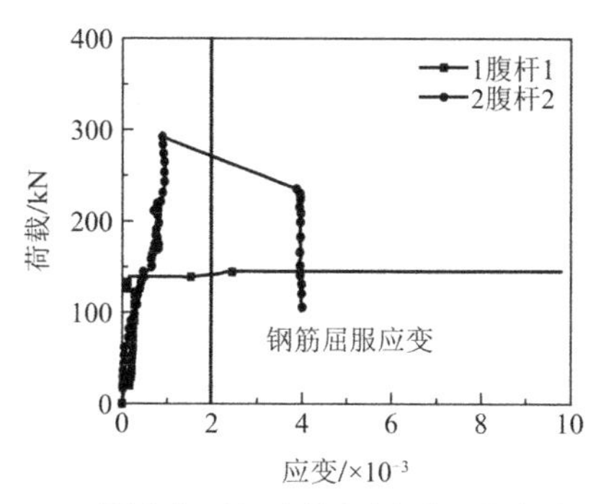

(c) 不同叠合面界面钢筋应变规律-近加载端

图 2-24　ZH8-2 试件钢筋应变规律

2.4.4　ZG8 试件

布置在 ZG8-1 试件界面连接钢筋表面的电阻应变片测得钢筋应变随着荷载的变化规律如图 2-25 所示，ZG8-1 试件的钢筋应变的变化规律和 ZG6-1 试件规律相同。从图中可以看出在峰值荷载之前，同一叠合面处的钢筋应变规律较为一致，靠近加载端钢筋的应变在峰值荷载前均能达到屈服应变。

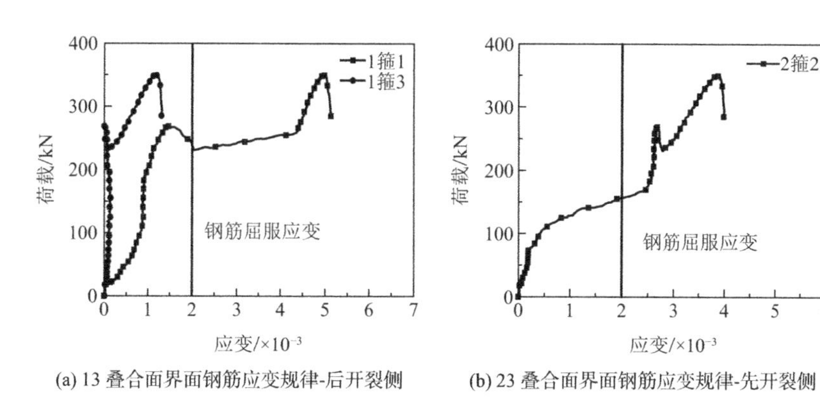

(a) 13 叠合面界面钢筋应变规律-后开裂侧　(b) 23 叠合面界面钢筋应变规律-先开裂侧

(c) 不同叠合面界面钢筋应变规律-近加载端

图 2-25　ZG8-1 试件钢筋应变规律

2.4.5　ZH10 试件

布置在 ZH10-2 试件界面连接钢筋表面的电阻应变片测得钢筋应变随着荷载的变化规

律如图 2-26 所示，ZH10-2 试件的钢筋应变的变化规律和试件 ZH6-1 和 ZH8-2 规律相同。从图中可以看出在峰值荷载前，同一叠合面处的钢筋应变规律较为一致，先开裂侧的钢筋应变发展较快，后开裂侧钢筋应变发展较慢，在峰值荷载时界面钢筋的应变值均没有超过屈服应变，只有先开裂侧靠近加载端钢筋的应变接近屈服应变。

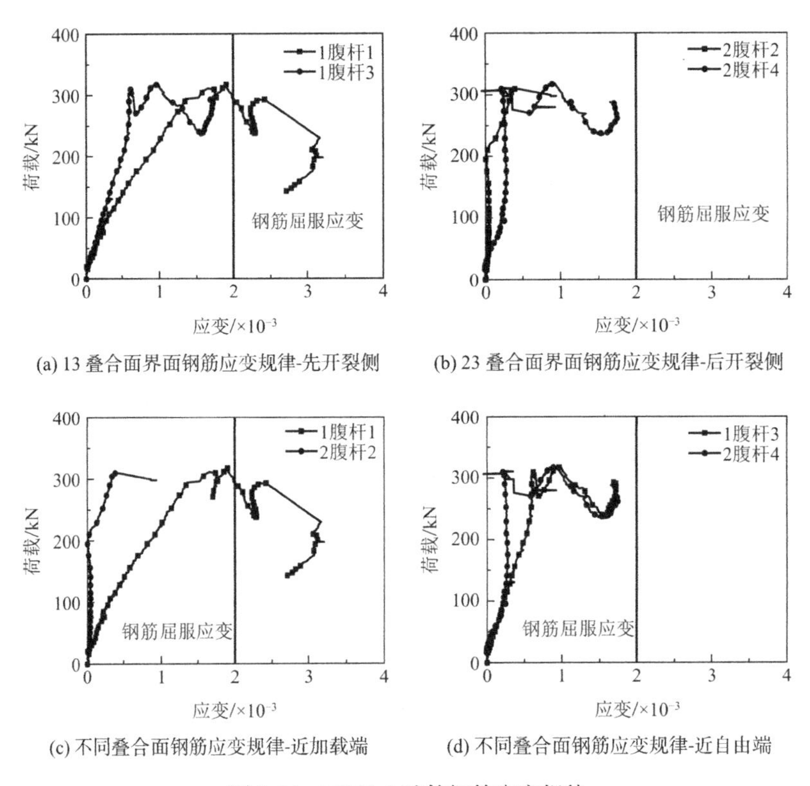

(a) 13 叠合面界面钢筋应变规律-先开裂侧　(b) 23 叠合面界面钢筋应变规律-后开裂侧

(c) 不同叠合面钢筋应变规律-近加载端　(d) 不同叠合面钢筋应变规律-近自由端

图 2-26　ZH10-2 试件钢筋应变规律

2.4.6　ZG10 试件

布置在 ZG10-2 试件界面连接钢筋表面的电阻应变片测得钢筋应变随着荷载的变化规律如图 2-27 所示，ZG10-2 试件的钢筋应变的变化规律和试件 ZG6-2 和 ZG8-1 规律相同。从图中可以看出在峰值荷载之前，同一叠合面处的钢筋应变规律较为一致，靠近加载端钢筋的应变在峰值荷载前均能达到屈服应变，靠近自由端钢筋的应变没有达到屈服应变。

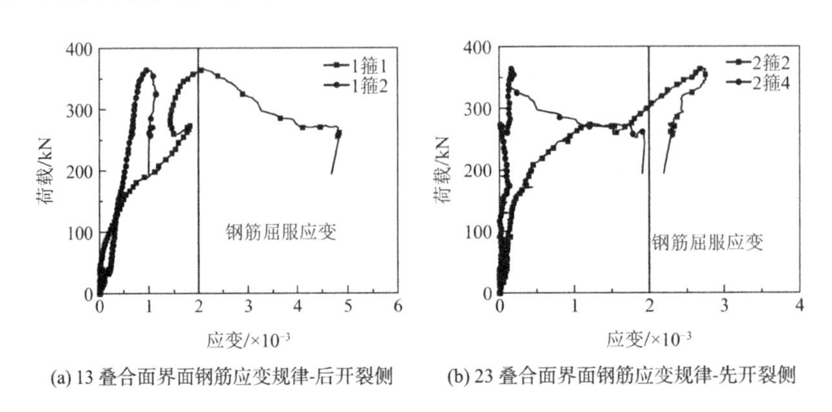

(a) 13 叠合面界面钢筋应变规律-后开裂侧　(b) 23 叠合面界面钢筋应变规律-先开裂侧

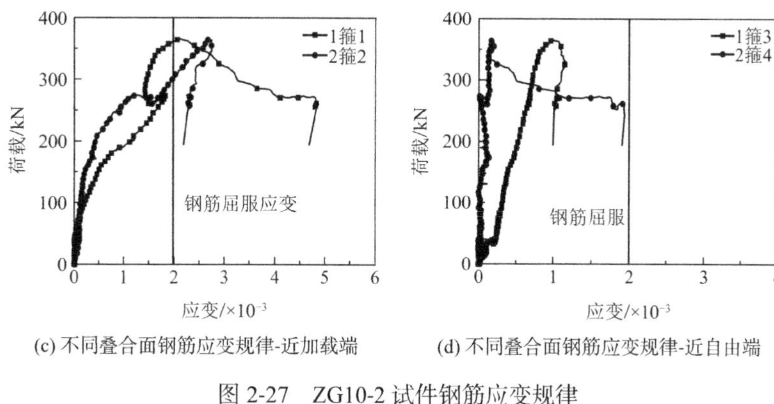

(c) 不同叠合面钢筋应变规律-近加载端　(d) 不同叠合面钢筋应变规律-近自由端

图 2-27　ZG10-2 试件钢筋应变规律

2.5　本章小结

通过对双面叠合无筋试件和不同形式界面连接钢筋的双面叠合有筋试件进行抗剪试验研究，可以得出以下结论：

（1）双面叠合试件均发生叠合面的剪切破坏，叠合面是其薄弱面。双面叠合无筋试件破坏过程呈现明显的脆性破坏特征，在破坏前观察不到明显裂缝出现，破坏时一侧叠合面被剪坏，而另外一侧仍保持完好；双面叠合有筋试件叠合面的裂缝出现过程并不同步，一侧叠合面先出现裂缝后，另外一侧叠合面再出现裂缝。

（2）界面连接钢筋采用桁架钢筋和采用箍筋形式的双面叠合试件在峰值荷载之前破坏过程无明显区别，峰值荷载后界面连接钢筋采用桁架钢筋的双面叠合试件承载力突降，23 叠合面的裂缝宽度明显大于 13 叠合面，而箍筋形式的双面叠合试件达到峰值荷载后，其承载力随着位移的增加缓慢下降，两侧叠合面裂缝宽度相差不大。

（3）在界面连接钢筋锚固良好的前提下，双面叠合试件叠合面的受剪承载力受桁架钢筋高度变化的影响较小。

（4）当界面配筋率从 0.19%增加到 0.52%，桁架形式界面连接钢筋的双面叠合试件和箍筋形式界面连接钢筋的双面叠合试件的开裂荷载均随着配筋率的增加而提高，但其破坏模式没有发生实质性的变化。当界面配筋率从 0.19%增加到 0.52%，桁架形式界面连接钢筋的双面叠合试件受剪承载力增加 4.5%，箍筋形式界面连接钢筋的双面叠合试件受剪承载力增加 12.9%。

（5）双面叠合试件相同侧的两根腹杆/箍筋应变的变化规律较为一致，箍筋形式的界面连接钢筋相比桁架形式的界面连接钢筋，其作用发挥得更加充分。桁架形式界面连接钢筋的双面叠合试件先开裂侧的钢筋应变发展较快，后开裂侧钢筋应变发展较慢，后开裂侧钢筋应变直到峰值荷载时仍未达到屈服应变；箍筋形式界面连接钢筋的双面叠合试件靠近加载端钢筋的应变在峰值荷载前均能达到屈服应变。

第 3 章

双面叠合试件叠合面抗剪承载力分析

早在 1960 年各国学者就提出了用于计算叠合面剪切强度的公式，叠合面抗剪机理可以通过剪切-摩擦理论[56]来解释，这一理论被大部分国家的设计规范所采纳，如 CEB-FIP Model Code 1990(1990), Eurocode 2(2008), BS 8110-1(1997), ACI 318(2011), CAN/CSA A23.3（2004），AASHTO LFRD Bridge Design Specifications（2007），PCI Design Handbook（2004）。剪切-摩擦理论可以使用“锯齿”模型来阐明受力机理，如图 3-1 所示，图中σ_s为钢筋拉应力，σ为叠合面法向应力，τ为叠合面切向应力，s为叠合面切向变形，w为叠合面法向变形。剪切-摩擦理论将叠合面剪力分成三个部分：叠合面粘结力$V_{adh}(s)$、摩擦力$V_{sf}(s)$和叠合面钢筋的销栓力$V_{sr}(s)$，如式(3-1)所示。

$$V(s) = V_{adh}(s) + V_{sf}(s) + V_{sr}(s) \tag{3-1}$$

叠合面粘结力是新老混凝土之间的化学作用产生的，当达到最大叠合面粘结力时混凝土叠合面开始出现分离，剪应力通过机械咬合作用传递；随着叠合面法向位移增加，穿过叠合面的钢筋受拉直至屈服，由剪切钢筋受拉产生叠合面压应力，通过摩擦力传递剪切荷载；叠合面的滑移使钢筋受剪，产生销栓作用。

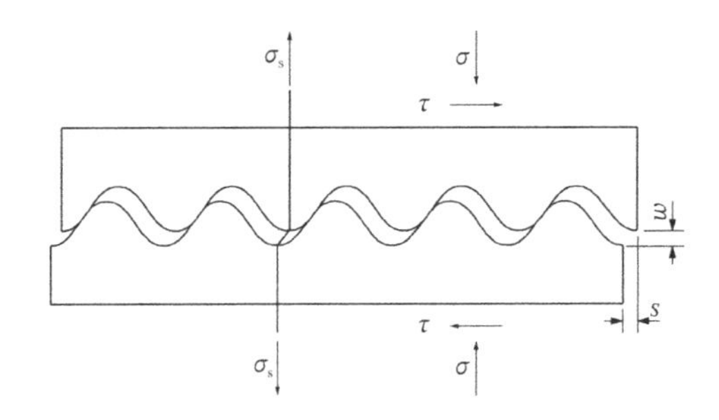

图 3-1 剪切摩擦模型

然而，目前用于计算叠合面剪切强度的公式针对的是单叠合面试件，第 2 章的试验表明双面叠合试件叠合面的破坏过程并不同步，不同叠合面处的界面连接钢筋的应变也不尽相同，本章首先收集整理从 1960 年至今关于叠合面抗剪强度的计算公式，通过公式的计算结果和试验结果对比指出已有公式不适用于双面叠合试件叠合面抗剪承载力的计算，接着基于剪切-摩擦理论对双面叠合试件叠合面的抗剪承载力进行分析，提出建议公式。

3.1 新老混凝土叠合面抗剪承载力计算公式

收集从 1960 年至今各国学者和各国规范中关于新老混凝土叠合面抗剪强度计算公式，本节共列举 15 个代表性的公式（公式已经将单位转换为 MPa）。

3.1.1 Anderson 公式

1960 年，Anderson[57]最早提出计算叠合面剪切强度公式，如式(3-2)所示。

$$v_u = v_0 + k\rho \tag{3-2}$$

式中，v_0和k是从推出试验中获得的经验数值，ρ是新老混凝土叠合面配筋率。试验时采用两种不同的混凝土：轴心抗压强度分别为 20.68MPa 和 51.71MPa。对于轴心抗压强度 20.68MPa 的试件，v_0和k分别取 4.41 和 229；对于轴心抗压强度 51.71MPa 的试件，v_0和k分别取 5.52 和 276。

3.1.2 Birkeland P.W.和 Birkeland H.W.公式

1966 年，Birkeland P.W.和 Birkeland H.W.[58]第一次用剪切-摩擦理论解释叠合面受力机理，当在两个粗糙表面传递剪力时，剪力通过外力产生的摩擦力来抵抗，如图 3-2（a）所示；或者通过叠合面抗剪钢筋来抵抗，如图 3-2（b）所示。

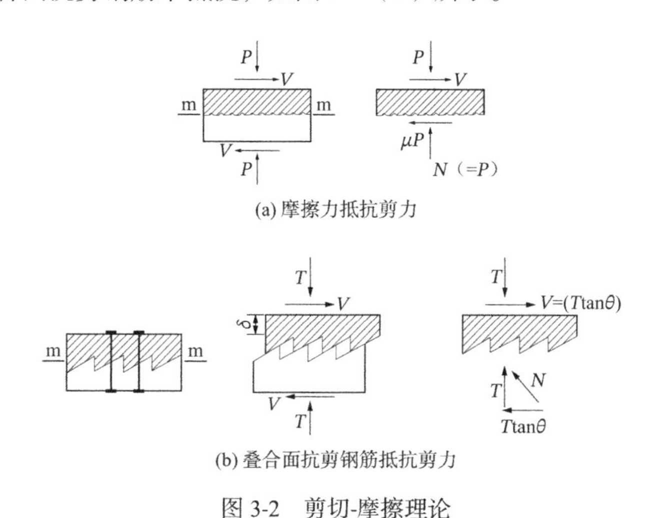

(a) 摩擦力抵抗剪力

(b) 叠合面抗剪钢筋抵抗剪力

图 3-2　剪切-摩擦理论

如果叠合面 m-m 粗糙，沿着叠合面的滑移会使得叠合面分离δ，如果叠合面有钢筋，叠合面分离会在钢筋中产生拉力T，导致叠合面产生压应力。叠合面的粗糙度可以看成是相互之间无摩擦的锯齿状，锯齿的角度就是摩擦角θ，因此摩擦系数μ可以表示为$\tan\theta$。Birkeland P.W.和 Birkeland H.W.的公式如式(3-3)所示。

$$v_u = \rho f_y \tan\theta = \rho f_y \mu \leqslant 5.52 \tag{3-3}$$

式中，f_y是叠合面钢筋的屈服强度，叠合面配筋率$\rho \leqslant 1.5\%$。摩擦角的概念后来被人们用摩擦系数μ的来表示。这个公式可以用来计算光滑面，粗糙面和钢-混凝土接触面。摩擦系数μ通过经验来确定，依据表面处理的情况，分为几类情况：①对于整体浇筑混凝土，μ取 1.7；②对于人工粗糙面，μ取 1.4；③对于普通混凝土叠合面和钢-混凝土叠合面，μ取 0.8～1.0。

3.1.3 Birkeland H.W.公式

1968 年，Birkeland[59]第一次引入非线性计算公式来考虑混凝土叠合面的抗剪强度，这个公式是在 1966 年 Birkeland P.W.和 Birkeland H.W.的公式的基础上提出来的，如式(3-4)所示。

$$v_u = 2.78\sqrt{\rho f_y} \tag{3-4}$$

3.1.4 Mattock 和 Hawkins 公式

1972 年，Mattock 和 Hawkins[60]依据试验值的下限提出了计算叠合面抗剪强度的公式，如式(3-5)所示。

$$v_u = 1.38 + 0.8(\rho f_y + \sigma_n) \leqslant \min(0.3f_c, 10.34) \tag{3-5}$$

式中，f_c为混凝土抗压强度，σ_n为叠合面法向应力。其中$0.8(\rho f_y + \sigma_n) \geqslant 1.38\text{MPa}$。

1974 年，Mattock[61]依据试验的平均值对在 1972 年提出的公式进行了修正，如式(3-6)所示。

$$v_u = 2.76 + 0.8(\rho f_y + \sigma_n) \leqslant \min(0.3f_c, 10.34) \tag{3-6}$$

同时他还提出了考虑叠合面钢筋角度的计算公式，如式(3-7)所示。

$$v_u = 2.76\sin^2\theta + \rho f_s(0.8\sin^2\theta - 0.5\sin 2\theta) \tag{3-7}$$

其中，f_s根据试验来确定，当摩擦系数为 0.8 时，f_s按照式(3-8)计算。

$$\begin{aligned} &0 \leqslant \theta \leqslant 51.3°, && f_s = 0 \\ &51.3° \leqslant \theta < 90°, && f_s = -1.6f_y\cos(\theta + 38.7°) \\ &90° \leqslant \theta < 180°, && f_s = f_y \end{aligned} \tag{3-8}$$

3.1.5 Loov 公式

1978 年，Loov[62]是第一个提出含混凝土轴心抗压强度的无量纲计算叠合面抗剪强度公式的学者，公式如式(3-9)所示。

$$\frac{v_u}{f_c} = k\sqrt{\frac{\rho f_y + \sigma_n}{f_c}} \tag{3-9}$$

式中，k是常数，对于没有初始裂缝的表面，Loov 建议取 0.5。

3.1.6 Loov 和 Patnaik 公式

1994 年，Loov 和 Patnaik[63]在 1978 年 Loov 研究的基础上提出了一个设计公式，对于没有叠合面箍筋的叠合梁，叠合面抗剪强度可以用式(3-10)计算。

$$v_u = 0.6\sqrt{0.1f_c} \tag{3-10}$$

对于设置了叠合面钢筋的叠合梁，叠合面抗剪强度可以用式(3-11)计算。

$$v_u = k\lambda\sqrt{(0.1 + \rho f_y)f_c} \leqslant 0.25f_c \tag{3-11}$$

式中，k是常数，对于叠合梁和整体浇筑的试件建议取 0.5 和 0.6；λ是对混凝土密度的修正系数，①对于普通混凝土取 1.0；②对于砂轻质混凝土取 0.85；③对于轻骨料混凝土取 0.75。

3.1.7 Mattock 公式

2001 年，Mattock[64]提出一个设计公式，可以用于各种强度等级的混凝土。对于人为粗糙处理的叠合面抗剪强度，通过两个公式来表达。当由于外力或者内部受力产生的法向应力$\sigma_n \geqslant K_1/1.45$，或者极限抗剪强度$v_u \geqslant 1.55K_1$时，叠合面抗剪强度可按式(3-12)计算。

$$v_u = K_1 + 0.8(\rho f_y + \sigma_n) \leqslant \min(K_2 f_c, K_3) \tag{3-12}$$

当由于外力或者内部受力产生的法向应力$\sigma_n \leqslant K_1/1.45$，或者极限抗剪强度$v_u \leqslant 1.55K_1$时，叠合面抗剪强度可按式(3-13)计算。

$$v_u = 2.25(\rho f_y + \sigma_n) \tag{3-13}$$

K_1是和混凝土密度有关的系数：①对于常规混凝土和整体浇筑试件，$K_1 = \min(0.1f_c, 5.52\text{MPa})$，$K_2 = 0.3$，$K_3 = 16.55\text{MPa}$；②对于常规混凝土浇筑在人为粗糙处理的旧混凝土基层上时，$K_1 = 2.76\text{MPa}$，$K_2 = 0.3$，$K_3 = 16.55\text{MPa}$；③对于砂质轻骨料混凝土，$K_1 = 1.72\text{MPa}$，$K_2 = 0.2$，$K_3 = 8.27\text{MPa}$；④对于其他的轻骨料混凝土，$K_1 = 1.38\text{MPa}$，$K_2 = 0.2$，$K_3 = 8.27\text{MPa}$。

当混凝土浇筑在没有人为粗糙处理的旧混凝土基层上时，叠合面极限抗剪强度可按式(3-14)计算。

$$v_u = 0.6\lambda\rho f_y \leqslant \min(0.2f_c, 5.52) \tag{3-14}$$

其中，对于常规混凝土$\lambda = 1.0$；对于砂质轻骨料混凝土$\lambda = 0.85$；对于其他轻骨料混凝土$\lambda = 0.75$。

3.1.8 Mansur, Vinayagam 和 Tan 公式

2008 年，Mansur 等[65]通过理论和试验的方法研究了剪切在裂缝上的传递，并对 ACI318、PCI 设计手册、Mattock（1972、1974、1976）、Walraven（1987）、Mau 和 Hsu（1988）、Lin 和 Chen（1989）、Loov 和 Patnaik（1994）提出的公式进行了比较。文中指出 Walraven（1987）、Mau 和 Hsu（1988）、Loov 和 Patnaik（1994）提出的公式在计算叠合面抗剪强度时不够安全。通过 154 个试件的验证，Mansur 等在 Mau 和 Hsu（1988）提出的公式基础上进行修正，试验涉及的混凝土强度等级从 18MPa 到 100MPa 之间，$\rho f_y/f_c$在 0.02～0.39 之间，公式如式(3-15)所示。

$$\frac{v_u}{f_c} = 0.566\sqrt{\frac{\rho f_y}{f_c}} \leqslant 0.3 \tag{3-15}$$

在和试验值比较后，Mansur 指出当$\rho f_y/f_c$值较低时该公式不够安全。因此提出一种三线性的公式用于计算叠合面抗剪强度。

当$\rho f_y/f_c \leqslant 0.075$ 时，可按照式(3-16)计算。

$$\frac{v_u}{f_c} = 2.5\frac{\rho f_y}{f_c} \tag{3-16}$$

当 $0.075 < \rho f_y/f_c < 0.27$ 时，可按照式(3-17)计算。

$$\frac{v_u}{f_c} = \frac{0.56}{f_c^{0.385}} + 0.55\left(\frac{\rho f_y}{f_c}\right) \tag{3-17}$$

当$\rho f_y/f_c \geqslant 0.27$ 时，可按照式(3-18)计算。

$$\frac{v_u}{f_c} = 0.3 \tag{3-18}$$

3.1.9 CEB-FIP Model Code（1990）

根据 1990 年的 CEB-FIP 设计准则[66]，叠合面混凝土抗剪强度由混凝土粘结力、剪切-摩擦作用和抗剪钢筋三部分组成，按照式(3-19)计算。

$$\upsilon_{\mathrm{u}} = cf_{\mathrm{t}} + \mu(\sigma_{\mathrm{n}} + \rho f_{\mathrm{y}}) \leqslant 0.25f_{\mathrm{c}} \tag{3-19}$$

式中，f_{t}是强度较低的混凝土抗拉强度；c和μ是和叠合面粗糙度有关的系数，具体取值参考表 3-1。

当叠合面剪切应力较低，不需要设置抗剪钢筋时，叠合面抗剪强度按式(3-20)计算。

$$\upsilon_{\mathrm{u}} = cf_{\mathrm{t}} \tag{3-20}$$

摩擦系数和粘结系数取值 **表 3-1**

叠合面类型	摩擦系数μ	粘结系数c
光滑	0.6	0.2
粗糙	0.9	0.4

注：对于非常光滑的叠合面c取 0.1。

3.1.10 BS 8110-1（1997）

英国规范 BS 8110-1（1997）[67]规定当叠合面的最大剪应力设计值不超过 0.23MPa 时，不需要在叠合面设置抗剪钢筋，当条件不满足时，对于非常光滑的叠合面需要粗糙处理；新老混凝土叠合面在设计工况下处于受压状态，同样不需要在叠合面设置抗剪钢筋，如果不满足要求，叠合面需要粗糙处理并且最大剪应力设计值不能超过 0.45MPa；当叠合面需要承受的剪应力不超过 1.3MPa 时，叠合面的开裂需要通过设置抗剪钢筋或者施加法向应力；当叠合面钢筋需要来抵抗全部剪力的时候，叠合面抗剪承载力可按式(3-21)计算。

$$V_{\mathrm{u}} = 0.6F_{\mathrm{b}}\tan\alpha \tag{3-21}$$

式中，F_{b}取 $0.95f_{\mathrm{y}}A_{\mathrm{s}}$和钢筋锚固力二者的较小值；$\alpha$是摩擦角，其取值可参考表 3-2。规范中根据叠合面类型、后浇筑混凝土强度以及叠合面钢筋等因素对极限状态下叠合面抗剪强度限值作了规定，如表 3-3 所示。

摩擦角 α 取值 **表 3-2**

叠合面类型	$\tan\alpha$
光滑叠合面	0.7
粗糙叠合面或槽式接头（在端部没有连续的条带）	1.4
粗糙叠合面或槽式接头（在端部有连续的条带）	1.7

叠合面抗剪强度限值 **表 3-3**

叠合面钢筋类型	叠合面类型	后浇筑混凝土强度		
		25MPa	30MPa	＞40MPa
不设置叠合面钢筋	不做任何处理的表面	0.4	0.55	0.65
	铁刷或者其他粗糙处理	0.6	0.65	0.75
	清洗去除浮浆或者添加缓凝剂	0.7	0.75	0.8

续表

叠合面钢筋类型	叠合面类型	后浇筑混凝土强度		
		25MPa	30MPa	> 40MPa
设置叠合面钢筋	不做任何处理的表面	1.2	1.8	2.0
	铁刷或者其他粗糙处理	1.8	2.0	2.2
	清洗去除浮浆或者添加缓凝剂	2.1	2.2	2.5

注：不做任何处理的表面包括浇筑振捣后自然呈粗糙状态的表面；铁刷或者其他粗糙处理的表面包括粗糙的没有骨料裸露的叠合面。

3.1.11　CAN/CSA A23.3（2004）

加拿大设计规范 CAN/CSA A23.3（2004）[68]假定叠合面的相对位移依靠粘结力和摩擦力抵抗，叠合面的抗剪强度可按式(3-22)计算。

$$v_{\mathrm{u}} = \lambda\phi_{\mathrm{c}}(c + \mu\sigma_{\mathrm{n}}) + \phi_{\mathrm{s}}\rho f_{\mathrm{y}}\cos\alpha \tag{3-22}$$

式中，λ是与混凝土密度有关的参数，对于普通混凝土取 1.0；ϕ_{c}是混凝土抗力因子，取 0.65；c和μ分别表示粘结力和摩擦系数，取值参考表 3-4；ϕ_{s}是钢筋的抗力因子取 0.85；α是叠合面钢筋和剪切平面的角度。其中$\lambda\phi_{\mathrm{c}}(c + \mu\sigma_{\mathrm{n}}) \leqslant 0.25\phi_{\mathrm{c}}f_{\mathrm{c}}$。

摩擦系数和粘结力取值　　**表 3-4**

叠合面类型	摩擦系数μ	粘结力c/MPa
没有粗糙处理的叠合面	0.6	0.25
经过粗糙处理的叠合面（刻痕深度 ≥ 5mm）	1.0	0.5
整体浇筑混凝土	1.4	1.0
锚固在轧制的型钢上的混凝土	0.6	0.0

当混凝土整体浇筑或者浇筑在粗糙处理且刻痕深度不低于 5mm 的基层上时，CAN/CSA A23.3（2004）规范提供了另外一个可供选择的计算公式，如式(3-23)所示。

$$v_{\mathrm{u}} = \lambda\phi_{\mathrm{c}}k\sqrt{\sigma_{\mathrm{n}}f_{\mathrm{c}}} + \phi_{\mathrm{s}}\rho f_{\mathrm{y}}\cos\alpha \tag{3-23}$$

当浇筑在粗糙处理且刻痕深度不低于 5mm 的基层上时k取 0.5，当整体浇筑混凝土时k取 0.6，$\lambda\phi_{\mathrm{c}}k\sqrt{\sigma_{\mathrm{n}}f_{\mathrm{c}}} \leqslant 0.25\phi_{\mathrm{c}}f_{\mathrm{c}}$。

3.1.12　PCI 设计手册（2004）

PCI 设计手册（2004）[69]建议使用剪切-摩擦理论计算预制混凝土试件和现浇试件叠合面抗剪强度，其给出的设计公式和 Shaikh（1978）提出的设计公式一致，如式(3-24)所示。

$$v_{\mathrm{u}} = \phi\rho f_{\mathrm{y}}\mu_{\mathrm{e}} \tag{3-24}$$

式中，ϕ取 0.75，$f_{\mathrm{y}} \leqslant 414\mathrm{MPa}$，$\mu_{\mathrm{e}}$为有效摩擦系数，其计算公式如式(3-25)所示。

$$\mu_{\mathrm{e}} = 6.9\frac{\lambda\mu}{v_{\mathrm{u}}} \tag{3-25}$$

其中，λ是一个和混凝土密度有关的修正系数：①对于普通混凝土，$\lambda = 1.0$；②对于砂轻质混凝土，$\lambda = 0.85$；③对于轻骨料混凝土，$\lambda = 0.75$。μ是摩擦系数，其取值参考表 3-5。

PCI设计手册建议的摩擦系数取值 表 3-5

叠合面类型	摩擦系数μ	最大有效摩擦系数μ_e	最大叠合面抗剪强度v_u/MPa
整体浇筑	1.4λ	3.4	$0.3f_c/6.9$
粗糙处理的新老混凝土叠合面	1.0λ	2.9	$0.25f_c/6.9$
新老混凝土叠合面	0.6λ	2.2	$0.2f_c/5.52$
混凝土钢材叠合面	0.7λ	2.4	$0.2f_c/5.52$

3.1.13 AASHTO LRFD Bridge Design Specifications（2007）

美国公路桥梁设计规范 AASHTO LRFD Bridge Design Specifications（2007）[70]指出由于裂缝或者潜在的裂缝、不同材料的接触面、不同时期浇筑的混凝土的接触面的存在，在新老混凝土叠合面上会产生开裂，采用和 Mattock 和 Hawkins（1972）提出的公式相似的表达式来考虑叠合面抗剪强度，如式(3-26)所示。

$$v_u = c + \mu(\rho f_y + \sigma_n) \leqslant \min(K_1 f_c, K_2) \tag{3-26}$$

式中，K_1和K_2是参数，c和μ分别表示粘结力和摩擦系数，其取值见表 3-6。

K_1、K_2、粘结力 c 和摩擦系数 μ 取值 表 3-6

叠合面类型	K_1	K_2	粘结力c/MPa	摩擦系数μ
在混凝土梁上现浇混凝土板，叠合面粗糙处理，清除水泥浆，刻痕深度 6mm	0.30	12.5（常规混凝土） 9.0（轻骨料混凝土）	1.90	1.0
整体浇筑常规混凝土	0.25	10.3	2.80	1.4
整体浇筑或者叠合面粗糙处理，清除水泥浆，刻痕深度 6mm 的轻骨料混凝土	0.25	6.9	1.70	1.0
叠合面粗糙处理，清除水泥浆，刻痕深度 6mm 的常规混凝土	0.25	10.3	1.70	1.0
叠合面清除水泥浆，但没有粗糙处理	0.20	5.5	0.52	0.6
混凝土通过螺栓或钢筋和型钢连接，型钢表面干净，除去锈迹	0.20	5.5	0.17	0.7

3.1.14 ACI 318（2008）

美国 ACI 318（2008）[71]规范基于剪切-摩擦理论，规定叠合面抗剪强度可按式(3-27)计算。

$$v_u = \rho f_y(\mu \sin\alpha + \cos\alpha) \tag{3-27}$$

式中，ρ是叠合面配筋率，f_y（$\leqslant$414MPa）是叠合面钢筋的屈服强度，α是叠合面连接钢筋和剪切面的角度，μ是摩擦系数，如表 3-7 所示。

摩擦系数 μ 取值 表 3-7

叠合面类型	摩擦系数μ
没有粗糙处理的叠合面	0.6λ
经过粗糙处理的叠合面（刻痕深度 6.35mm）	1.0λ

续表

叠合面类型	摩擦系数μ
整体浇筑混凝土	1.4λ
锚固在轧制的型钢上的混凝土	0.7λ

λ是与混凝土密度有关的参数，其取值同 PCI 设计手册，对于整体浇筑或者浇筑在粗糙叠合面上的普通混凝土，极限抗剪强度不应超过 $0.2f_c$，$3.3+0.08f_c$，11MPa 三者之间的最小值；对于其他情况下，极限抗剪强度不应超过 $0.2f_c$和 5.52MPa 之间的最小值。对于叠合受弯试件，规范中指出清理干净，无水泥浆而且经过人为粗糙处理的叠合面抗剪强度不应该超过 $552bd$（kN）；当叠合面干净没有水泥浆而且经过粗糙处理的刻痕深度达到 6.35mm，并且设置了叠合面剪力传递键的叠合面抗剪强度不应该超过 $2415bd$（kN），其中，b是叠合面宽度，d是受压边界至叠合面钢筋质心的距离。b和d的单位采用米或者英寸。

3.1.15　Eurocode2（2008）

欧洲规范 Eurocode2（2008）[72]指出混凝土叠合面类型可以分为：非常光滑、光滑、粗糙、锯齿状四类。前三类通过对混凝土叠合面作相应的处理以达到预期的粗糙度，第四类是指满足图 3-3 所示的构造的叠合面。

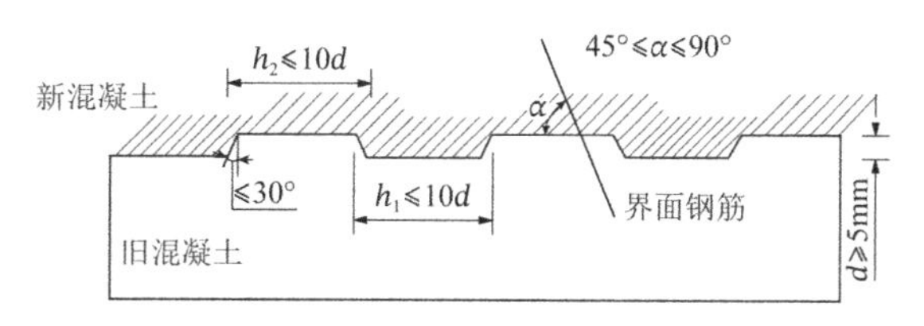

图 3-3　锯齿状叠合面

非常光滑叠合面是指表面在钢模、塑料模板或者特制的木模上浇筑得到的；光滑叠合面是指在振捣后没有处理的表面；粗糙面是指表面刻痕间距在 40mm 左右，刻痕深度不小于 3mm。通过定义不同的粘结系数和摩擦系数来考虑不同表面类型的影响，叠合面抗剪强度设计公式如式(3-28)计算。

$$v_u = cf_t + \mu\sigma_n + \rho f_y(\mu\sin\alpha + \cos\alpha) \leqslant 0.5vf_c \tag{3-28}$$

式中，c和μ是与叠合面类型有关的系数，其取值可参考表 3-8；α是剪切钢筋和剪切面的角度；v是强度折减系数。

摩擦系数和粘结系数取值　　**表 3-8**

叠合面类型	粘结系数c	摩擦系数μ
非常光滑	0.025～0.1	0.5
光滑	0.2	0.6
粗糙	0.4	0.7
锯齿型	0.5	0.9

3.2 双面叠合无筋试件叠合面抗剪承载力

3.2.1 已有公式计算结果对比

第 2 章的试验研究结果表明，双面叠合无筋试件的破坏呈现明显的脆性破坏特征，破坏时一侧叠合面被剪坏，另一侧叠合面还未出现裂缝，其破坏特征和单面叠合无筋试件一致。因此，利用 3.1 节中的相关公式对第 2 章的 NJ 试件和文献[55]中 D-1 和 D-2 试件叠合面的抗剪承载力进行计算，计算结果如图 3-4 所示［采用式(3-2)时，υ_0和k分别取 4.41 和 229］。从图中可以看出已有的计算公式对双面叠合无筋试件承载力的计算值和试验值差别较大。式(3-2)计算值偏大，式(3-5)是 Mattock 依据试验值的下限提出的公式，其计算结果和 NJ 试件的最小值相比偏小 32%，和 D-2 相比偏小 25%；式(3-6)是 Mattock 依据试验的平均值对式(3-5)的修正，式(3-6)的计算结果和 NJ 试件平均值相比偏大 7%，和 D-1 和 D-2 试件平均值均相比偏大 13%，式(3-10)是针对叠合无筋试件提出的计算公式，其计算结果和 NJ 试件的最小值相比偏小 49%，和 D-2 相比偏小 44%；其余公式计算结果较试验结果偏离更大。

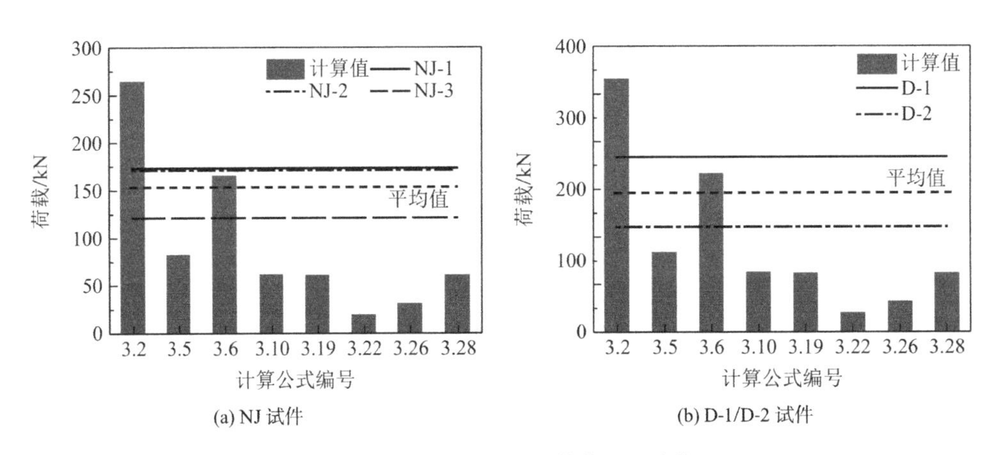

(a) NJ 试件 (b) D-1/D-2 试件

图 3-4 双面叠合无筋试件计算值和试验值对比

3.2.2 根据收集的试验结果拟合公式

从上节的分析可知，利用已有的计算公式计算双面叠合无筋试件叠合面的抗剪承载力效果不够理想，其原因是上述公式根据叠合有筋试件的试验结果得来，缺乏针对叠合无筋试件的研究成果。双面叠合试件叠合面的处理方式是自然粗糙面，因此收集整理已有文献[73-77]关于自然粗糙面下未植筋新老混凝土叠合面抗剪试验结果，如表 3-9～表 3-13 所示。表中τ为平均剪应力，τ_p为理论抗剪强度，参考过镇海理论公式[78]取$\tau_p = 0.42 f_{cu}^{0.55}$，其中$f_{cu}$为混凝土立方体抗压强度，$f_{tk}$为混凝土抗拉强度标准值，按照第 2 章中的公式计算，其中f_{cu}取较低的混凝土立方体抗压强度。

文献[73]中自然粗糙面下叠合面剪切试验结果　表 3-9

试验单位	试件编号	混凝土立方体抗压强度 f_{cu}/（N/mm²）		混凝土轴心抗拉强度 f_{tk}/（N/mm²）	平均剪应力 τ/（N/mm²）	理论抗剪强度 τ_p/（N/mm²）	τ/τ_p	τ/f_{cu}
		旧混凝土层	后浇层					
A 西南交通大学[73]	A-1	55.4	60.3	3.16	4.12	5.73	0.72	0.07
	A-2	55.4	60.3	3.16	2.72	5.73	0.47	0.05
	A-3	55.4	60.3	3.16	3.12	5.73	0.54	0.06
	B-1	55.4	60.3	3.16	4.76	5.73	0.83	0.09
	B-2	55.4	60.3	3.16	4.72	5.73	0.82	0.09
	B-3	55.4	60.3	3.16	5.00	5.73	0.87	0.09

文献[74]中自然粗糙面下叠合面剪切试验结果　表 3-10

试验单位	试件编号	混凝土立方体抗压强度 f_{cu}/（N/mm²）		混凝土轴心抗拉强度 f_{tk}/（N/mm²）	平均剪应力 τ/（N/mm²）	理论抗剪强度 τ_p/（N/mm²）	τ/τ_p	τ/f_{cu}
		旧混凝土层	后浇层					
B 郑州大学[74]	A-Ⅰ-1	25.0	36.0	2.04	2.27	2.47	0.92	0.09
	A-Ⅰ-2	25.0	36.0	2.04	2.16	2.47	0.88	0.09
	A-Ⅰ-3	25.0	36.0	2.04	1.37	2.47	0.56	0.05
	A-Ⅱ-1	25.0	36.0	2.04	2.04	2.47	0.83	0.08
	A-Ⅱ-2	25.0	36.0	2.04	1.47	2.47	0.60	0.06
	A-Ⅱ-3	25.0	36.0	2.04	1.65	2.47	0.67	0.07
	A-Ⅲ-2	25.0	36.0	2.04	1.39	2.47	0.56	0.06
	A-Ⅲ-3	25.0	36.0	2.04	1.50	2.47	0.61	0.06
	B-Ⅰ-1	25.0	32.9	2.04	3.27	2.47	1.33	0.13
	B-Ⅰ-2	25.0	32.9	2.04	2.12	2.47	0.86	0.08
	B-Ⅰ-3	25.0	32.9	2.04	2.77	2.47	1.12	0.11
	B-Ⅱ-1	25.0	32.9	2.04	1.90	2.47	0.77	0.08
	B-Ⅱ-2	25.0	32.9	2.04	1.60	2.47	0.65	0.06
	B-Ⅱ-3	25.0	32.9	2.04	1.90	2.47	0.77	0.08
	B-Ⅲ-1	25.0	32.9	2.04	1.58	2.47	0.64	0.06
	B-Ⅲ-2	25.0	32.9	2.04	1.46	2.47	0.59	0.06
	B-Ⅲ-3	25.0	32.9	2.04	1.52	2.47	0.62	0.06

注：表中数据运算时存在四舍五入情况，全书同。

文献[75]中自然粗糙面下叠合面剪切试验结果　表 3-11

试验单位	试件编号	混凝土立方体抗压强度 f_{cu}/（N/mm²）		混凝土轴心抗拉强度 f_{tk}/（N/mm²）	平均剪应力 τ/（N/mm²）	理论抗剪强度 τ_p/（N/mm²）	τ/τ_p	τ/f_{cu}
		旧混凝土层	后浇层					
C 山东省建筑科学研究所[75]	S1-2	18.7	27.6	1.74	2.79	2.10	1.33	0.15
	S2-1	21.0	18.3	1.72	2.58	2.08	1.24	0.14

续表

试验单位	试件编号	混凝土立方体抗压强度 f_{cu}/（N/mm^2）		混凝土轴心抗拉强度 f_{tk}/（N/mm^2）	平均剪应力 τ/（N/mm^2）	理论抗剪强度 τ_p/（N/mm^2）	τ/τ_p	τ/f_{cu}
		旧混凝土层	后浇层					
C 山东省建筑科学研究所[75]	S2-2	21.0	18.3	1.72	2.36	2.08	1.14	0.13
	S3-1	26.6	18.2	1.71	2.65	2.07	1.28	0.15
	S3-2	26.6	18.2	1.71	2.22	2.07	1.07	0.12
	S5-1	28.6	26.9	2.13	1.67	2.57	0.65	0.06
	S5-2	28.6	26.9	2.13	1.74	2.57	0.68	0.06
	S6-1	37.4	34.3	2.43	2.07	2.94	0.71	0.06
	S6-2	37.4	34.3	2.43	1.79	2.94	0.61	0.05
	S19-1	21.0	23.5	1.85	2.37	2.24	1.06	0.11
	S19-2	21.0	23.5	1.85	2.41	2.24	1.08	0.11
	S0-1	21.1	18.5	1.73	1.49	2.09	0.71	0.08
	S0-2	21.1	18.5	1.73	1.45	2.09	0.69	0.08
	S0-3	21.1	18.5	1.73	1.80	2.09	0.86	0.10
D 武汉水利[75]	ST1-2	43.3	28.3	2.19	3.40	2.64	1.29	0.12
	ST1-3	43.3	28.3	2.19	2.31	2.64	0.87	0.08
E 北京建科院[75]	D1-2	28.2	26.8	2.12	1.01	2.56	0.39	0.04
	D1-4	28.2	26.8	2.12	1.00	2.56	0.39	0.04
F 清华大学[75]	D1-5	28.2	26.8	2.12	1.18	2.56	0.46	0.04
	D1-6	28.2	26.8	2.12	1.34	2.56	0.52	0.05
	D1-7	28.2	26.8	2.12	1.15	2.56	0.45	0.04
	D1-8	28.2	26.8	2.12	1.12	2.56	0.44	0.04
	D1-9	28.2	26.8	2.12	1.16	2.56	0.45	0.04
	D2-2	32.5	32.5	2.36	1.43	2.85	0.50	0.04
	D2-4	32.5	32.5	2.36	1.45	2.85	0.51	0.04
	D2-5	32.5	32.5	2.36	1.60	2.85	0.56	0.05
	D2-6	32.5	32.5	2.36	1.69	2.85	0.59	0.05
	D2-7	32.5	32.5	2.36	1.06	2.85	0.37	0.03
	D3-1	22.9	18.0	1.70	2.51	2.06	1.22	0.14
	D3-2	22.9	18.0	1.70	2.11	2.06	1.02	0.12
	D3-3	22.9	18.0	1.70	2.5	2.06	1.21	0.14
	D3-4	22.9	18.0	1.70	2.45	2.06	1.19	0.14
	D3-5	22.9	18.0	1.70	2.61	2.06	1.27	0.15
	D3-6	22.9	18.0	1.70	1.98	2.06	0.96	0.11
	D3-7	22.9	18.0	1.70	2.07	2.06	1.01	0.12

文献[76]中自然粗糙面下叠合面剪切试验结果　表 3-12

试验单位	试件编号	混凝土立方体抗压强度 f_{cu}/（N/mm²）		混凝土轴心抗拉强度 f_{tk}/（N/mm²）	平均剪应力 τ/（N/mm²）	理论抗剪强度 τ_p/（N/mm²）	τ/τ_p	τ/f_{cu}
		旧混凝土层	后浇层					
G 郑州大学[76]	A-Ⅱ-1	25.0	26.7	2.04	1.08	2.47	0.44	0.04
	A-Ⅱ-2	25.0	26.7	2.04	0.91	2.47	0.37	0.04
	A-Ⅱ-3	25.0	26.7	2.04	1.04	2.47	0.42	0.04
	A-Ⅲ-1	25.0	26.7	2.04	1.40	2.47	0.57	0.06
	A-Ⅲ-2	25.0	26.7	2.04	1.53	2.47	0.62	0.06
	B-Ⅱ-1	25.0	33.1	2.04	1.32	2.47	0.54	0.05
	B-Ⅱ-2	25.0	33.1	2.04	1.14	2.47	0.46	0.05
	B-Ⅲ-1	25.0	33.1	2.04	1.79	2.47	0.73	0.07
	B-Ⅲ-2	25.0	33.1	2.04	1.14	2.47	0.46	0.05
	B-Ⅲ-3	25.0	33.1	2.04	1.79	2.47	0.73	0.07
	C-Ⅱ-1	25.0	36.4	2.04	1.20	2.47	0.49	0.05
	C-Ⅱ-2	25.0	36.4	2.04	1.04	2.47	0.42	0.04
	C-Ⅱ-3	25.0	36.4	2.04	1.47	2.47	0.60	0.06
	C-Ⅲ-1	25.0	36.4	2.04	1.96	2.47	0.79	0.08
	C-Ⅲ-2	25.0	36.4	2.04	2.44	2.47	0.99	0.10
	C-Ⅲ-3	25.0	36.4	2.04	1.52	2.47	0.62	0.06

文献[77]中自然粗糙面下叠合面剪切试验结果　表 3-13

试验单位	试件编号	混凝土立方体抗压强度 f_{cu}/（N/mm²）		混凝土轴心抗拉强度 f_{tk}/（N/mm²）	平均剪应力 τ/（N/mm²）	理论抗剪强度 τ_p/（N/mm²）	τ/τ_p	τ/f_{cu}
		旧混凝土层	后浇层					
H 刘立新[77]	S30	46.8	37.0	2.53	2.49	3.06	0.81	0.07
	S30	46.8	37.0	2.53	1.17	3.06	0.38	0.03
	S30	46.8	37.0	2.53	1.87	3.06	0.61	0.05
	S35	46.8	41.6	2.70	2.91	3.26	0.89	0.07
	S35	46.8	41.6	2.70	2.01	3.26	0.62	0.05
	S35	46.8	41.6	2.70	3.38	3.26	1.04	0.08
	S40	46.8	46.8	2.88	2.25	3.48	0.65	0.05
	S40	46.8	46.8	2.88	2.40	3.48	0.69	0.05
	S40	46.8	46.8	2.88	2.50	3.48	0.72	0.05

试验抗剪强度和理论抗剪强度比值与立方体抗压强度（旧混凝土层和后浇层强度较小值）之间的关系如图 3-5 所示，从图中可以看出试验抗剪强度和理论抗剪强度的比值在

0.3～1.3 范围内波动，大部分落在 0.3～0.9 区域。

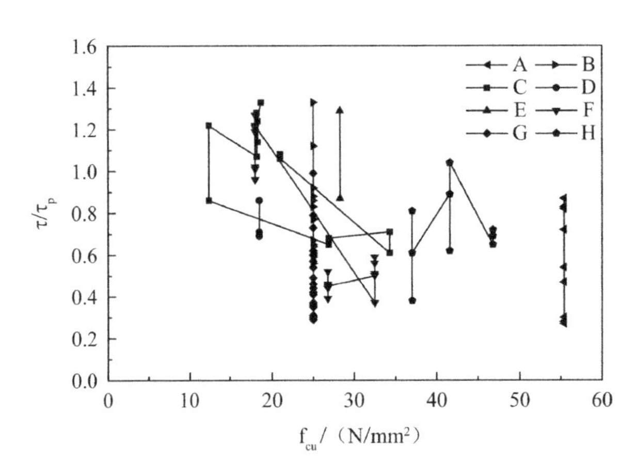

图 3-5 抗剪强度比与混凝土抗压强度的关系

归纳 3.1 节中关于叠合面抗剪强度的计算公式，如不考虑外界施加的法向应力的影响，大部分的抗剪公式可以归纳成式(3-29)所示的形式，还有一小部分的学者如 1994 年 Loov 和 Patnaik 针对没有叠合面箍筋的叠合梁，提出的叠合面抗剪强度计算公式以及 1997 年 Randl 提出的计算公式形式可以归纳为式(3-30)所示。

$$v_{\mathrm{u}}/f_{\mathrm{c}} = c + \mu \frac{(\rho f_{\mathrm{y}})^a}{(f_{\mathrm{c}})^b} \tag{3-29}$$

$$v_{\mathrm{u}} = m(f_{\mathrm{c}})^n \tag{3-30}$$

式中，v_{u}是叠合面抗剪强度，f_{c}是混凝土轴心抗压强度，c是粘结系数，μ是摩擦系数，a、b、m和n是公式中的系数，不同的公式中对应的值不同。

从理论上讲，由于叠合面的存在，叠合面的抗剪强度应该小于整体混凝土的抗剪强度，因此，试验抗剪强度和理论抗剪强度的比值大于 1 的情况与实际不相符，剔除大于 1 的试验数据，并取每组试件测得的抗剪强度最小值进行拟合，将立方体抗压强度按照第 2 章的相关公式转换为轴心抗压强度标准值f_{ck}。对于叠合无筋试件，按照式(3-29)的形式假定叠合面抗剪强度和混凝土轴心抗压强度标准值之间存在线性关系，对试验数据进行线性拟合，拟合的公式如式(3-31)所示。

$$v_{\mathrm{u}} = 0.11485 f_{\mathrm{ck}} - 1.16412 \tag{3-31}$$

$R^2 = 0.706$，相关系数$R = 0.84$，查相关系数表，显著性水平$a = 1\%$的临界值为 0.64，可见回归方程是显著的。

按照式(3-30)形式，假定叠合面抗剪强度和混凝土抗压强度标准值之间幂函数关系，对试验数据进行非线性拟合，拟合的公式如式(3-32)所示。

$$v_{\mathrm{u}} = 1.18853\sqrt{f_{\mathrm{ck}}} - 4.18136 \tag{3-32}$$

$R^2 = 0.675$，相关系数$R = 0.82$，查相关系数表，显著性水平$a = 1\%$的临界值为 0.64，可见回归方程是显著的。

利用拟合式(3-31)和式(3-32)对 NJ 试件和文献[55]中 D-1 和 D-2 试件进行计算，并与式(3-5)和式(3-10)的计算结果对比，如图 3-6 所示。从图中可以看出拟合公式和试验的最低值更接近，拟合式(3-31)的计算结果和 NJ 试件的最小值相比偏小 16%，和 D-2 相比偏小 7%；拟合式(3-32)的计算结果和 NJ 试件的最小值相比偏小 14%，和 D-2 相比偏小 4%。

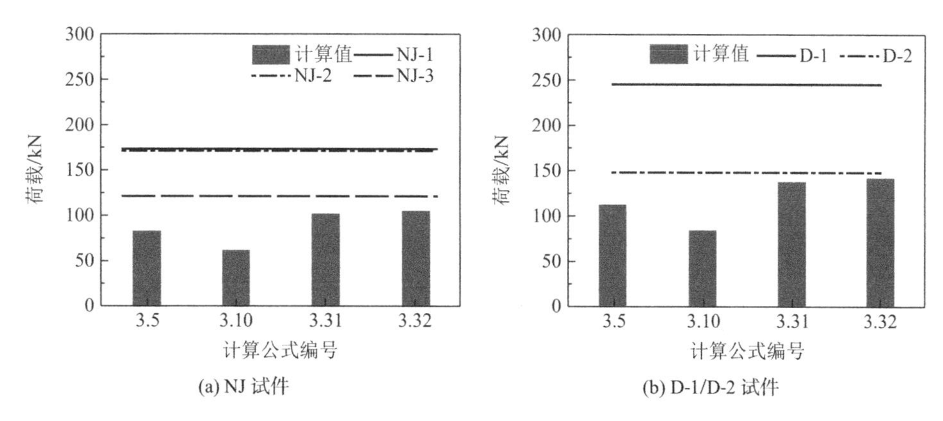

(a) NJ 试件　(b) D-1/D-2 试件

图 3-6　双面叠合无筋试件试验值和拟合公式计算值对比

3.3　双面叠合有筋试件叠合面抗剪承载力

3.3.1　已有公式计算结果对比

1. 按照单面叠合试件计算结果比较

利用 3.1 节中的相关公式对第 2 章的 ZH 试件和 ZG 试件以及文献[55]中 DH8 和 DG8 试件进行计算（假定只有一个叠合面有效），计算结果如图 3-7 和图 3-8 所示［采用式(3-2)时，v_0和k分别取 4.41 和 229］。从图中可以看出所有的公式计算值和试验值相比均偏小，其中式(3-2)和试件 ZH 和 ZG 试验值较为接近，其计算结果和试件 ZH6、试件 ZH8、试件 ZH10 的最小值相比分别小 4.4%、2.7%、4.2%，和试件 ZG6、试件 ZG8、试件 ZG10 的最小值相比分别小 7.1%、9.8%、10.9%，但是式(3-2)计算 DH8 和 DG8 试件时计算值偏大。

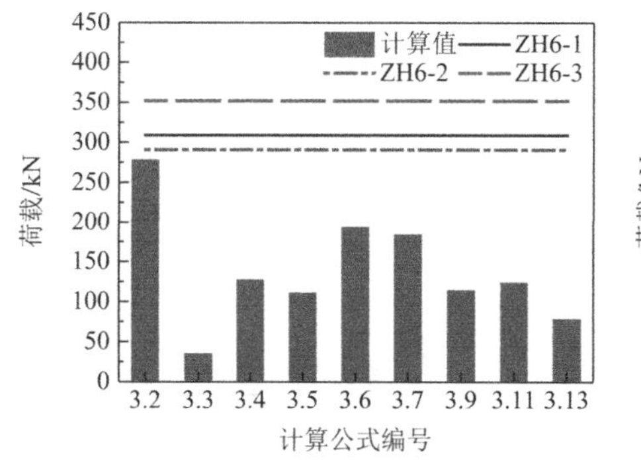

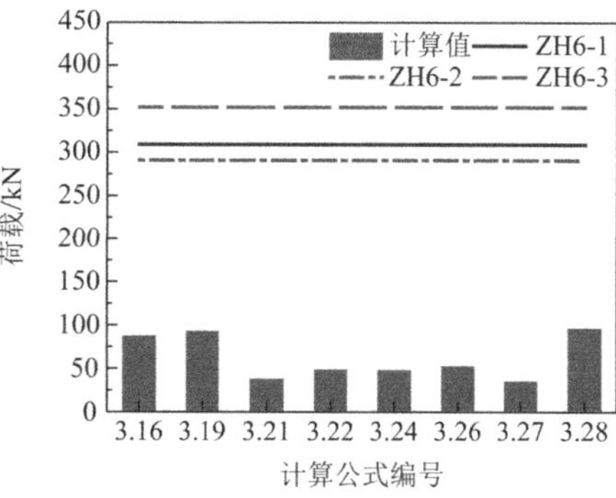

(a) ZH6 试件

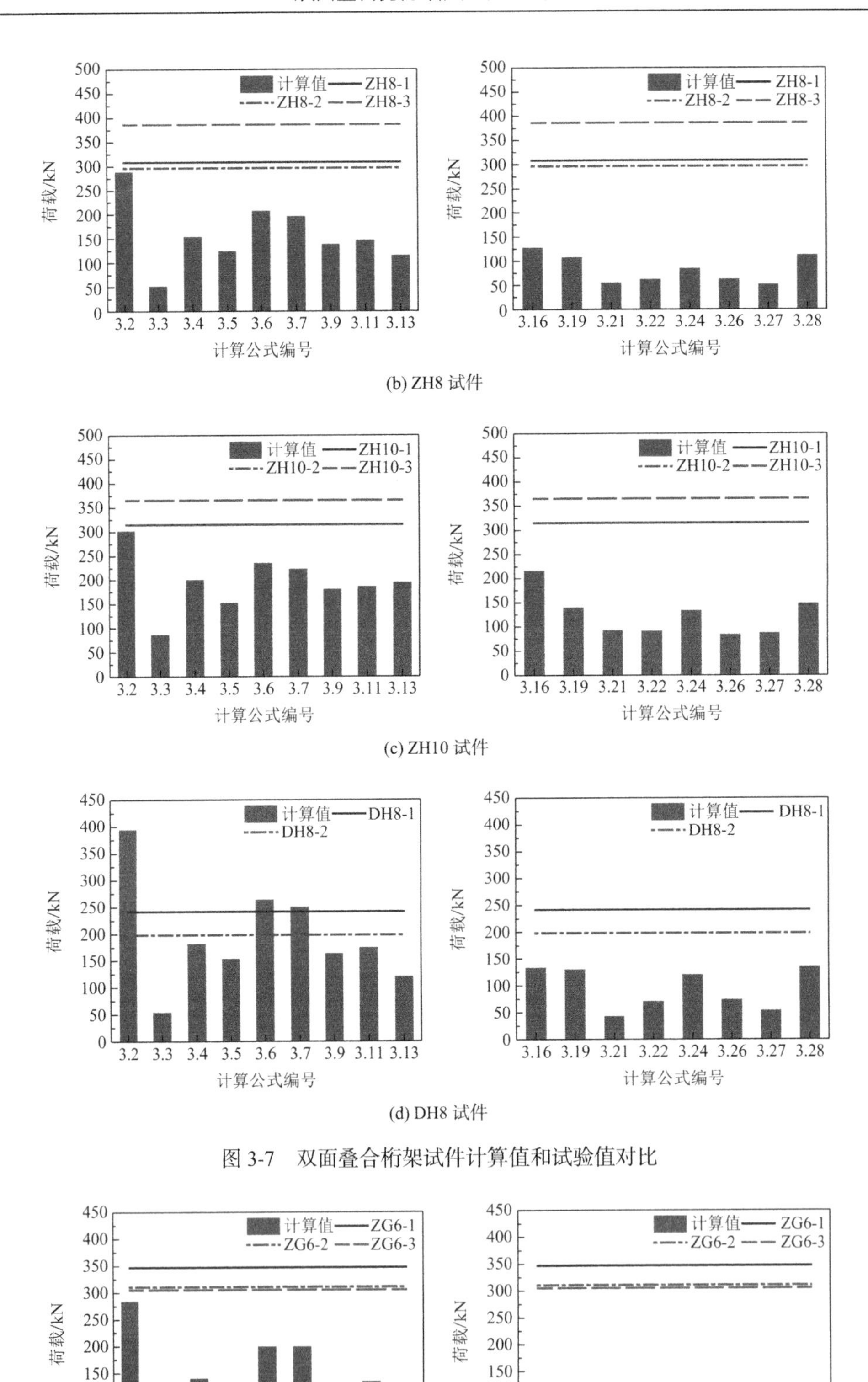

(b) ZH8 试件

(c) ZH10 试件

(d) DH8 试件

图 3-7 双面叠合桁架试件计算值和试验值对比

(a) ZG6 试件

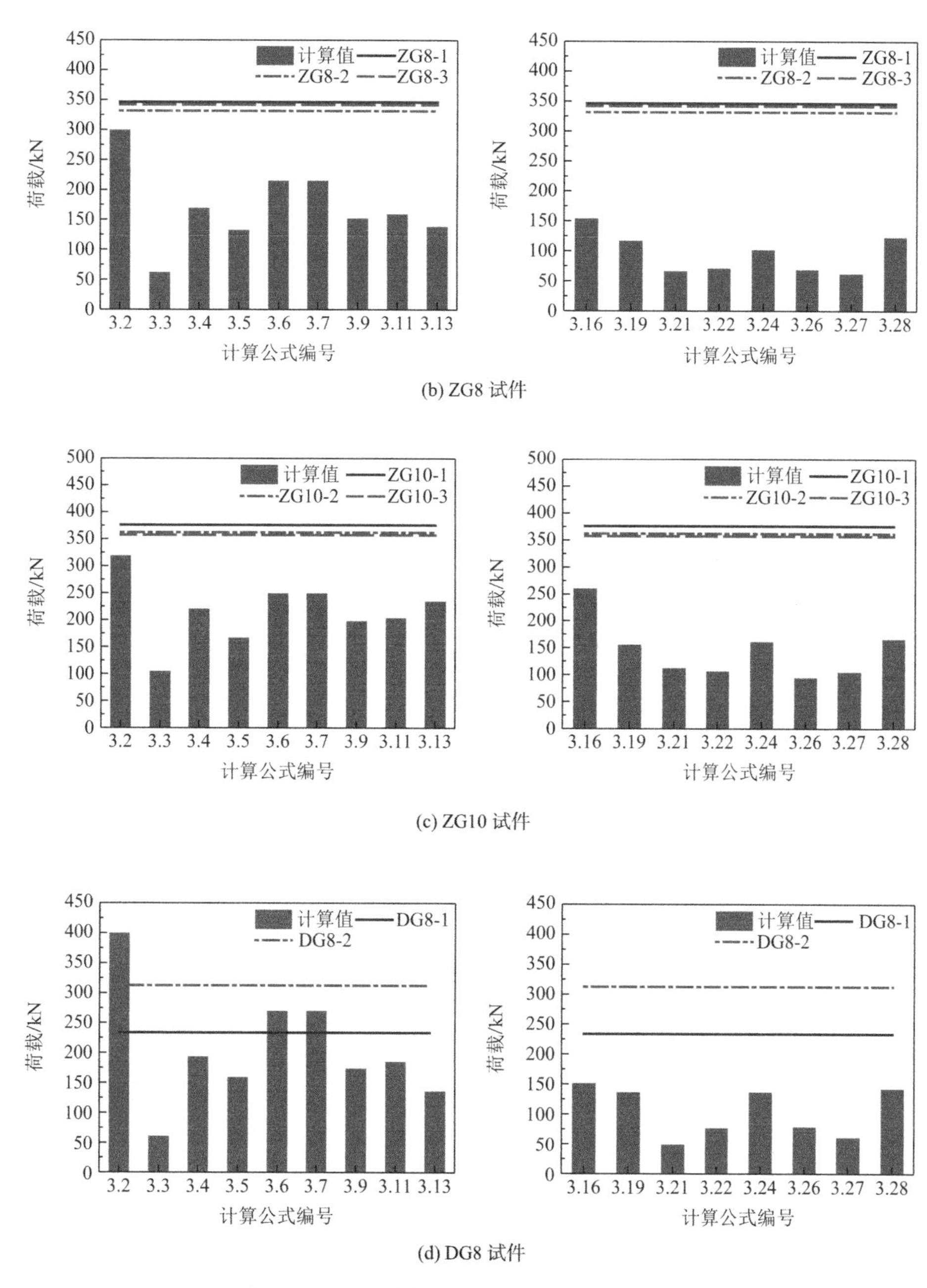

图 3-8　双面叠合箍筋试件计算值和试验值对比

2. 按照双面叠合试件计算结果比较

利用 3.1 节中的相关公式对第 2 章的 ZH 试件和 ZG 试件以及文献[55]中 DH8 和 DG8 试件进行计算（假定两侧叠合面同时有效），计算结果如图 3-9 和图 3-10 所示［采用式(3-2)时，v_0和k分别取 4.41 和 229］。从图中可以看出，各个公式计算结果相差较大，式(3-5)、式(3-19)和式(3-28)的计算值和 ZH 试件和 ZG 试件的试验值较为接近，式(3-5)计算结果和试件 ZH6、试件 ZH8、试件 ZH10 的最小值相比分别小 24.0%、

16.7%、3.5%，和试件 ZG6、试件 ZG8、试件 ZG10 的最小值相比分别小 23.9%、20.5%、7.1%；式(3-19)计算结果和试件 ZH6、试件 ZH8、试件 ZH10 的最小值相比分别小 36.6%、28.1%、11.9%，和试件 ZG6、试件 ZG8、试件 ZG10 的最小值相比分别小 35.4%、30.0%、13.5%；式(3-28)计算结果和试件 ZH6、试件 ZH8、试件 ZH10 的最小值相比分别小 34.2%、24.6%、6.4%，和试件 ZG6、试件 ZG8、试件 ZG10 的最小值相比分别小 32.7%、26.3%、7.7%。但是式(3-5)、式(3-19)和式(3-28)计算 DH8 和 DG8 试件时计算值偏大。

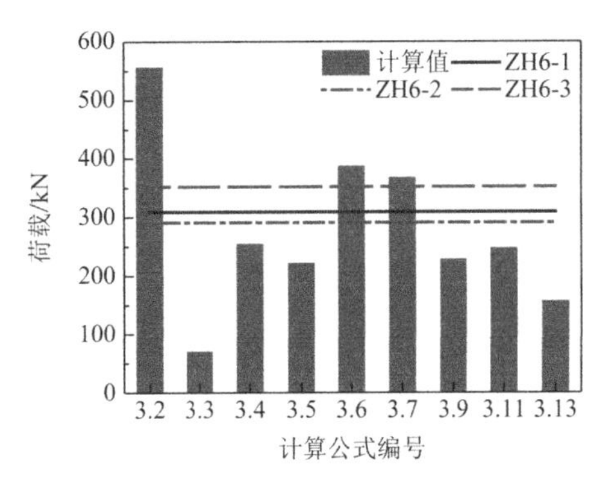

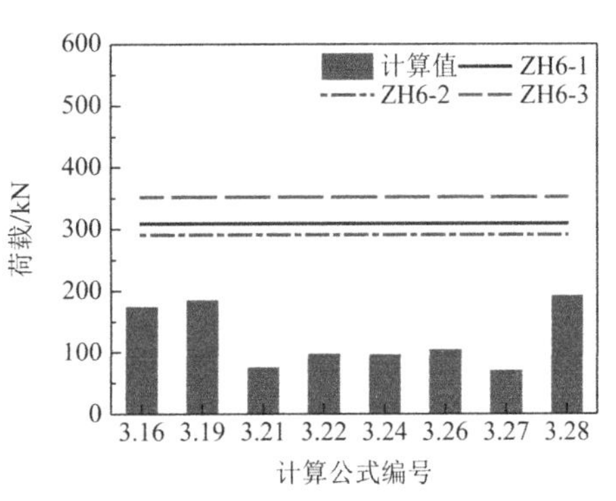

(a) ZH6 试件

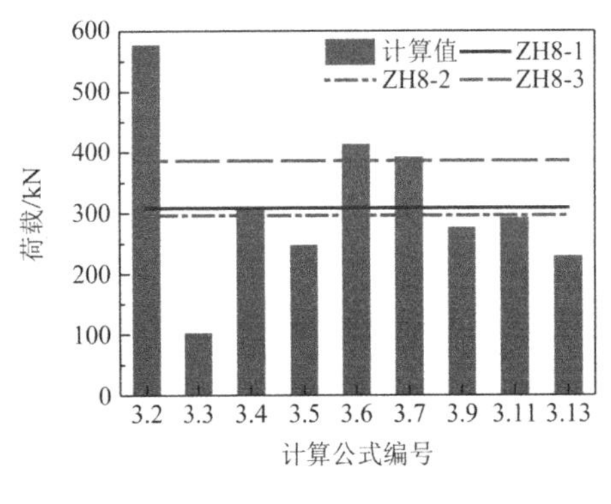

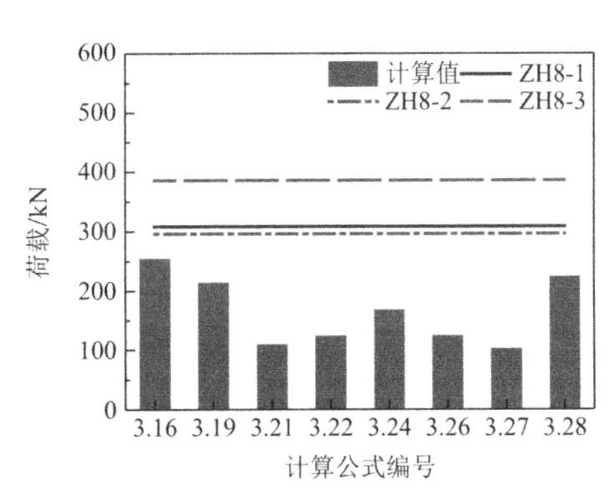

(b) ZH8 试件

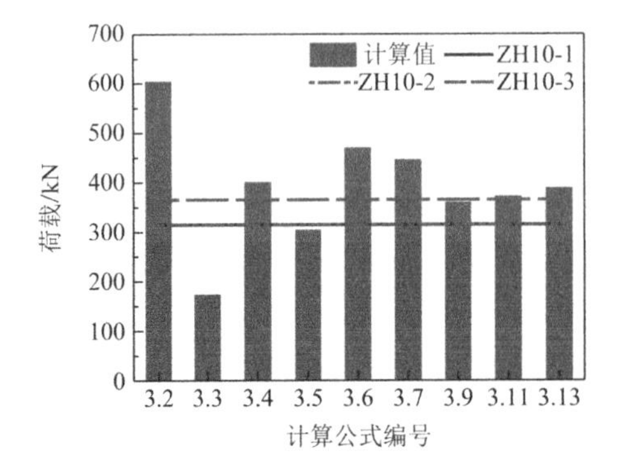

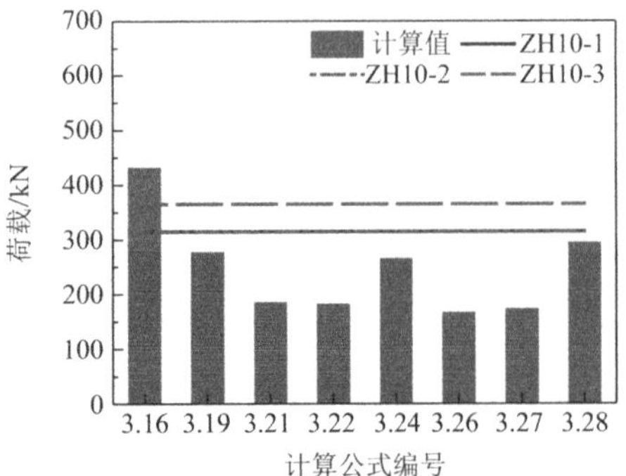

(c) ZH10 试件

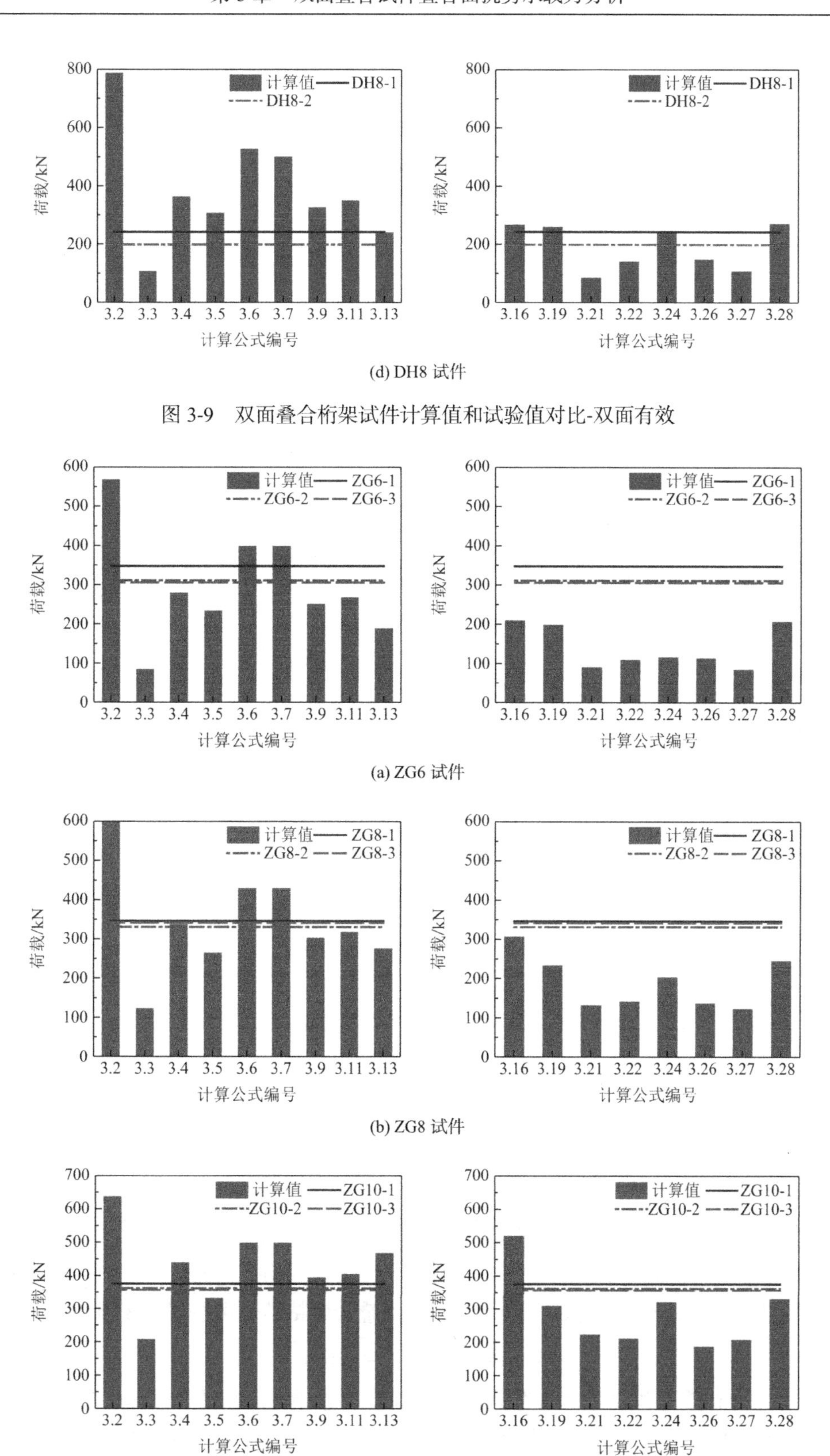
计算值
DH8-1
DH8-2
荷载/kN
计算公式编号
3.2 3.3 3.4 3.5 3.6 3.7 3.9 3.11 3.13
3.16 3.19 3.21 3.22 3.24 3.26 3.27 3.28
(d) DH8 试件
图 3-9　双面叠合桁架试件计算值和试验值对比-双面有效
ZG6-1
ZG6-2
ZG6-3
(a) ZG6 试件
ZG8-1
ZG8-2
ZG8-3
(b) ZG8 试件
ZG10-1
ZG10-2
ZG10-3
(c) ZG10 试件

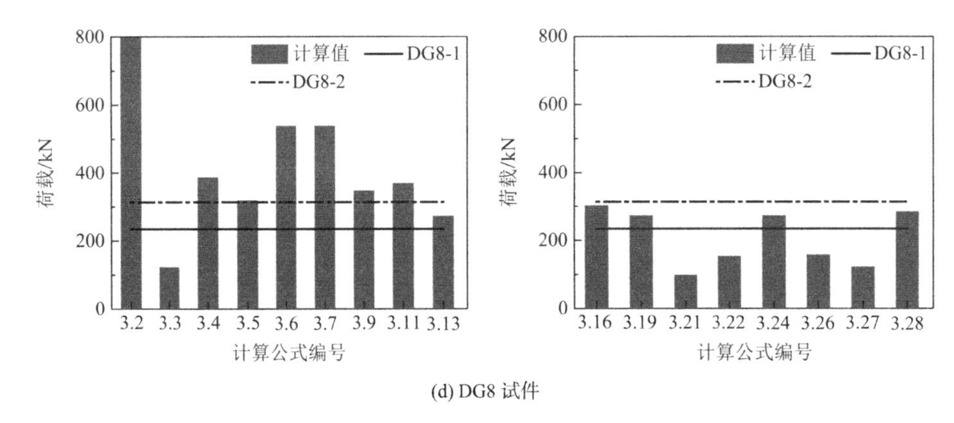

(d) DG8 试件

图 3-10 双面叠合箍筋试件计算值和试验值对比-双面有效

3.3.2 叠合面承载力因素组成

根据剪切摩擦理论，叠合面抗剪承载力由三个部分组成：叠合面粘结力$V_{adh}(s)$、摩擦力$V_{sf}(s)$和叠合面钢筋的销栓力$V_{sr}(s)$，Zilch 和 Reinecke[79]对单面叠合试件进行了研究，分析叠合面抗剪承载力三部分的作用随着滑移的变化关系，如图 3-11 所示。本节利用第 2 章双面叠合试件叠合面抗剪试验中布置在界面连接钢筋表面的电阻应变片测得的钢筋的应变值，计算叠合面摩擦力$V_{sf}(s)$和叠合面连接钢筋的销栓力$V_{sr}(s)$，研究双面叠合试件叠合面抗剪承载力组成因素随着滑移的变化关系，进而提出双面叠合试件叠合面抗剪承载力计算公式。

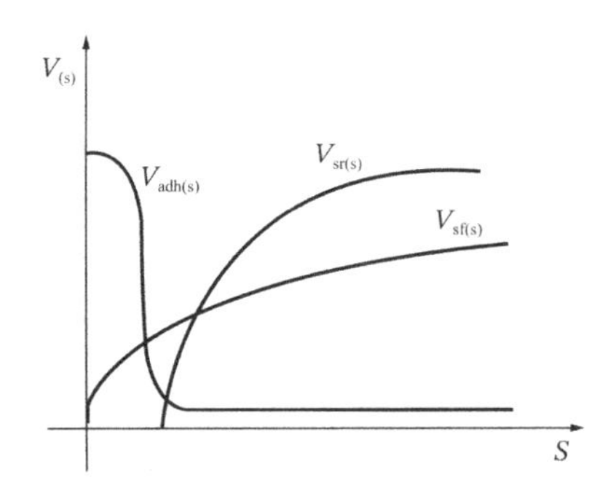

图 3-11 粘结力、摩擦力和剪切钢筋销栓作用力随滑移的变化关系

1. 双面叠合试件叠合面粘结力$V_{adh}(s)$

叠合面粘结力$V_{adh}(s)$的大小由新老混凝土间的粘结强度τ_{adh}决定，第 2 章的试验结果表明在极限状态时，双面叠合试件叠合面一侧已经开裂，两侧叠合面并不完全同时有效，假定极限状态时双面叠合试件有效面积为A_e，因此叠合面粘结力可按式(3-33)计算。

$$V_{adh}(s) = A_e \tau_{adh} = \varsigma A \tau_{adh} \tag{3-33}$$

其中，ς为有效面积系数，A为叠合面的面积，影响τ_{adh}的因素很多，参考欧洲规范 Eurocode2 和 1990 年的 CEB-FIP 设计准则，取叠合面粘结$\tau_{adh} = f_t$，因此式(3-33)可以写成式(3-34)的形式。

$$V_{\mathrm{adh}}(s) = A_{\mathrm{e}} f_{\mathrm{t}} = \varsigma A f_{\mathrm{t}} \tag{3-34}$$

2. 双面叠合试件界面连接钢筋受拉产生的叠合面摩擦力$V_{\mathrm{sf}}(s)$

界面连接钢筋受拉产生的叠合面摩擦力$V_{\mathrm{sf}}(s)$可以通过式(3-35)计算。

$$V_{\mathrm{sf}}(s) = \mu F_{\mathrm{s}} \tag{3-35}$$

F_{s}为垂直于叠合面的界面连接钢筋拉力，μ为叠合面摩擦系数。叠合面粘结破坏时植入钢筋破坏形式主要有四种情况：锥体-粘结复合破坏、粘结破坏、钢筋屈服破坏及纯粹锥体破坏。从试验的情况可以看出，叠合面破坏时钢筋锚固良好，钢筋受拉屈服，因此钢筋屈服时提供的F_{s}可以表示为式(3-36)所示。

$$F_{\mathrm{s}} = n A_{\mathrm{se}} f_{\mathrm{y}} \tag{3-36}$$

其中n为穿过叠合面钢筋根数，A_{se}为垂直叠合面的界面连接钢筋面积。

由于桁架形式的界面钢筋和叠合面不垂直，其受力情况如图 3-7 所示，需要将桁架腹杆钢筋拉力F_{syc}进行转换，根据桁架钢筋的角度可知$F_{\mathrm{s}} = F_{\mathrm{syc}} \cos\alpha\cos\theta = n A_{\mathrm{s}} f_{\mathrm{y}} \cos\alpha\cos\theta$，通过第 2 章中 2.4 节中钢筋的应变片测得的数据可知，在极限荷载时，并不是所有的界面连接钢筋都能达到屈服，因此界面钢筋的拉力F_{s}可以表示为式(3-37)所示。

$$F_{\mathrm{s}} = \sum_{i=1}^{n} f_{\mathrm{s}i} A_{\mathrm{s}} \cos\alpha\cos\theta \tag{3-37}$$

令$A_{\mathrm{se}} = A_{\mathrm{s}} \cos\alpha\cos\theta$，式(3-37)可以表示为式(3-38)

$$F_{\mathrm{s}} = \sum_{i=1}^{n} f_{\mathrm{s}i} A_{\mathrm{se}} \tag{3-38}$$

其中$f_{\mathrm{s}i}$为峰值荷载时钢筋应力，α和θ为桁架的角度，如图 3-12 所示。对于桁架形式界面连接钢筋，$\cos\alpha = \frac{\sqrt{L^2-(c_2/2)^2}}{L}$，$\cos\theta = \frac{h_{\mathrm{c}}}{\sqrt{(c_1/2)^2+(h_{\mathrm{c}})^2}}$，$h_{\mathrm{c}}$为桁架的高度，$L$为腹杆的长度，$c_1$和$c_2$分别表示桁架钢筋的肢距和肢宽；对于箍筋形式界面连接钢筋，$\cos\alpha = \cos\theta = 1$。

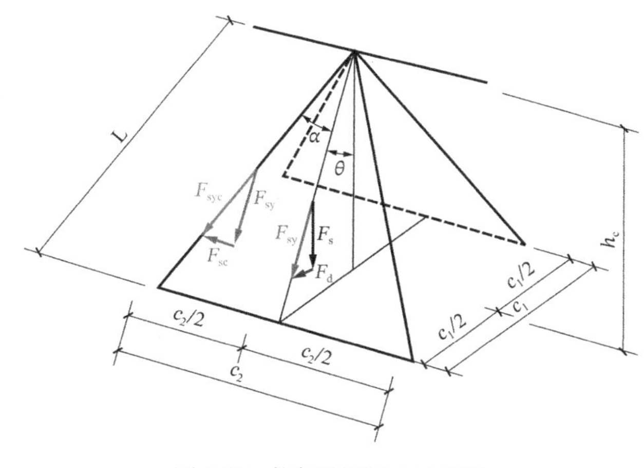

图 3-12　桁架腹杆受力示意图

其中叠合面摩擦系数的取值μ，各国规范给出的值如表 3-14 所示，从表中可以看出各国规范对叠合面摩擦系数的取值μ较为一致，针对试验情况，μ取 1。

摩擦系数 μ 取值 表 3-14

界面类型	CAN/CSA A23.3（2004）	ACI 318（2008）	PCI Design Handbook（2004）	AASHTO Standard Specifications（2007）
	μ	μ	μ	μ
界面没有人为粗糙处理	0.6	0.6	0.6	0.6
界面经过人为粗糙处理	1.0	1.0	1.0	1.0
整体浇筑	1.4	1.4	1.4	1.4
通过栓钉或钢筋和钢结构连接的界面	0.6	0.7	0.7	0.7

3. 界面连接钢筋的销栓作用$V_{sr}(s)$

众多学者对钢筋的销栓作用进行了大量的试验研究，基于试验结果将钢筋的销栓作用破坏模式分为两种：一种是钢筋屈服和混凝土压碎的耦合破坏，另一种是混凝土保护层的劈裂。

1）针对钢筋屈服和混凝土压碎的耦合破坏模式，目前主要基于弹性地基梁理论提出的计算模型。分析表明，钢筋的销栓作用和混凝土的抗压强度、钢筋直径、钢筋锚固深度等因素有关。

（1）Rasmussen[80]根据施工缝的位移状态提出了两种计算销栓作用的公式。

当施工缝完全闭合时，按照式(3-39)计算。

$$V_{sr} = 1.3d^2\sqrt{f_c' f_y} \tag{3-39}$$

其中，f_c'为混凝土的圆柱体抗压强度，根据文献[81]的建议，$f_c' = [0.76 + 0.2\lg(f_{cu}/19.586)]$，$f_y$为钢筋屈服强度，$d$为钢筋直径。

当施工缝的法向张开位移为e（mm）时，按照式(3-40)计算。

$$V_{sr} = 1.3\left[\sqrt{1+(1.3\varepsilon)^2} - 1.3\varepsilon\right] d^2\sqrt{f_c' f_y} \tag{3-40}$$

其中，$\varepsilon = 3\frac{e}{d}\sqrt{\frac{f_c'}{f_y}}$用来表示施工缝法向张开位移对承载性能的影响。

（2）Dulacska[82]根据试验结果，提出计算钢筋销栓作用的公式如式(3-41)所示。

$$V_{sr} = 1.27d^2\sqrt{f_c' f_y} \tag{3-41}$$

2）对混凝土保护层的劈裂破坏模式，其原因是混凝土保护层厚度小于临界厚度导致，目前还没有相应的计算模型，相关计算公式均基于经验公式的方法。

（1）Krefeld 和 Thurston[83]根据混凝土梁中箍筋抗剪性能试验，提出钢筋销栓作用计算公式如式(3-42)所示。

$$V_{sr} = b\sqrt{f_c'}\left[1.3\left(1 + 180\rho/\sqrt{f_c'}\right)c + d_c\right]\frac{1}{\sqrt{x_1/d_c}} \tag{3-42}$$

其中ρ为箍筋配箍率，c为混凝土保护层厚度，d_c为混凝土梁截面受压区高度，x_1为斜裂缝距离梁支座的距离，b为混凝土梁截面宽度。

（2）Houde 和 Mirza[84]经分析提出的计算公式如式(3-43)所示。

$$V_{sr} = 37 b_s (f_c')^{1/3} \tag{3-43}$$

其中b_s为施工缝截面宽度。

3）Bauman 和 Rusch[85]提出计算销栓作用的公式如式(3-44)所示。

$$V_{sr} = 1.64 b_s d (f_c')^{1/3} \tag{3-44}$$

双面叠合试件中界面连接钢筋的销栓作用破坏模式以钢筋屈服和混凝土压碎的耦合破坏为主，Rasmussen 和 Dulacska 提出的公式计算差别较小，在式(3-38)的基础上，考虑桁架钢筋角度的影响和钢筋应力的影响，按照式(3-45)计算界面连接钢筋销栓作用力。

$$V_{sr} = \sum_{i=1}^{n} 1.3 d^2 \sqrt{f_c' f_{si}} \cos\alpha \cos\theta \tag{3-45}$$

3.3.3　不同因素在加载过程中的变化规律

利用上述公式以及第 2 章 2.4 节界面连接钢筋的应变变化规律，对所有试件承载力的组成因素进行拆分，由于叠合面粘结力$V_{adh}(s)$的大小和众多因素有关，因此其值用试验值减去销栓作用$V_{sr}(s)$和叠合面摩擦力$V_{sf}(s)$，绘制叠合面粘结力、叠合面摩擦力、钢筋销栓作用力随着滑移量的变化趋势，如图 3-13 所示。从图中可以看出双面叠合试件在开裂之前，叠合面抗剪承载力主要由叠合面粘结力承担，第一侧叠合面开裂之后，随着滑移量的增加此侧叠合面间的粘结力破坏，荷载转移到先开裂侧界面连接钢筋，因此界面连接钢筋产生的叠合面摩擦力以及钢筋的销栓作用力有一个跳跃；随着滑移量的增加，另一侧叠合面出现裂缝，当第二侧叠合面粘结力破坏后，荷载转移到此侧叠合面的连接钢筋上，因此界面连接钢筋产生的叠合面摩擦力以及钢筋的销栓作用力又产生一个跳跃。达到极限荷载后，双面叠合桁架试件的叠合面粘结力突降，而双面叠合箍筋试件的粘结力缓慢较低，从侧面的反应双面叠合箍筋试件延性优于双面叠合桁架试件。表 3-15 是在极限状态时，不同配筋率双面叠合试件叠合面抗剪承载力组成因素三者的比例关系。从表中可以看出，双面叠合箍筋试件和双面叠合桁架试件随着界面连接钢筋配筋率的增加，界面连接钢筋产生的摩擦力和销栓作用力所占比例逐渐增加，叠合面间的粘结力所占比例逐渐减小。

叠合面抗剪承载力各组成因素在极限荷载时所占比例　　表 3-15

试件编号	摩擦力 kN/占峰值荷载比例	销栓作用力 kN/占峰值荷载比例	粘结力 kN/占峰值荷载比例
ZH6-1	88.1/28.7%	40.0/13.0%	178.8/58.3%
ZH8-2	115.8/39.1%	55.6/18.8%	125.0/42.2%
ZH10-2	133.7/42.0%	74.2/23.2%	110.8/34.8%
ZG6-1	112.7/36.3%	45.3/14.6%	152.8/49.2%
ZG8-1	145.7/41.6%	68.4/19.5%	135.9/38.8%
ZG10-2	160.8/44.0%	84.3/23.1%	120.6/32.9%

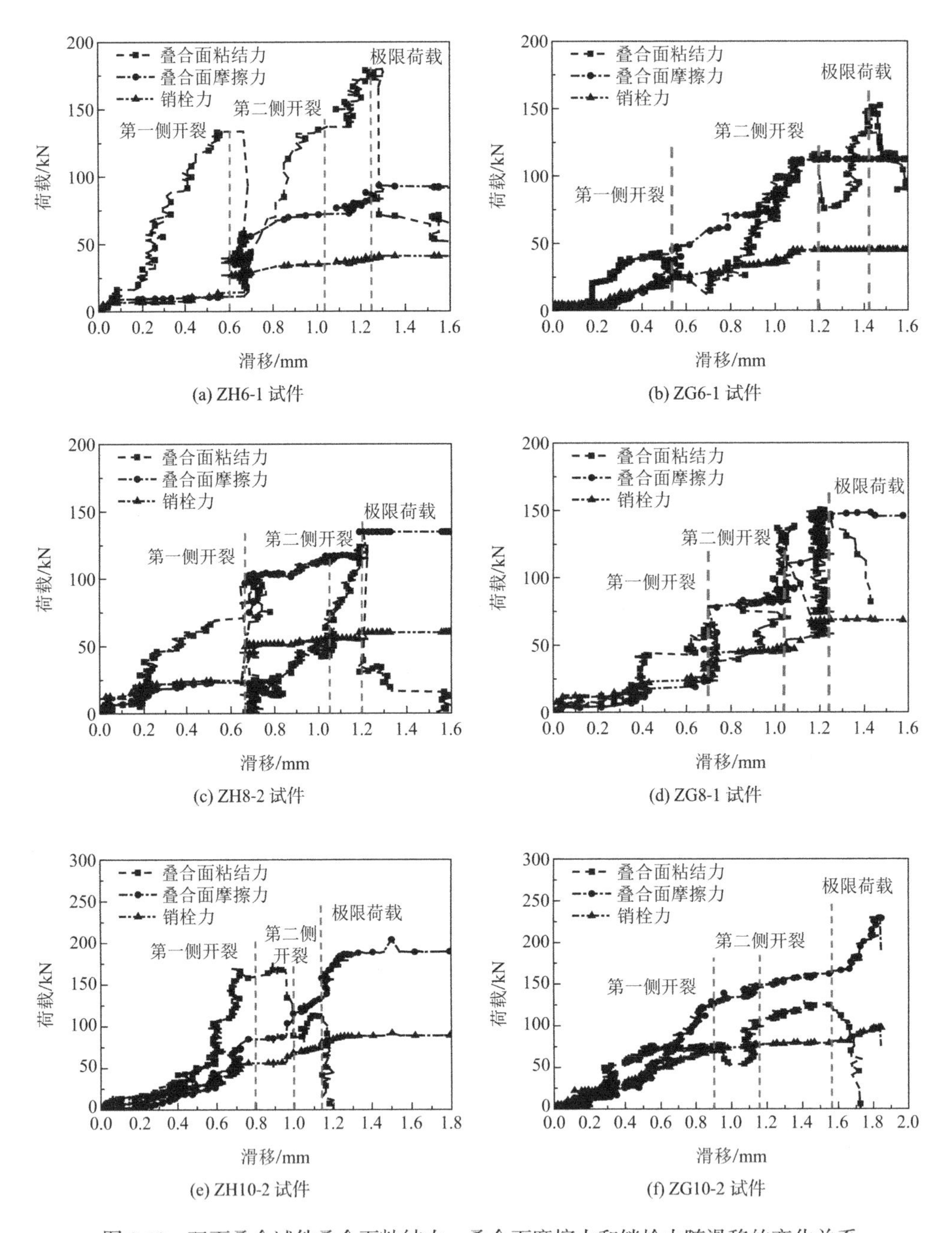

(a) ZH6-1 试件　(b) ZG6-1 试件

(c) ZH8-2 试件　(d) ZG8-1 试件

(e) ZH10-2 试件　(f) ZG10-2 试件

图 3-13　双面叠合试件叠合面粘结力、叠合面摩擦力和销栓力随滑移的变化关系

3.3.4　双面叠合试件叠合面抗剪承载力公式

1. 峰值荷载时双面叠合试件有效面积系数ς

试验结束后对 ZH8 和 ZG8 试件进行剥离，其界面情况如图 3-14 所示。从图中可以看出，在试件荷载下降到峰值荷载的 50%以后，在桁架钢筋/箍筋包围的区域叠合面之间的混凝土仍粘结完好。因此假定在峰值荷载时，双面叠合试件的有效粘结范围为桁架/箍筋肢距

c_1和距离弦杆/竖杆钢筋外表面 1 倍混凝土保护层厚度c的范围，如图 3-15 所示，有效面积系数ς可以按照式(3-46)和式(3-47)计算，h为叠合面高度。

$$\varsigma = (c_1 + 4c)/h \text{ 对桁架试件} \tag{3-46}$$

$$\varsigma = (2c_1 + 4c)/h \text{ 对箍筋试件} \tag{3-47}$$

由于双面叠合试件的叠合面的破坏不同步，因此限制峰值状态下双面叠合试件有效面积不超过单个叠合面的面积，即$\varsigma \leqslant 0.5$。

(a) ZH8 试件 23 界面　(b) ZH8 试件 13 界面

(c) ZG8 试件 23 界面　(d) ZG8 试件 13 界面

图 3-14　叠合面粘结情况

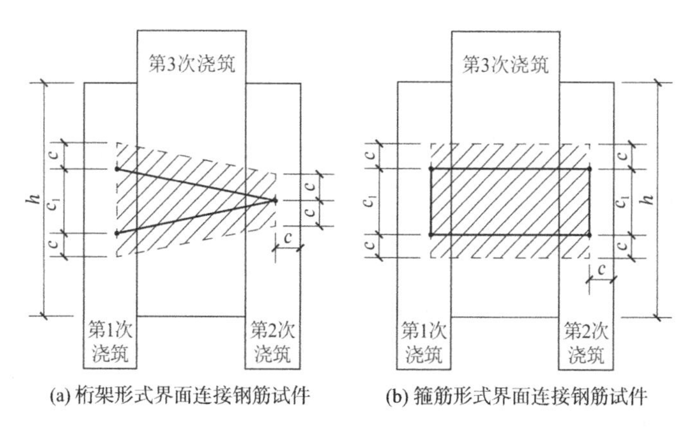

(a) 桁架形式界面连接钢筋试件　(b) 箍筋形式界面连接钢筋试件

图 3-15　有效粘结范围

2. 峰值荷载时双面叠合试件界面连接钢筋平均应力f_s

峰值荷载时根据钢筋表面的应变片测得数据换算所得的界面钢筋应力如表 3-16 和表 3-17 所示，从表中可以看出桁架形式的界面连接钢筋和箍筋形式的界面连接钢筋，其平均应力大小和变化较为一致。由于钢筋屈服强度不同，很难寻找平均应力f_s和屈服强度f_y的变化关系。

在峰值荷载时桁架形式的界面连接钢筋应力（单位：MPa） 表 3-16

试件编号	1 腹杆 1	1 腹杆 3	2 腹杆 2	2 腹杆 4	平均应力
ZH6-1	407.2 （$0.82f_y$）	468.3 （$0.94f_y$）	497.9 （f_y）	497.9 （f_y）	467.8 （$0.94f_y$）
ZH8-2	407.9 （f_y）	407.9 （f_y）	311.4 （$0.76f_y$）	264.3 （$0.64f_y$）	347.9 （$0.85f_y$）
ZH10-2	386.9 （$0.87f_y$）	219.6 （$0.49f_y$）	214.0 （$0.46f_y$）	205.4* （$0.48f_y$）	256.5 （$0.58f_y$）

注：*表示该应变片在峰值荷载前失效，根据应变片最后读数换算的钢筋应力。

在峰值荷载时箍筋形式的界面连接钢筋应力（单位：MPa） 表 3-17

试件编号	1 箍 1	1 箍 3	2 箍 2	2 箍 4	平均应力
ZG6-1	497.9 （f_y）	497.9 （f_y）	497.9 （f_y）	497.9 （f_y）	497.9 （f_y）
ZG8-1	407.9 （f_y）	265.2 （$0.65f_y$）	389.5 （$0.95f_y$）	—	354.2 （$0.87f_y$）
ZG10-2	410.5 （$0.92f_y$）	178.3 （$0.40f_y$）	395.9 （$0.89f_y$）	39.3 （$0.08f_y$）	256.0 （$0.58f_y$）

将平均应力f_s和屈服强度f_y同时乘以A_{se}，可以得到界面钢筋平均拉力垂直于界面的分力f_sA_{se}和钢筋受拉屈服时产生垂直于界面的分力f_yA_{se}的变化趋势（并引用文献中 DH8 和 DG8 的数据），如图 3-16 所示。从图中可以看出桁架形式的界面钢筋和箍筋形式的界面钢筋的平均拉力产生的垂直于界面的分力f_sA_{se}随钢筋受拉屈服时产生的垂直于界面的压力f_yA_{se}变化规律较为一致，界面钢筋的平均拉力垂直于界面的分力f_sA_{se}和钢筋受拉屈服时产生垂直于界面的压力f_yA_{se}之间并非线性变化，对数据采用二次函数进行拟合，可以得到桁架钢筋f_sA_{se}和f_yA_{se}的关系如式(3-48)所示。

$$f_sA_{se} = -0.022(f_yA_{se})^2 + 1.2152f_yA_{se}\ (\mathrm{kN}) \tag{3-48}$$

$R^2 = 0.9966$，相关系数$R = 0.9983$，查相关系数表，显著性水平$a = 1\%$的临界值为 0.99，可见回归方程是显著的。

箍筋钢筋f_sA_{se}和f_yA_{se}的关系如式(3-49)所示

$$f_sA_{se} = -0.02(f_yA_{se})^2 + 1.2944f_yA_{se}\ (\mathrm{kN}) \tag{3-49}$$

$R^2 = 0.9983$，相关系数$R = 0.9992$，查相关系数表，显著性水平$a = 1\%$的临界值为 0.99，可见回归方程是显著的。

根据式(3-48)和式(3-49)换算得到桁架形式界面连接钢筋平均应力$f_{s\,桁架}$和箍筋形式界面连接钢筋平均应力$f_{s\,箍筋}$的计算公式分别如式(3-50)和式(3-51)所示。

$$f_{s\,桁架} = -2.2 \times 10^{-5}A_{se}(f_y)^2 + 1.2152f_y\ (\mathrm{MPa}) \tag{3-50}$$

$$f_{s\,箍筋} = -2.0 \times 10^{-5}A_{se}(f_y)^2 + 1.2944f_y\ (\mathrm{MPa}) \tag{3-51}$$

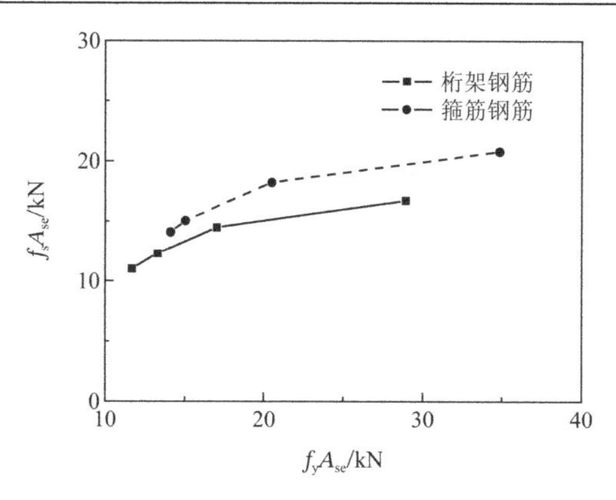

图 3-16　f_sA_{se}随f_yA_{se}的变化趋势

3. 计算值和试验值对比

根据上面的分析，双面叠合试件叠合面抗剪承载力可以表示为式(3-52)形式。

$$V=\varsigma f_tA+nf_sA_e+1.3nd^2\sqrt{f_c'f_s}\cos\alpha\cos\theta \tag{3-52}$$

利用提出的公式对第2章中的试件ZH6、ZH8、ZH10、ZG6、ZG8、ZG10和文献[55]中的试件DH8和DG8进行计算，并与每组试件试验结果的最小值进行比较，其结果如表3-18所示，从表中可以看出式(3-52)计算结果和试验值较为吻合。比较式(3-52)和式(3-2)、式(3-5)、式(3-19)、式(3-28)各试件试验最小值之比的平均值和变异系数，如表3-19所示，从表中可以看出建议式(3-52)和式(3-5)的计算平均值接近1，和试验值吻合较好，但式(3-5)的变异系数大于建议式(3-52)。

建议式(3-52)计算值和试验值对比　表3-18

试件编号	试验值/kN	计算值/kN	计算值/试验值
ZH6-1	290.8	212.8	0.73
ZH8-2	296.4	256.3	0.86
ZH10-2	314.6	295.3	0.94
DH8-1	198.3	219.6	1.11
ZG6-1	305.4	281.6	0.92
ZG8-1	331.5	335.6	1.01
ZG10-2	357.3	380.3	1.06
DG8-1	233.4	282.4	1.21

不同公式平均值和变异系数对比　表3-19

比较项	式(3-2)	式(3-5)	式(3-19)	式(3-28)	式(3-52)
平均值	1.20	0.99	0.86	0.91	0.98
变异系数	0.34	0.30	0.29	0.28	0.15

3.4 本章小结

单面叠合试件叠合面的抗剪承载力问题一直是研究中的热点，各国学者早在 1960 年就提出了用于计算叠合面剪切强度的公式，然而针对双面叠合试件叠合面抗剪承载力的研究较少，首先回顾整理了从 1960 年至今不同学者提出的计算单面叠合试件抗剪承载力的公式，利用已有的公式对双面叠合无筋试件和双面叠合有筋试件进行计算。计算结果表明已有的公式对双面叠合无筋试件的计算结果不够理想，通过收集整理已有文献中关于自然粗糙面下未植筋新老混凝土叠合面抗剪试验结果，依据各类试验结果中的最小值拟合了双面叠合无筋试件抗剪承载力计算公式，拟合公式的计算结果和已有公式计算结果相比更接近试验值。

双面叠合有筋试件的抗剪问题较为复杂，试验研究表明双面叠合试件的叠合面的破坏不同步，利用已有公式的计算结果和试验值偏差较大，叠合面抗剪机理可以利用剪切-摩擦理论解释，利用剪切-摩擦理论对双面叠合有筋试件叠合面抗剪承载力进行分析，将构成叠合面抗剪承载力的因素分为叠合面粘结力$V_{adh}(s)$、摩擦力$V_{sf}(s)$和界面连接钢筋的销栓力$V_{sr}(s)$三个部分，利用第 2 章试验中测得的界面连接钢筋的应变值计算叠合面摩擦力$V_{sf}(s)$和界面连接钢筋的销栓力$V_{sr}(s)$，得到双面叠合试件叠合面抗剪承载力组成因素随着滑移的变化关系。通过有效面积系数ς来考虑双面叠合试件的有效粘结面积，对界面连接钢筋应力进行拟合得到了界面连接钢筋平均应力f_s的关系式，建立了双面叠合试件界面抗剪承载力计算公式，计算值与试验值的对比结果表明提出的双面叠合试件叠合面抗剪承载力计算公式能够较好地反映试验结果。

第 4 章

叠合面对双面叠合剪力墙极限承载力影响的数值分析

第 2 章中双面叠合试件抗剪试验结果表明双面叠合试件均发生叠合面的剪切破坏，叠合面是其薄弱面，第 3 章通过剪切摩擦理论对双面叠合试件叠合面的抗剪承载力进行了分析，给出了建议公式。叠合面的存在对双面叠合剪力墙结构的影响在目前的研究中还涉及较少，本章通过 ABAQUS 有限元软件模拟预制层和现浇层之间的叠合面，在有限元模型中定义叠合面的粘结-脱离模型，根据第 2 章试验结果验证模型的正确性，接着建立考虑叠合面的双面叠合剪力墙结构精细化有限元模型，利用文献中的双面叠合剪力墙结构试验数据，验证整体模型的正确性，进而讨论不同轴压比下叠合面对双面叠合剪力墙的极限承载力的影响。

4.1 有限元模型介绍

选用文献[29]中的双面叠合剪力墙试件 W2 和 W3 作为验证，通过有限元软件 ABAQUS 建立实体模型进行分析，试件 W2 和 W3 的配筋示意图如图 4-1 所示，现浇层混凝土立方体抗压强度 30.3MPa，预制层混凝土立方体抗压强度 53MPa。

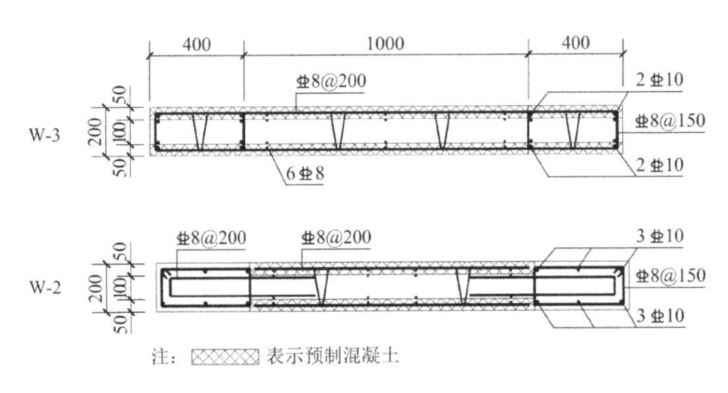

图 4-1 试件配筋示意图

4.1.1 材料模型

混凝土本构模型采用 ABAQUS 中的塑性损伤模型（Concrete Damaged Plasticity，简称 CDP），CDP 模型可分为弹性部分、塑性部分和损伤部分三部分。其中，弹性部分的参数主要包括弹性模量E_c和泊松比V_c，V_c一般可取 0.2。塑性部分和损伤部分的参数分以下三类来讨论：①塑性屈服面及流动势能面形状参数；②硬化参数；③损伤和恢复参数。可以通过双轴抗压强度和单轴抗压强度之比f_{b0}/f_{c0}来标定二维屈服面的形状，对于普通混凝土，一般在 1.12～1.4，建议取 1.16，K_c为控制混凝土屈服面在三维主应力空间π平面上的投影形状的参数，对于正常配筋的混凝土，一般取K_c为 0.67，通过膨胀角ϕ和塑性势函数的偏心距λ两个参数来标定 DP 流动势能面在子午面上的形状。建议ϕ的取值范围为 30°～40°，较大的膨胀角会夸大混凝土的剪胀性，影响计算结果的精度，但可以改善计算收敛性。塑性势函数的偏心距λ一般取 0.1。隐式计算时材料刚度软化或衰减可能会引起严重的收敛困难，因此，ABAQUS/Standard 模块在 CDP 本构方程中引入黏性系数来加强模型的收敛性，黏性系数一般取 0 或某一较小值，本算例中黏性系数取 0.0005。ABAQUS 中可通过单轴压应力σ_c和非弹性应变ε_c^p曲线和单轴拉应力σ_t和开裂应变ε_t^{ck}曲线两条曲线来定义硬化。可按《混凝土结构设计规范》GB 50010—2010 附录 C 建议的公式来确定。对于 CDP 模型中损伤因子的标定，同样可以参考《混凝土结构设计规范》GB 50010—2010 附录 C 建议的公式来确定。钢筋的本构模型选用 ABAQUS 中提供的双线性随动硬化模型。

4.1.2 有限元模型的建立

实体模型采用分离式钢筋建模，混凝土部分采用实体单元 C3D8R，钢筋部分采用桁架单元 T3D2，利用 ABAQUS 中软件提供的 embed 约束将钢筋单元“嵌入”混凝土单元，W2 试件和 W3 试件的有限元模型分别如图 4-2 和图 4-3 所示。

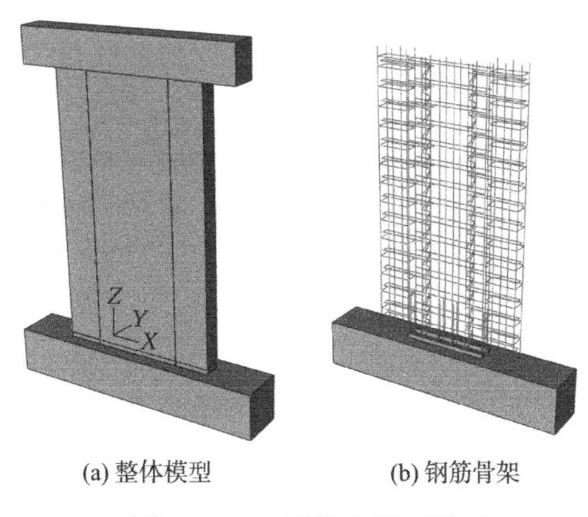

(a) 整体模型　　(b) 钢筋骨架

图 4-2　W2 试件有限元模型

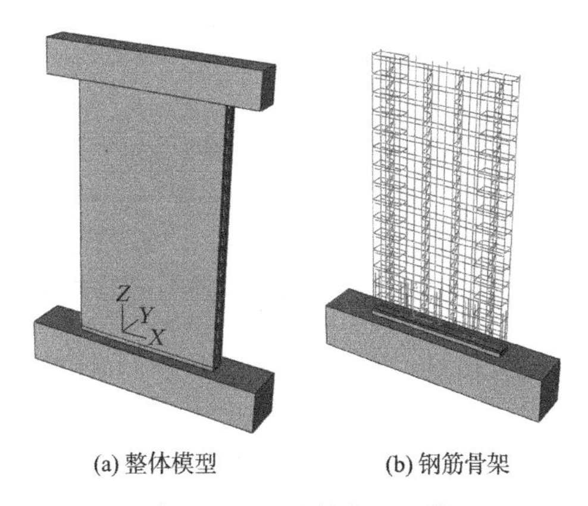

(a) 整体模型　　(b) 钢筋骨架

图 4-3　W3 试件有限元模型

4.1.3 约束和荷载

为了防止加载过程中出现平面外弯曲，约束叠合剪力墙平面外的位移。文献[29]中 W2 和 W3 试件竖向荷载是 730kN（0.1 轴压比），有限元模型中在加载梁顶面添加参考点，耦合加载梁顶面自由度于参考点，在参考点施加 730kN 的竖向荷载；文献[29]中的 W2 和 W3 试件施加的是往复水平荷载，由于在有限元模型中对两侧的叠合面均添加了接触面，并定义了非线性的粘结-滑移准则，施加往复水平荷载计算代价较大，本章关注的重点是叠合面对双面叠合剪力墙极限承载力的影响，因此，在有限元中施加的是单调的水平荷载。

4.2 界面作用的模拟

4.2.1 界面模型的建立

Hanson[86]通过 62 根推出试验来分析单面叠合试件中不同界面类型的叠合面受力性能，叠合面的荷载-滑移曲线如图 4-4（a）所示，Papanicolaou[87]对轻骨料混凝土和高性能高强纤维混凝土的单面叠合试件叠合面的受力性能进行研究，对 13 组 Z 形试块进行剪切试验，得到的典型荷载-滑移曲线如图 4-4（b）所示，类似的曲线同样可以在叶果[88]和 Sousa[89]研究中得到。从第 2 章中双面叠合试件叠合面的荷载-滑移曲线可以看出，双面叠合试件叠合面的荷载-滑移曲线和单叠合面的典型荷载-滑移曲线较为类似，在达到最大抗剪承载力之前，双面叠合试件的荷载-滑移曲线初始段几乎呈直线段上升，在达到最大抗剪承载力后荷载的下降趋势也可以近似用线性段描述，因此，在有限元中通过两段直线来定义叠合面的粘结-脱离模型，如图 4-5 所示。

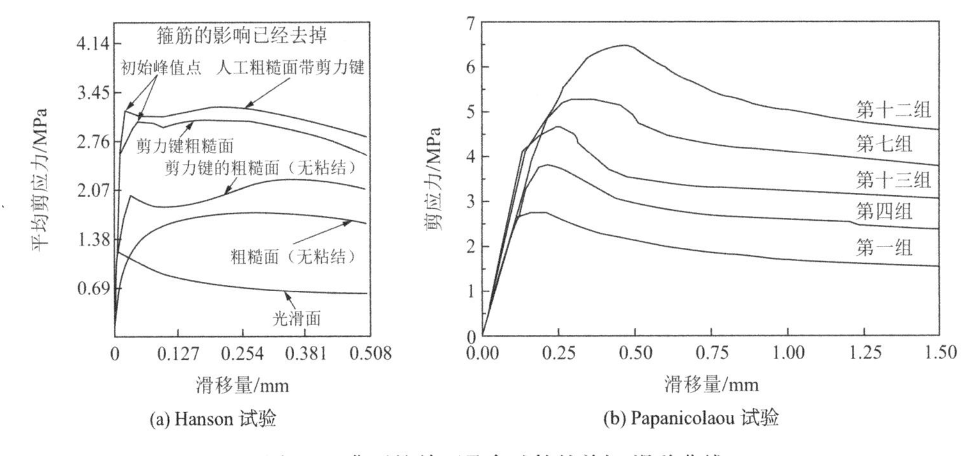

图 4-4 典型的单面叠合试件的剪切-滑移曲线

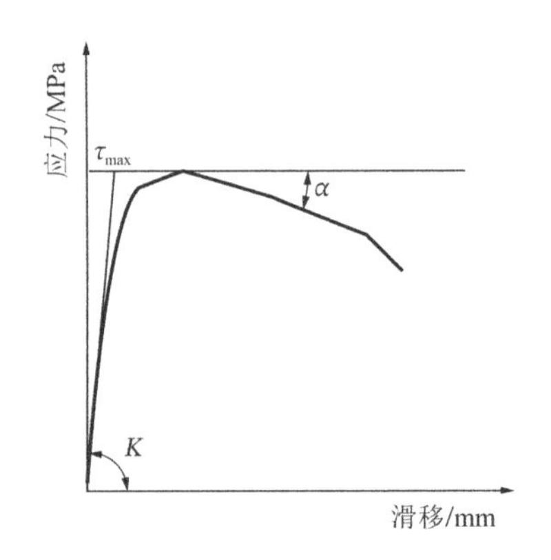

图 4-5 双面叠合试件界面剪切-滑移关系

为了模拟叠合面的接触行为，在ABAQUS中通过“Node-to-Surface”接触对并定义粘结-脱离模型来实现叠合面的作用。一旦接触面的受力满足粘结-脱离模型损伤准则，粘结-滑移行为就会通过自定义的损伤准则来实现[90]。对于界面粘结-脱离模型需要定义两个参数：初始刚度K和下降段角度α。界面粘结-脱离模型的初始阶段可以通过一个弹性本构关系来表示，如式(4-1)所示。界面的三向应力用τ_n、τ_s和τ_t来表示，如图4-6所示。

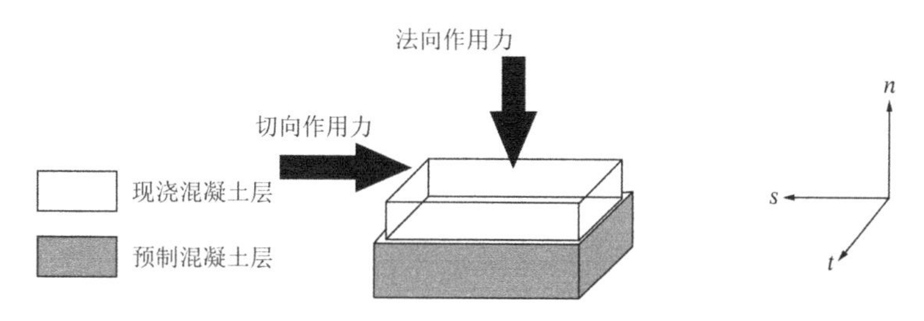

图4-6　界面法向和切向应力

$$[\tau]=\begin{bmatrix}\tau_n\\ \tau_s\\ \tau_t\end{bmatrix}=\begin{bmatrix}K_{nn} & K_{ns} & K_{nt}\\ K_{ns} & K_{ss} & K_{st}\\ K_{nt} & K_{st} & K_{tt}\end{bmatrix}\begin{bmatrix}\delta_n\\ \delta_s\\ \delta_t\end{bmatrix}=K\delta \tag{4-1}$$

其中，刚度矩阵K中非对角分量值为0，对角分量的取值为对应方向上的最大剪应力和相应的滑移的比值，δ_n、δ_s、δ_t是和界面的三向应力τ_n、τ_s和τ_t对应的滑移。表示当达到式(4-2)定义的叠合面脱离准则后，叠合面开始出现粘结滑移

$$\max\left\{\frac{\tau_n}{\tau_n^0},\frac{\tau_s}{\tau_s^0},\frac{\tau_t}{\tau_t^0}\right\}=1 \tag{4-2}$$

其中，τ_n^0、τ_s^0和τ_t^0分别表示法向和切向的最大应力，在本章中取$\tau_s^0=\tau_t^0$。采用ABAQUS中“Hard contact”定义预制层和现浇层之间的法向受力行为，当法向受压时刚度无穷大，二者不会相互浸入，但受拉时二者可以分离。最大的法向分离应力τ_n^0取强度较小的混凝土的抗拉强度f_t。

4.2.2　界面模型的验证

根据第2章的双面叠合试件抗剪试验结果，建立和第2章中双面叠合试件ZH和试件ZG对应的粘结-脱离模型，验证界面模型的正确性。有限元模型如图4-7所示，粘结-脱离模型的相关参数根据第2章的试验数据选用，如表4-1所示。有限元计算各个试件的荷载-位移曲线和试验结果的对比如图4-8所示，从图中可以看出，建立的粘结-脱离模型能够较好地模拟双面叠合试件的承载力，而且对不同界面连接钢筋的双面叠合试件峰值荷载后的变化趋势也能较好的模拟。ZH6试件和ZG6试件受压损伤云图和实际破坏时的对比如图4-9和图4-10所示，从图中可以看出破坏情况和实际较为相符，ZH8试件和ZG8试件中界面连接钢筋的变形云图和实际钢筋的变形情况对比如图4-11和图4-12所示，从图中可以看出有限元模型中的界面连接钢筋的变形情况和实际变形较为一致。在结果输出中显示预制层和现浇层叠合面的脱离损伤判断指数CSMAXSCR(the maximum traction damage initiation criterion index)，观察 ZH6 试件和 ZG6 试件叠合面破坏程度，如图 4-13 和图 4-14 所示。从图中可以看出桁架形式界面连接钢筋的双面叠合试件，两侧叠合面的破坏程度不同，23 叠合面的破坏程度比 13 叠合面严重；箍筋形式界面连接钢筋的双面叠合试件，两侧叠合面的破坏程度较为一致，与试验中观察的现象较为吻合。有限元模拟结果表明，定义的粘结-脱离模型能够较好地模拟双面叠合试件中预制层和现浇层之间的叠合面，能够较为准确地模拟双叠合面情况下试件的极限承载力。

脱离-粘结模型参数取值 **表 4-1**

试件编号	τ_n^0/MPa	τ_s^0/MPa	初始刚度K/（N/mm³）	下降段角度α/°
ZH6-1	2.54	2.5	20	40
ZH8-1	2.54	2.5	30	35
ZH10-1	2.54	2.5	30	35
ZG6-1	2.54	2.2	10	25
ZG8-1	2.54	2.2	10	25
ZG10-1	2.54	2.2	10	25
DH8-1	2.53	1.25	20	42
DG8-1	2.53	1.25	20	20

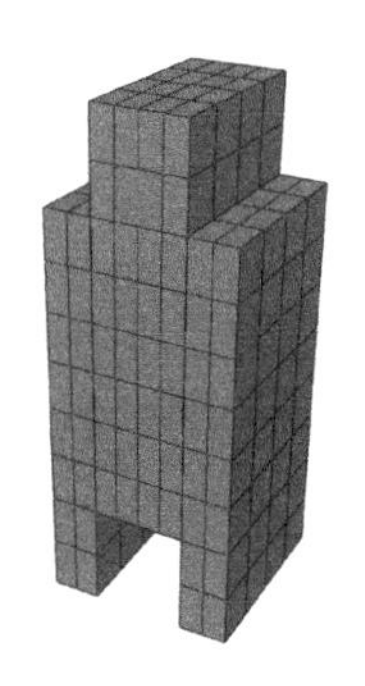
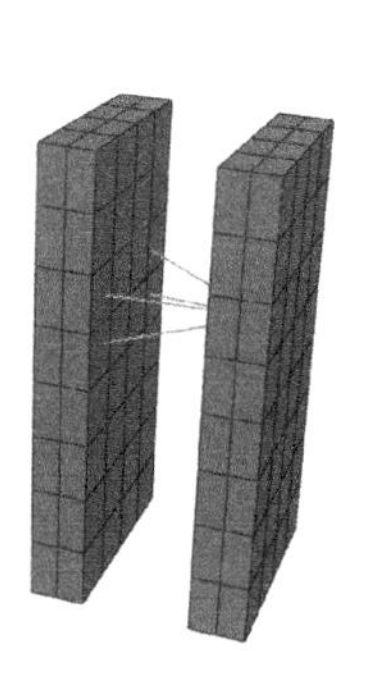

(a) 桁架形式界面连接钢筋试件

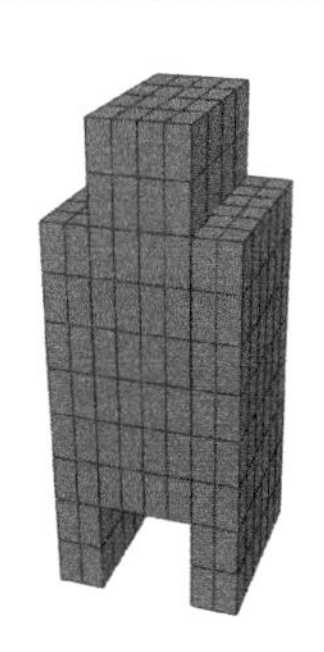
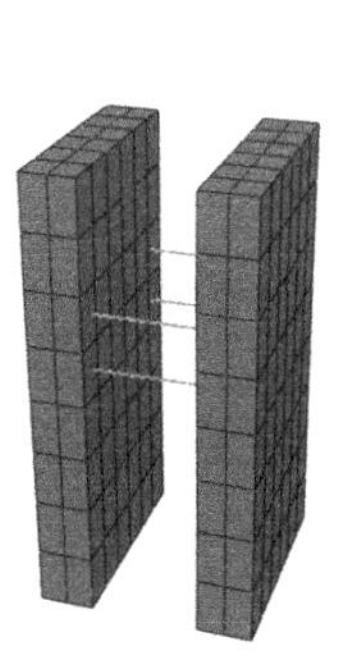

(b) 箍筋形式界面连接钢筋试件

图 4-7 双面叠合试件有限元模型

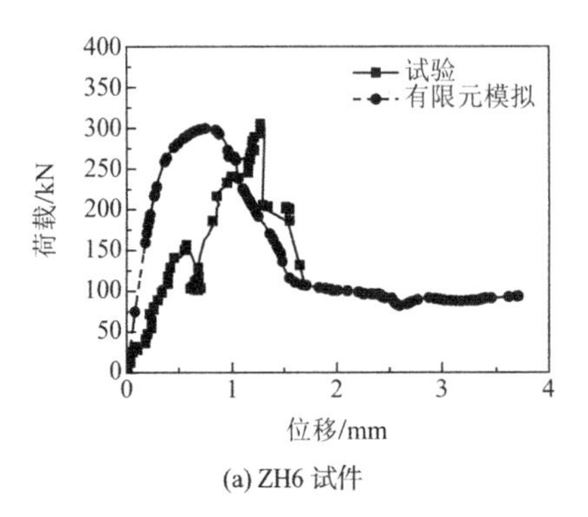

(a) ZH6 试件

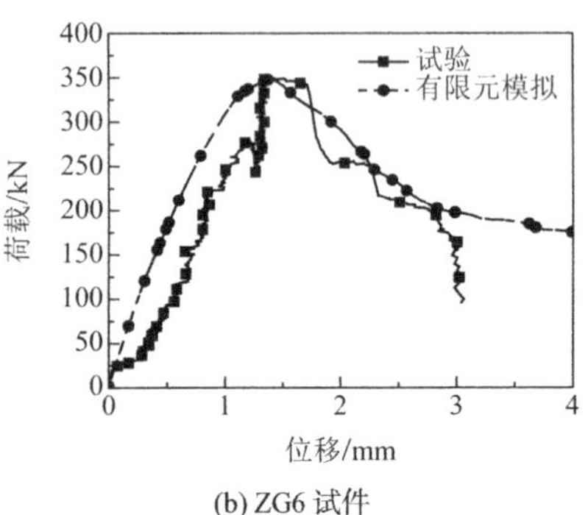

(b) ZG6 试件

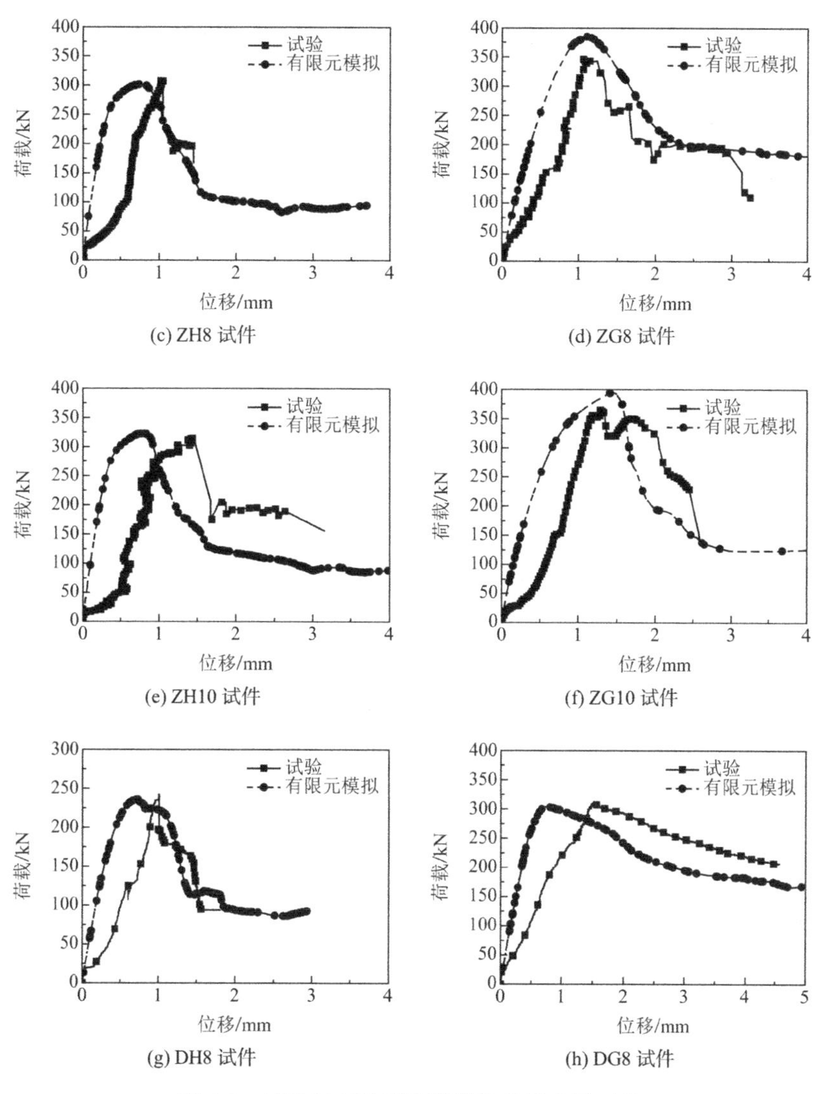

(c) ZH8 试件　(d) ZG8 试件

(e) ZH10 试件　(f) ZG10 试件

(g) DH8 试件　(h) DG8 试件

图 4-8　试验与有限元计算荷载-位移曲线对比

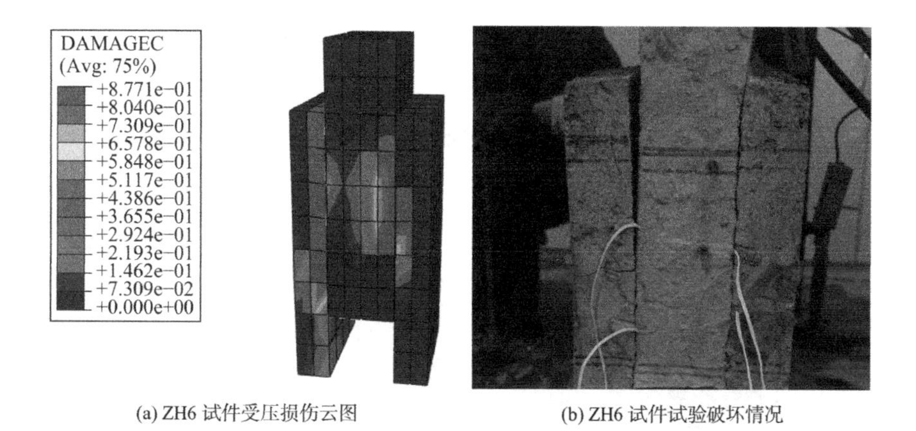

(a) ZH6 试件受压损伤云图　(b) ZH6 试件试验破坏情况

图 4-9　试件 ZH6 受压损伤云图和试验破坏情况对比

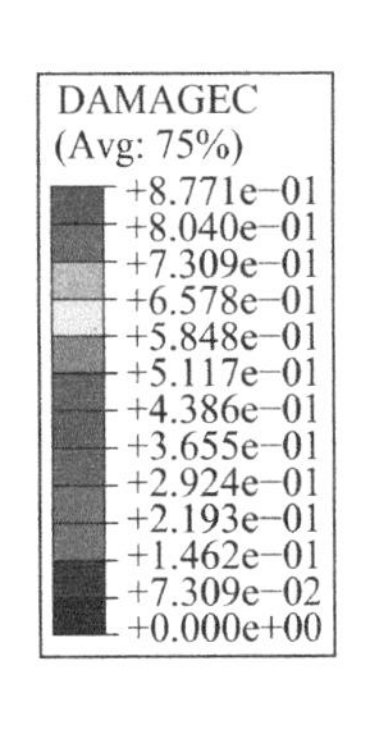

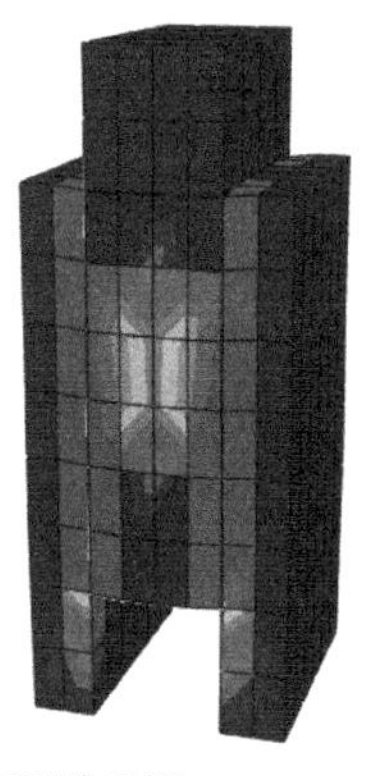

(a) ZG6 试件受压损伤云图

(b) ZG6 试件试验破坏情况

图 4-10 试件 ZG6 受压损伤云图和试验破坏情况对比

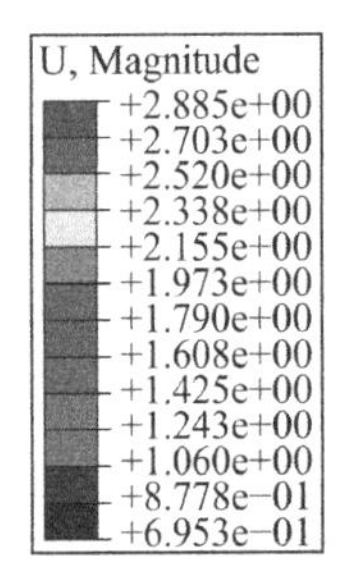

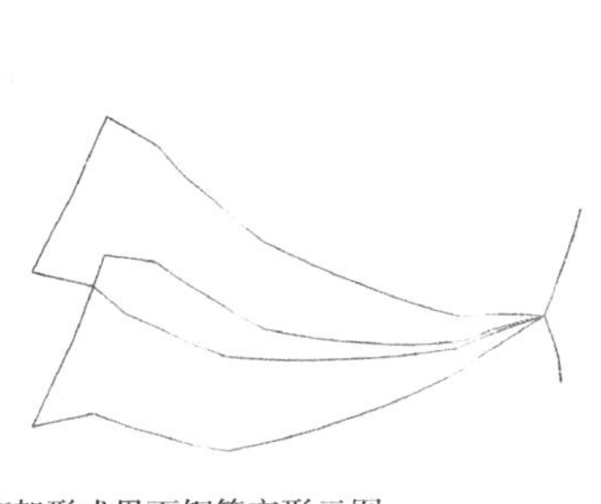

(a) 桁架形式界面钢筋变形云图

(b) 界面连接钢筋实际变形

图 4-11 试件 ZH8 界面连接钢筋的变形云图和试件实际变形对比

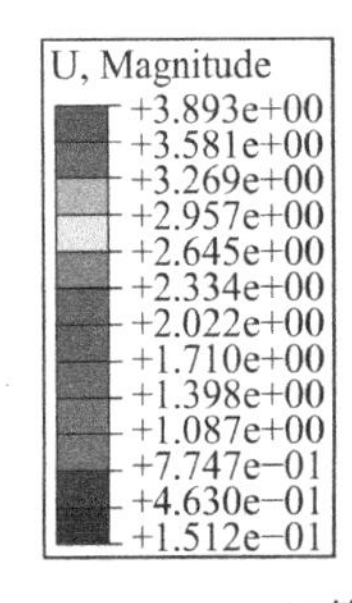

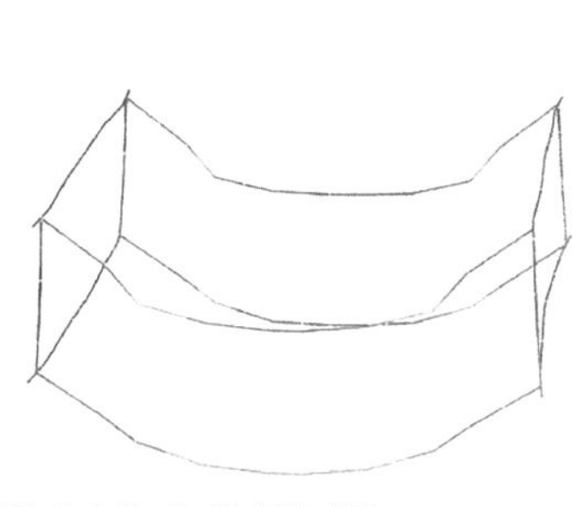

(a) 箍筋形式界面钢筋变形云图

(b) 界面连接钢筋实际变形

图 4-12 试件 ZG8 界面连接钢筋的变形云图和试件实际变形对比

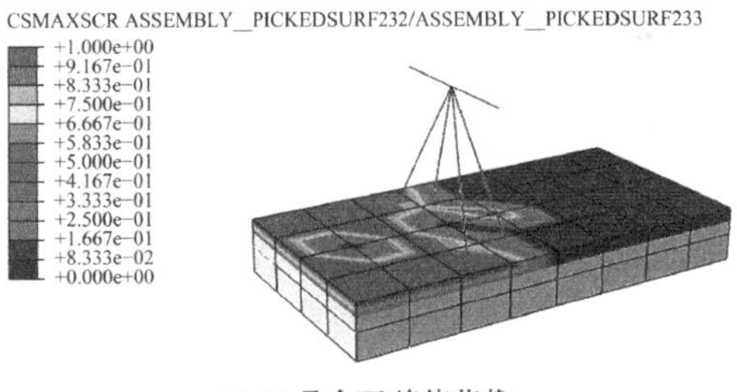

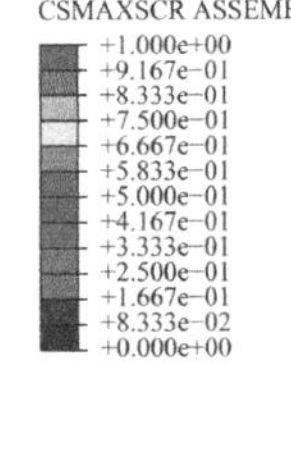

(a) 13 叠合面-峰值荷载

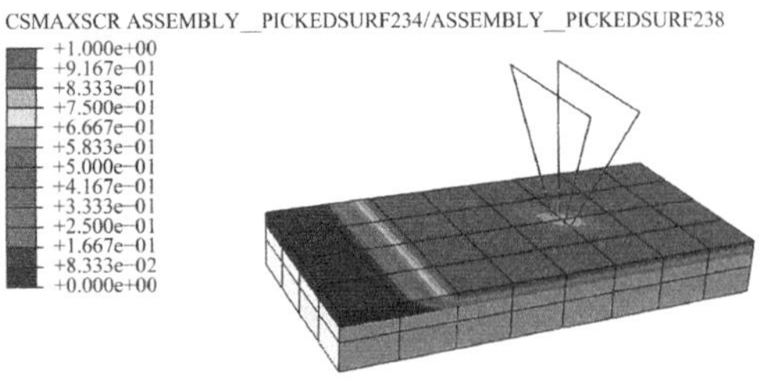

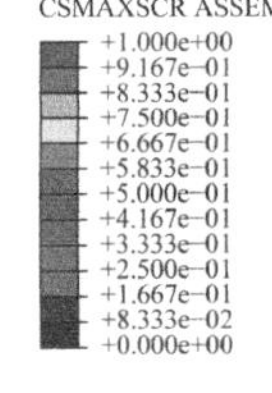

(b) 23 叠合面-峰值荷载阶段

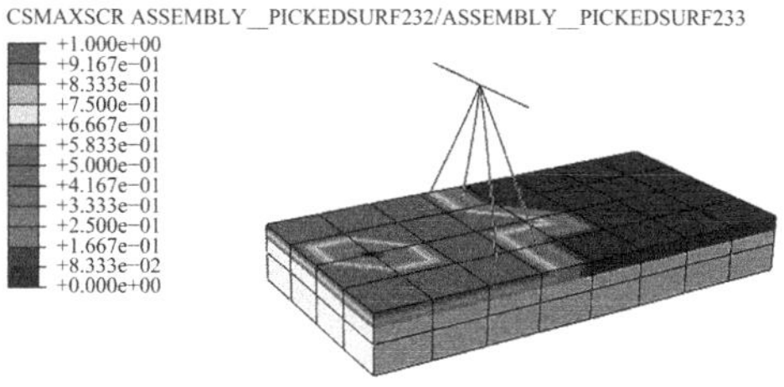

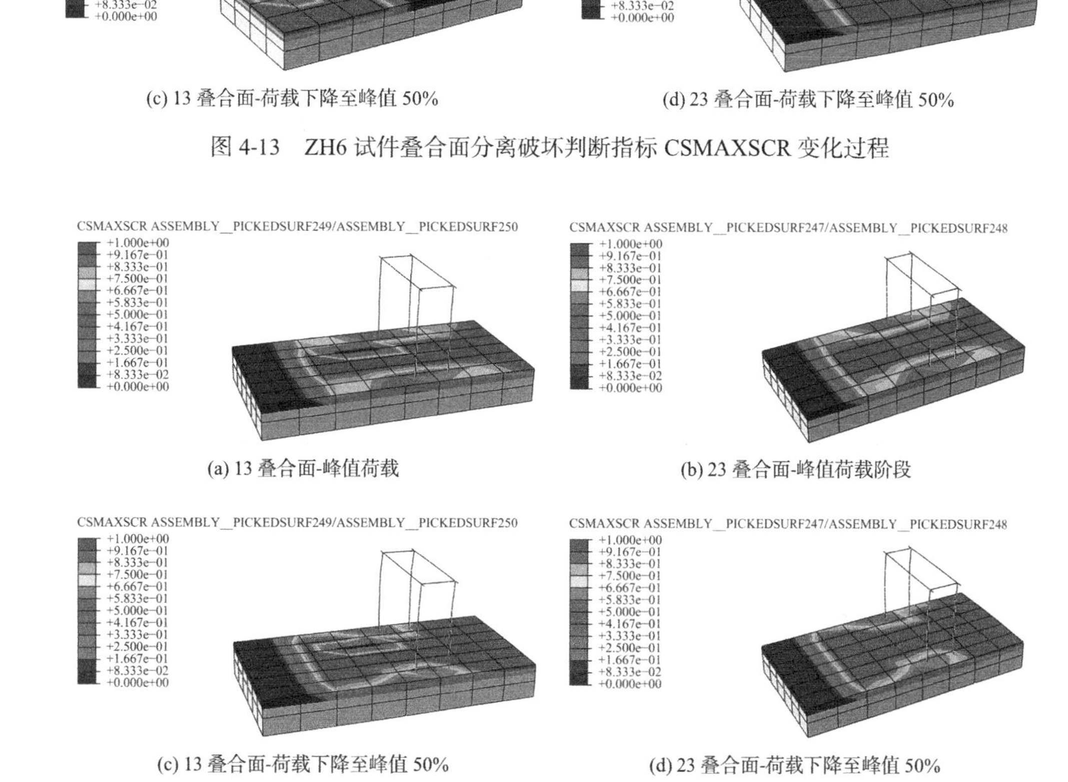

(c) 13 叠合面-荷载下降至峰值 50% 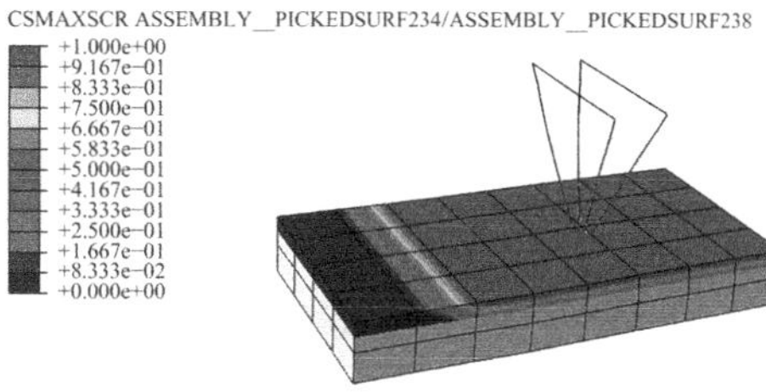　(d) 23 叠合面-荷载下降至峰值 50%

图 4-13　ZH6 试件叠合面分离破坏判断指标 CSMAXSCR 变化过程

(a) 13 叠合面-峰值荷载　(b) 23 叠合面-峰值荷载阶段

(c) 13 叠合面-荷载下降至峰值 50%　(d) 23 叠合面-荷载下降至峰值 50%

图 4-14　ZG6 试件叠合面分离破坏判断指标 CSMAXSCR 变化过程

4.3　低轴压比下叠合面对双面叠合剪力墙极限承载力的影响

4.3.1　初始刚度 K 和下降段角度 α 取值敏感性分析

上节的分析可知，建立叠合面粘结-脱离模型需要定义初始刚度K和下降段角度α，在建立双面叠合剪力墙试件 W2 和 W3 的实体模型时，需要对预制层和现浇层之间的叠合面的初始刚度和下降段角度进行定义，由于缺乏相应的试验数据，因此，在进行分析之前对双面叠合剪力墙叠合面粘结-脱离模型的初始刚度K和下降段角度α的取值进行敏感性分析。

初始刚度K分别取 200N/mm^3、100N/mm^3、50N/mm^3 时，双面叠合剪力墙 W2 和 W3 试件的计算结果如表 4-2 所示，从表中可以看出取不同的初始刚度计算得到的极限承载力差别很小。不同的初始刚度计算的荷载-位移曲线如图 4-15 所示，从图中可以看出荷载-位移曲线对初始刚度大小不敏感。由于较大的初始刚度会增加有限元计算的困难，因此在下文的分析中，初始刚度统一取 100N/mm^3。

下降段角度α分别取8°、13°、18°、23°、28°时双面叠合剪力墙W2和W3试件的计算结果如表4-3所示，从表中可以看出取不同的下降段角度α计算得到的极限承载力差别很小。下降段角度α敏感性分析如图4-16所示。从图中可以看出，下降段取值对结果几乎没有影响，因此在后面的计算中下降段的角度取18°。

初始刚度 K 不同取值时 W2 和 W3 试件的极限承载力　　表 4-2

初始刚度K/（N/mm^3）	W2 试件极限承载力/kN	W3 试件极限承载力/kN
200	428.7	410.3
100	428.1	409.8
50	425.9	408.4

对下降段的角度不同取值　　表 4-3

分析类型	α/°	W2 试件极限承载力/kN	W3 试件极限承载力/kN
1	8	424.7	407.3
2	13	425.1	408.1
3	18	425.8	408.5
4	23	425.6	409.1
5	28	425.3	408.7

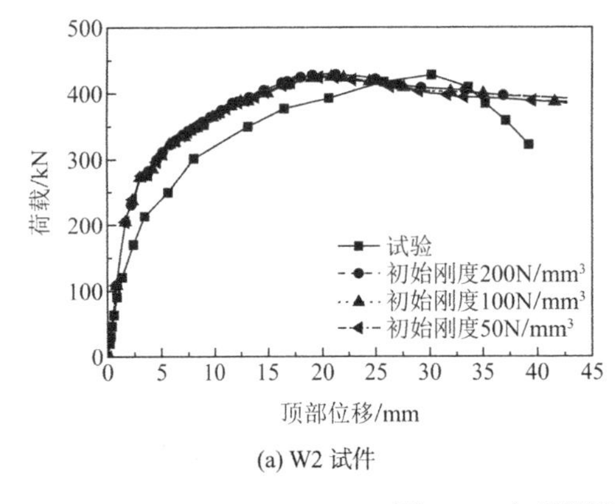

(a) W2 试件

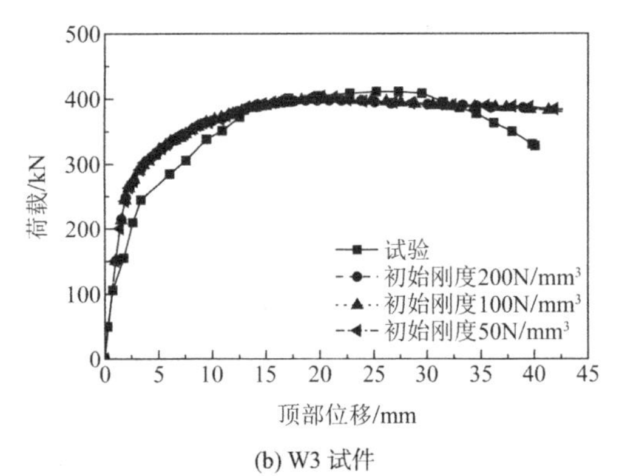

(b) W3 试件

图 4-15　初始刚度 K 取值敏感性分析

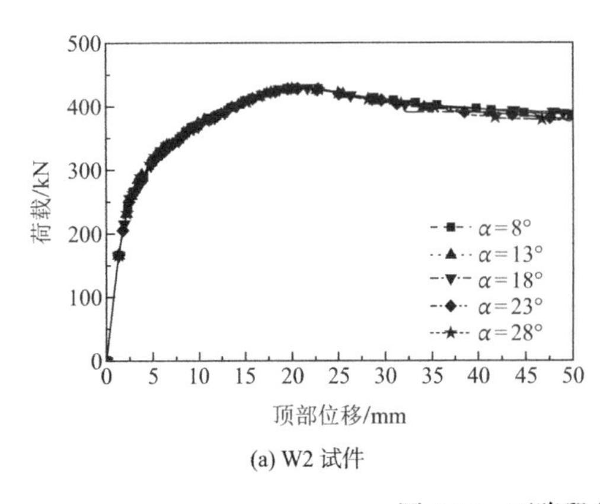

(a) W2 试件

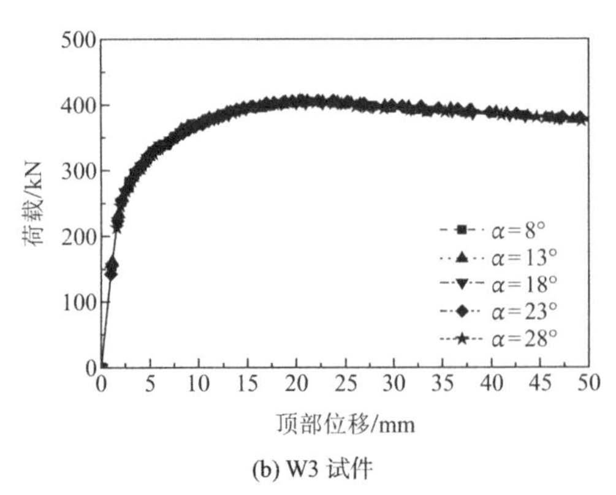

(b) W3 试件

图 4-16　下降段角度 α 敏感性分析

4.3.2　叠合面抗剪强度取值的影响

双面叠合剪力墙 W2 和 W3 试件的最大的粘结力（$\tau_s^0 = \tau_t^0$）根据第 3 章提出的计算双面叠合试件叠合面抗剪承载力计算式(3-52)计算，为了进一步分析叠合面抗剪强度不同取值对叠合剪力墙抗剪承载力的影响，选用第 3 章中式(3-19)、式(3-24)、式(3-26)和式(3-27)计算叠合面的最大剪应力，计算结果如表 4-4 所示。将计算得到的不同叠合面抗剪强度值应用于损伤准则中。

不同设计规范中对叠合面最大剪应力的计算　　表 4-4

公式编号	计算公式	W2/MPa	W3/MPa
式(3-27)	$\tau_u = \rho f_y(\mu\sin\alpha + \cos\alpha)$（$f_y \leqslant 414\text{MPa}$）	0.77	0.86
式(3-52)	$V = \varsigma f_t A + n f_s A_e + 1.3nd^2\sqrt{f_c' f_s}\cos\alpha\cos\theta$	1.08	1.20
式(3-24)	$\upsilon_u = \phi\rho f_y \mu_e$	1.19	1.32
式(3-19)	$\tau_u = cf_{ctd} + \mu[\sigma_n + \rho f_y(\sin\alpha + \cos\alpha)]$	1.95	2.06
式(3-26)	$\tau_u = c + \mu(\rho f_y + \sigma_n)$	2.44	2.52

对双面叠合剪力墙试件 W2 和 W3 的计算的荷载-位移曲线和试验的骨架曲线的对比如图 4-17 所示，从图 4-17 可以看出，叠合面抗剪强度取不同公式的计算值时，计算所得的荷载-位移曲线几乎相同。叠合面抗剪强度取不同公式的计算值时，双面叠合剪力墙试件 W2 和 W3 的极限承载力如表 4-5 所示，从表 4-5 中可以看出，叠合面抗剪强度取不同公式的计算值时，双面叠合剪力墙试件 W2 和 W3 的极限承载力几乎没有变化，结果表明叠合面的存在对 0.1 轴压比下双面叠合剪力墙极限承载力影响较小。计算所得的极限承载力和试验值很接近，误差在 1%左右，证明模型的准确性。

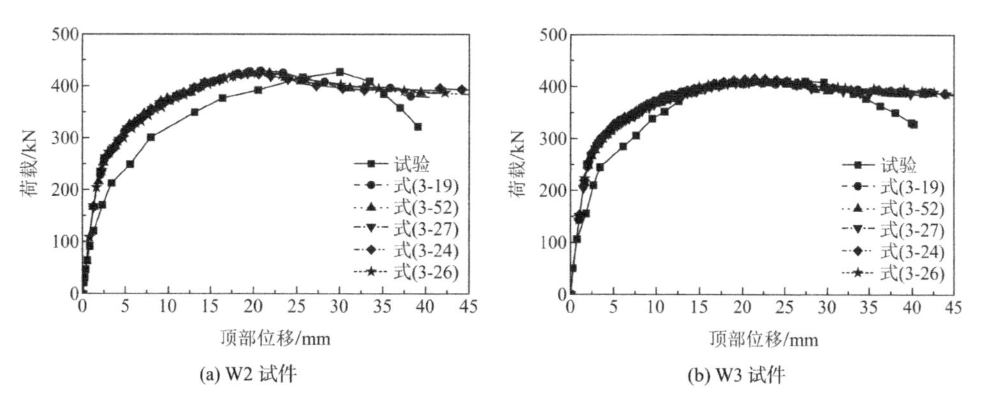

(a) W2 试件　　(b) W3 试件

图 4-17　试件荷载-位移曲线计算值和试验值的对比

不同公式计算的极限承载力和试验值的对比　　表 4-5

公式编号	W2			W3		
	试验值/kN	计算值/kN	误差	试验值/kN	计算值/kN	误差
式(3-27)	429.0	425.7	0.77%	412.0	409.8	0.53%
式(3-52)	429.0	424.6	1.02%	412.0	408.4	0.86%

续表

公式编号	W2			W3		
	试验值/kN	计算值/kN	误差	试验值/kN	计算值/kN	误差
式(3-24)	429.0	424.9	0.94%	412.0	414.7	0.66%
式(3-19)	429.0	429.3	0.07%	412.0	408.7	0.81%
式(3-26)	429.0	424.7	1.01%	412.0	409.2	0.69%

在结果输出中显示预制层和现浇层叠合面的脱离损伤判断指数 CSMAXSCR（the maximum traction damage initiation criterion index），观察双面叠合剪力墙 W2 和 W3 试件两侧叠合面的分层脱离程度，如图 4-18 和图 4-19 所示，图中 a、b、c、d、e 分别表示叠合面的抗剪强度取式(3-27)、式(3-52)、式(3-24)、式(3-19)和式(3-26)计算时的情况，1 表示第 1 面预制层和现浇层的叠合面，2 表示第 2 面预制层和现浇层的叠合面。

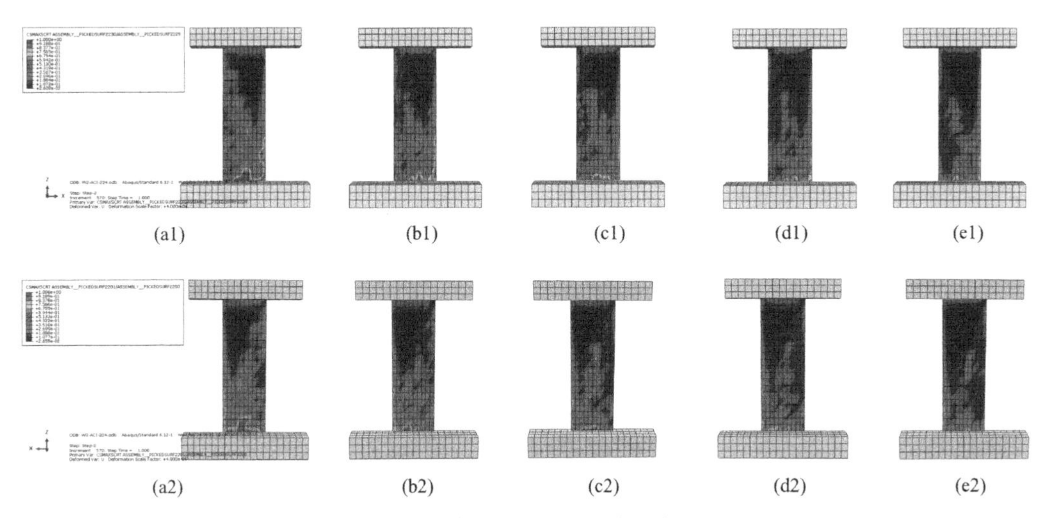

图 4-18 W2 试件叠合面分离破坏判断指标 CSMAXSCR

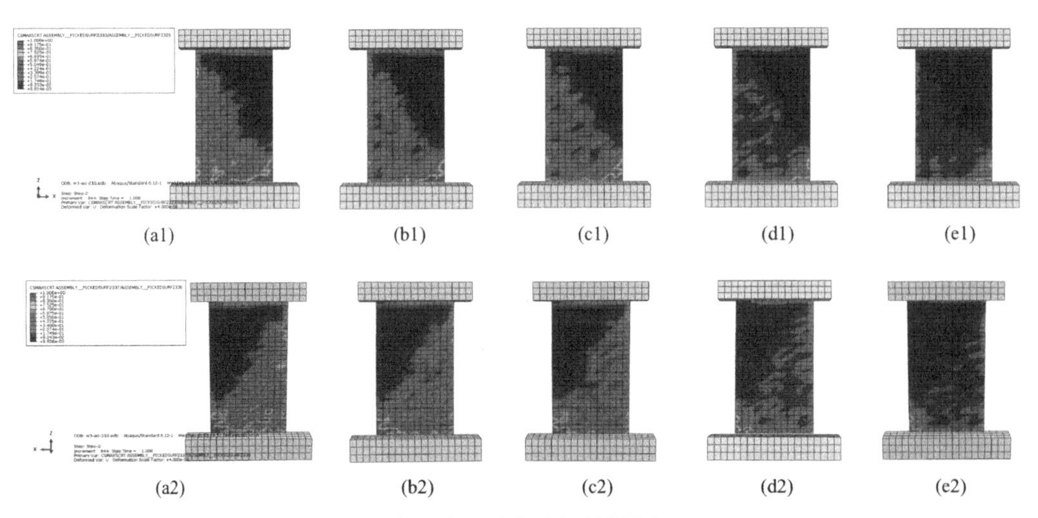

图 4-19 W3 试件叠合面分离破坏判断指标 CSMAXSCR

从图 4-18 和图 4-19 中可以看出，随着叠合面抗剪强度的提高，对于 W2 和 W3 试件叠合面分离脱开的区域逐渐减小。对于 W2 试件，当叠合面的抗剪强度达到 1.95MPa 时，叠合面之间没有脱离现象产生，对于 W3 试件叠合面一直有分离脱开的现象，其原因是 W2 试件采用边缘试件现浇，预制部分相当于外嵌于“I”形现浇剪力墙中，要发生叠合面的脱离时，现浇部分对预制部分存在约束作用。W3 试件由于边缘试件预制，约束作用较小，因此会在受压侧底部出现脱离。选择叠合面强度取表 4-4 中的最小值时的模拟结果，在结果中输出叠合面的剪应力和法向应力云图，如图 4-20 和图 4-21 所示。从图 4-20 和图 4-21 可以看出叠合面只在底部受压侧较小的范围内应力较大，其切向应力超过了定义的最大粘结力导致叠合面脱离。叠合面大部分的区域内应力较小，没有脱离现象，与试验中的结果相同。

为了进一步观察叠合面脱离过程和不同高度处叠合面脱离程度，对 W2、W3 试件分别定义两个参考点，参考点位置如图 4-22 所示。输出参考点的损伤判断指数随顶点位移的变化规律，如图 4-23 和图 4-24 所示。从图中可以看出在参考点 1，W2 和 W3 试件的损伤判断指数随着叠合面抗剪强度的增大，相同位移对应的损伤指数较小。在参考点 2，W2 和 W3 试件的损伤判断指数均较小，最大值在 0.2 左右，说明叠合面脱离只是在底部受压侧的较小范围内，大部分叠合面粘结良好。

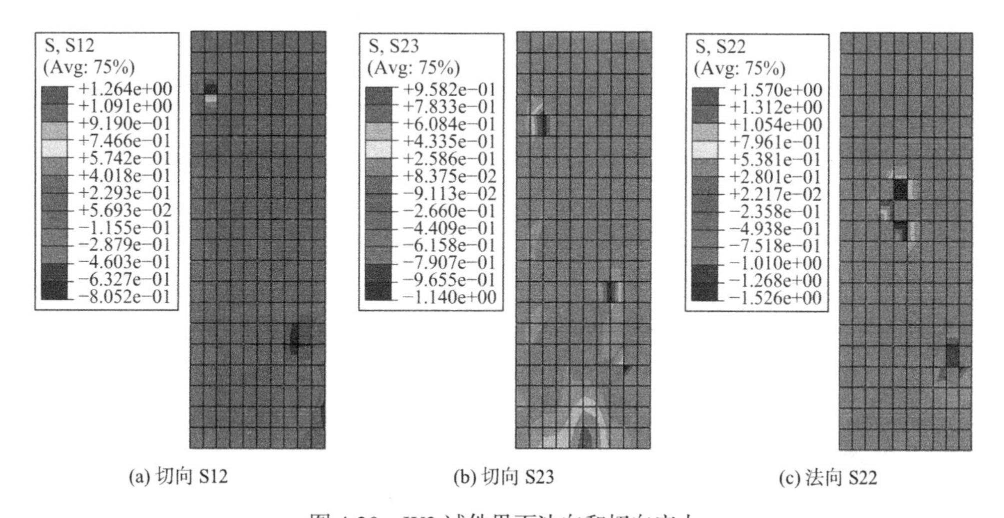

(a) 切向 S12　　(b) 切向 S23　　(c) 法向 S22

图 4-20　W2 试件界面法向和切向应力

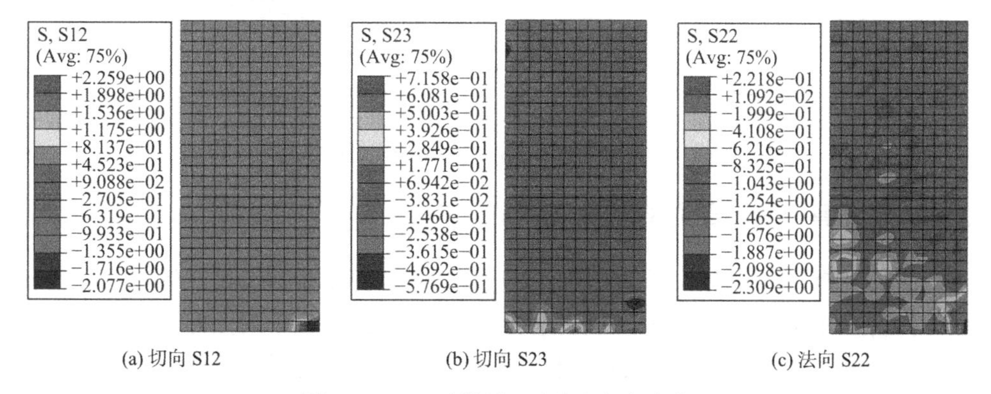

(a) 切向 S12　　(b) 切向 S23　　(c) 法向 S22

图 4-21　W3 试件界面法向和切向应力

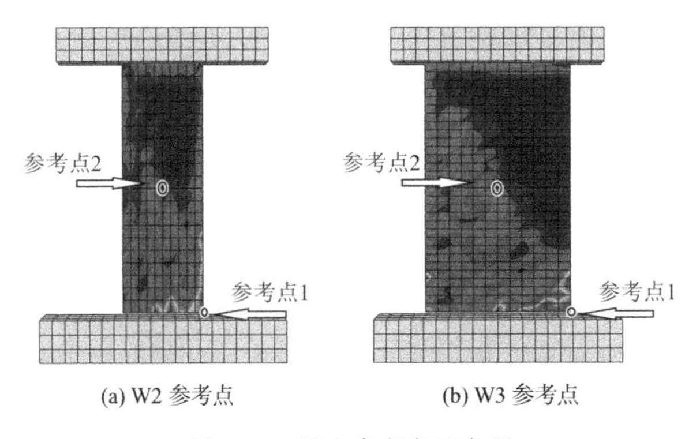

(a) W2 参考点　　(b) W3 参考点

图 4-22　界面参考点示意图

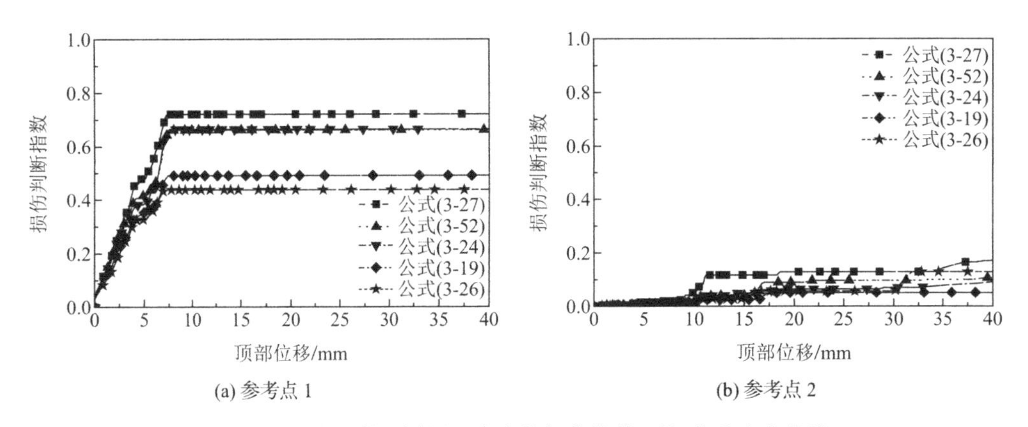

(a) 参考点 1　　(b) 参考点 2

图 4-23　W2 试件不同界面高度的损伤指数-顶部位移变化曲线

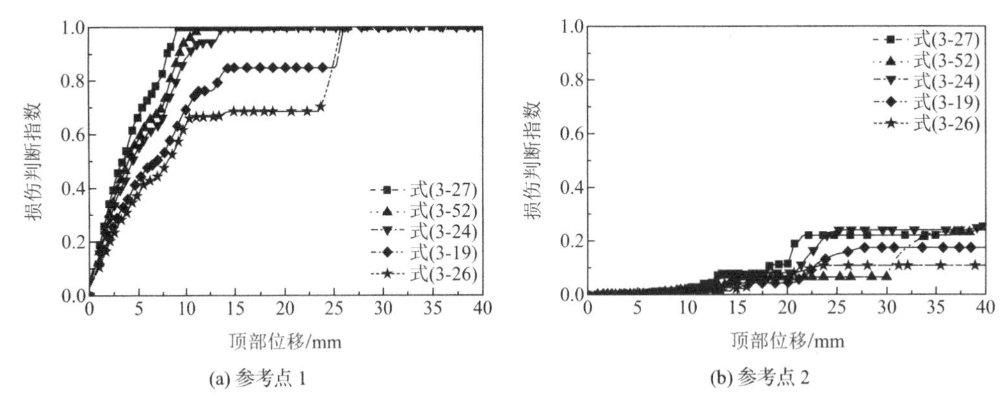

(a) 参考点 1　　(b) 参考点 2

图 4-24　W3 试件不同界面高度的损伤指数-顶部位移变化曲线

4.3.3　与现浇剪力墙承载力的对比

从上面的分析可以看出，叠合面的存在对双面叠合剪力墙的极限承载力影响很小，对于预制试件，往往关心其承载力与现浇试件的区别，因此在 W2 试件配筋的基础上，使用拉结筋替代桁架钢筋，所有钢筋型号、材性均与 W2 相同，使用与双面叠合剪力墙 W2 和 W3 试件中现浇层混凝土强度等级相同的混凝土建立现浇剪力墙，配筋示意图如图 4-25 所示，有限元模型如图 4-26 所示。对其施加单调的水平荷载，得出的荷载-位移曲线和 W2、W3 试件的荷载-位移曲线（选择叠合面强度取表 4-4 中的最小值时的模拟结果）对比如图 4-27 所示。

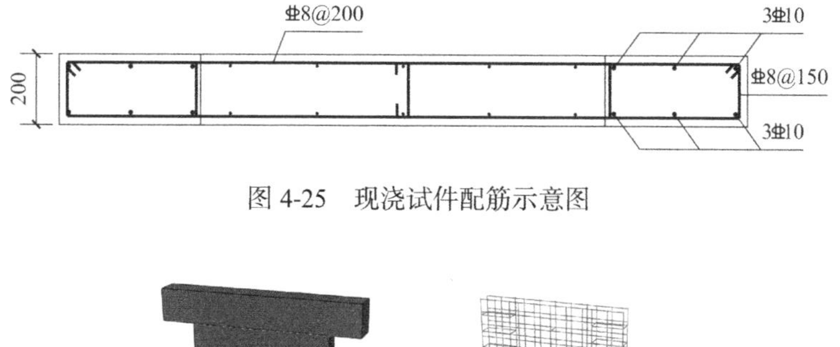

图 4-25　现浇试件配筋示意图

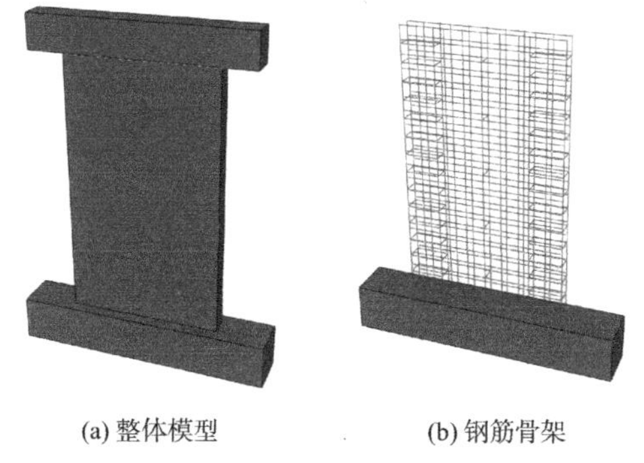

(a) 整体模型　　(b) 钢筋骨架

图 4-26　现浇试件有限元模型

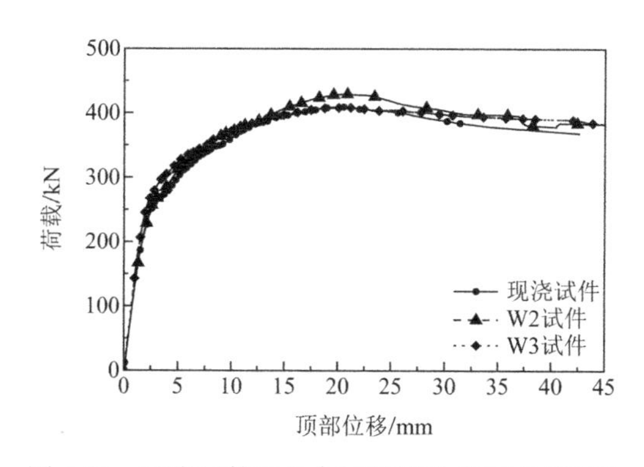

图 4-27　现浇试件和叠合试件荷载-位移曲线对比

从图中可以看出，在 0.1 轴压比下现浇剪力墙的极限承载力为 409.6kN，叠合试件 W2 的极限承载力为 429.3kN，W3 试件的极限承载力 408.7kN，三者承载力差别不大。

4.4　高轴压比下叠合面对双面叠合剪力墙极限承载力的影响

上文的分析表明：在低轴压比下（0.1 轴压比）叠合面的存在对双面叠合剪力墙的抗剪承载力没有影响，在高轴压比下的叠合面对其抗剪承载力的影响需要进一步分析。因此，对 0.3、0.5 轴压比下的双面叠合剪力墙进行模拟，分析叠合面对双面叠合剪力墙极限承载力的影响。

4.4.1 0.3 轴压比下叠合面对双面叠合剪力墙极限承载力的影响

在 0.3 轴压比下，叠合面抗剪强度取不同公式的计算值时，对双面叠合剪力墙 W2、W3 试件计算所得的荷载-位移曲线如图 4-28 所示，双面叠合剪力墙试件 W2 和 W3 的极限承载力如表 4-6 所示。从图中可以看出，叠合面抗剪强度取不同公式的计算值时，计算所得的荷载-位移曲线几乎相同。从表 4-6 中可以看出极限承载力几乎相同。

不同公式计算的极限承载力的对比 表 4-6

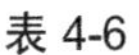

公式编号	W2/kN	W3/kN
式(3-27)	623.7	650.4
式(3-52)	624.2	656.3
式(3-24)	625.5	653.0
式(3-19)	625.0	654.4
式(3-26)	624.6	654.1

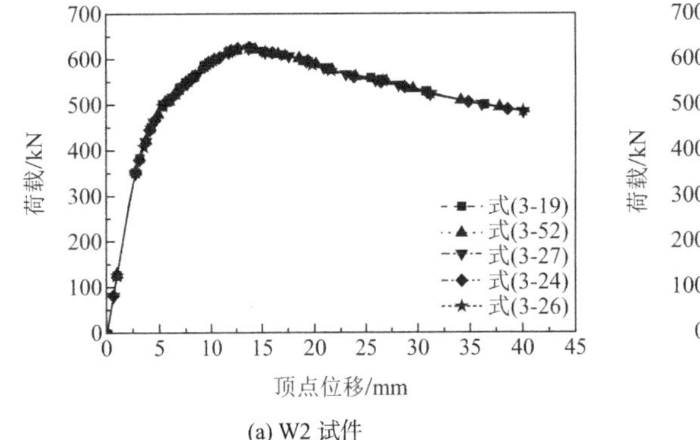

(a) W2 试件

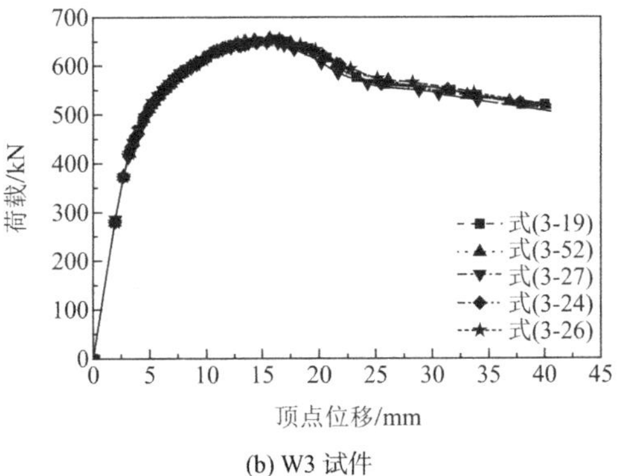

(b) W3 试件

图 4-28 不同公式计算荷载-位移曲线对比

在结果输出中显示预制层和现浇层叠合面的脱离损伤判断指数 CSMAXSCR（the maximum traction damage initiation criterion index），观察双面叠合剪力墙 W2 和 W3 试件两侧叠合面的分层脱离程度，分别如图 4-29 和图 4-30 所示。图中 a、b、c、d、e 分别表示叠合面的抗剪强度取式(3-27)、式(3-52)、式(3-24)、式(3-19)和式(3-26)计算时的情况，1 表示第 1 面预制层和现浇层的叠合面，2 表示第 2 面预制层和现浇层的叠合面。

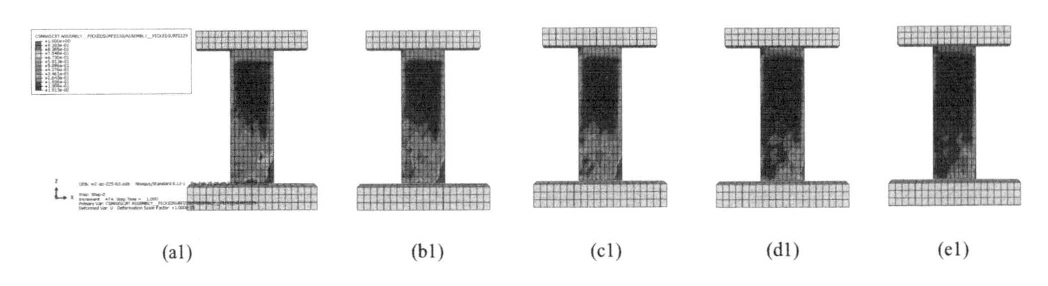

(a1) (b1) (c1) (d1) (e1)

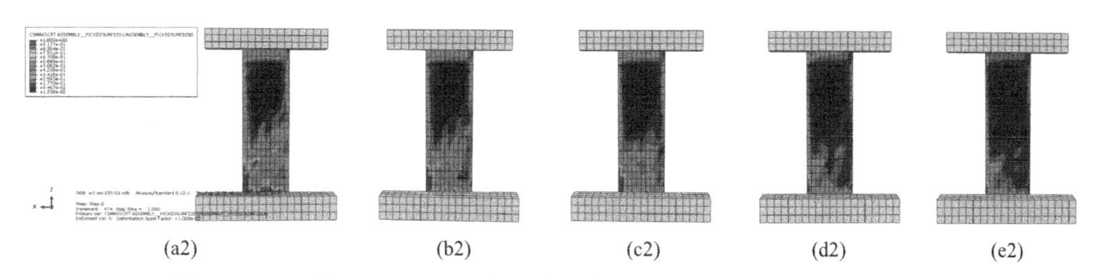

图 4-29　0.3 轴压比下 W2 试件叠合面分离破坏判断指标 CSMAXSCR

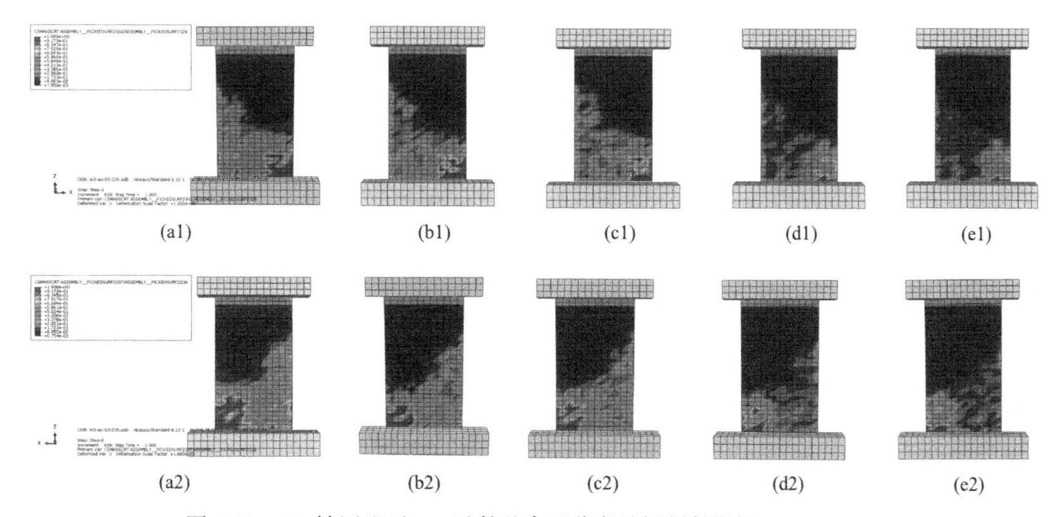

图 4-30　0.3 轴压比下 W3 试件叠合面分离破坏判断指标 CSMAXSCR

从图 4-29 和图 4-30 可以看出，在 0.3 轴压比下，随着叠合面抗剪强度的提高，W2 和 W3 试件叠合面分离脱开的区域逐渐减小。W2 试件分层脱离程度比 W3 轻。输出参考点的损伤判断指数随顶点位移的变化规律，如图 4-31 和图 4-32 所示。从图中可以看出在参考点 1，W2 和 W3 试件的损伤判断指数随着叠合面抗剪强度的增大，相同位移对应的损伤指数较小。在参考点 2，W2 和 W3 试件的损伤判断指数均较小，最大值在 0.2 左右，说明叠合面脱离只是在底部受压侧的较小范围内，大部分叠合面粘结良好。

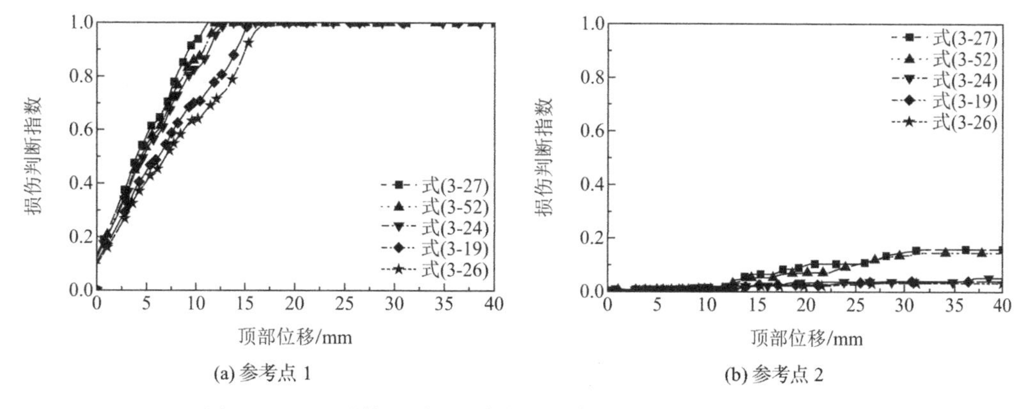

图 4-31　W2 试件不同界面高度的损伤指数-顶部位移变化曲线

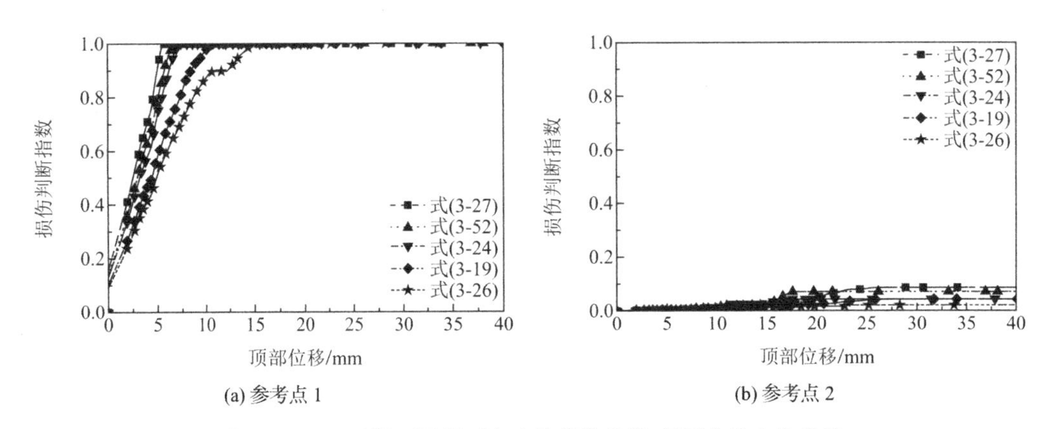

(a) 参考点 1 (b) 参考点 2

图 4-32 W3 试件不同界面高度的损伤指数-顶部位移变化曲线

4.4.2 0.5 轴压比下叠合面对双面叠合剪力墙极限承载力的影响

在 0.5 轴压比下，叠合面抗剪强度取不同公式的计算值时，对双面叠合剪力墙 W2、W3 试件计算所得的荷载-位移曲线如图 4-33 所示，双面叠合剪力墙试件 W2 和 W3 的极限承载力如表 4-7 所示。从图中可以看出，不同叠合面抗剪强度所得的荷载-位移曲线几乎一致，从表 4-7 可以看出极限承载力几乎相同。

不同公式计算的极限承载力的对比 表 4-7

公式编号	W2/kN	W3/kN
式(3-27)	737.7	815.3
式(3-52)	740.8	818.0
式(3-24)	738.8	815.8
式(3-19)	735.9	817.5
式(3-26)	736.5	819.1

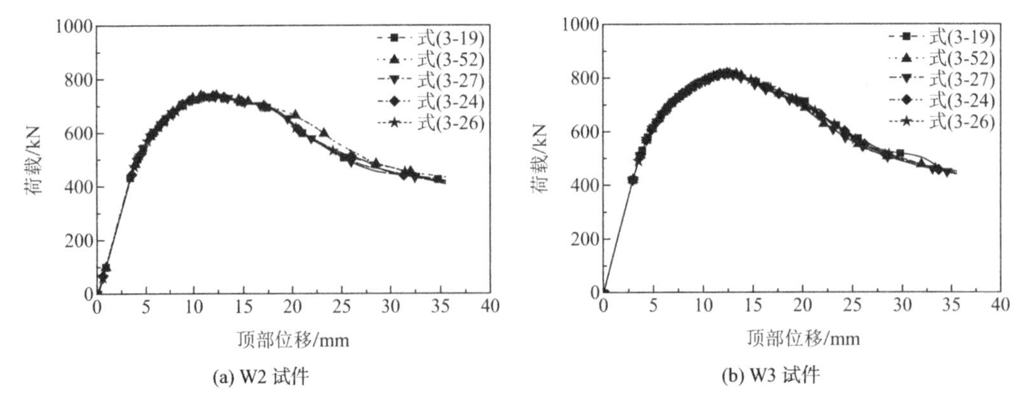

(a) W2 试件 (b) W3 试件

图 4-33 不同公式计算荷载-位移曲线对比

通过定义输出显示预制层和现浇层接触面 CSMAXSCR（the maximum traction

damage initiation criterion index），观察不同公式计算的叠合面抗剪强度在 0.5 轴压比下叠合面的分层脱离情况。W2、W3 试件的 CSMAXSCR 指标分别如图 4-34 和图 4-35 所示。

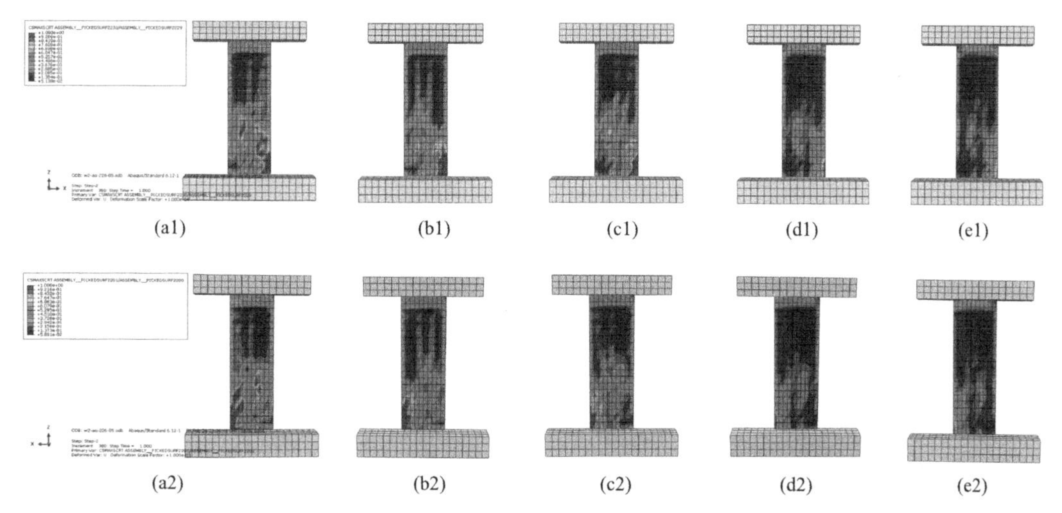

图 4-34　0.5 轴压比下 W2 试件叠合面分离破坏判断指标 CSMAXSCR

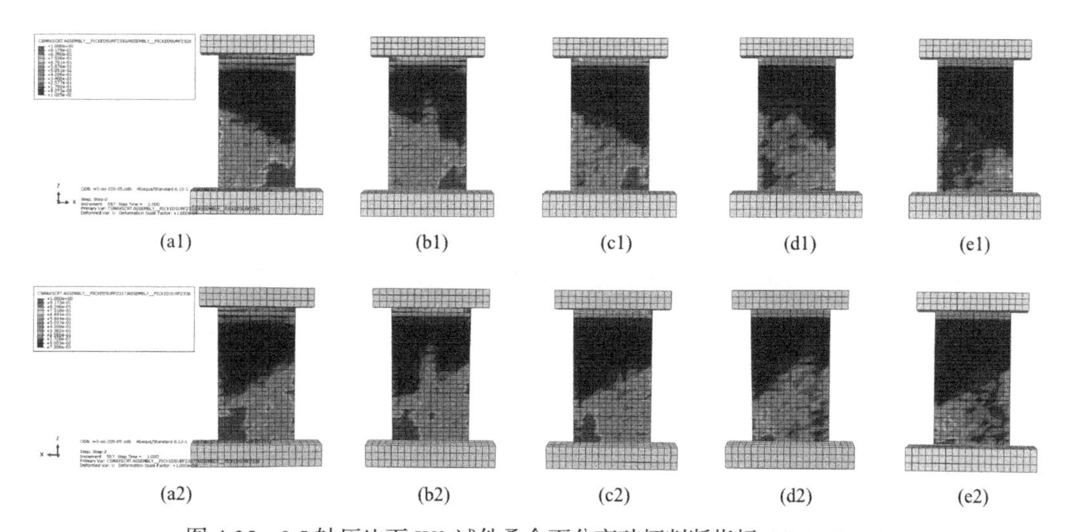

图 4-35　0.5 轴压比下 W3 试件叠合面分离破坏判断指标 CSMAXSCR

从图 4-34 和图 4-35 可以看出，在 0.5 轴压比下，叠合面取不同抗剪强度时分层脱离程度的变化规律和 0.1、0.3 轴压比下的变化规律相同：随着叠合面抗剪强度的提高，W2 和 W3 试件叠合面分层脱离的区域逐渐减小，叠合面分层脱离范围较 0.1、0.3 轴压比时大。输出参考点的损伤判断指数随顶点位移的变化规律，如图 4-36 和图 4-37 所示。从图中可以看出在参考点 1，W2 和 W3 试件的损伤判断指数随着叠合面抗剪强度的增大，相同位移对应的损伤指数较小。在参考点 2，W2 和 W3 试件的损伤判断指数均较小，最大值在 0.4 左右，说明叠合面脱离只是在底部受压侧的较小范围内，大部分叠合面粘结良好。

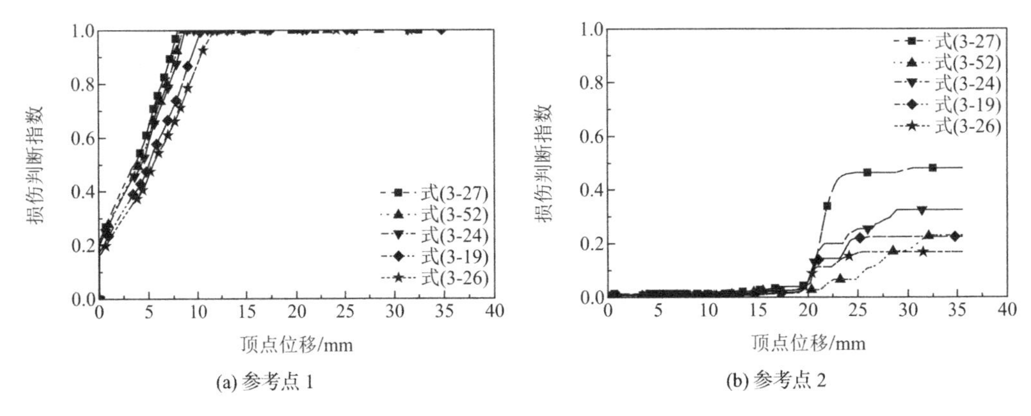

(a) 参考点 1 (b) 参考点 2

图 4-36 W2 试件不同界面高度的损伤指数-顶部位移变化曲线

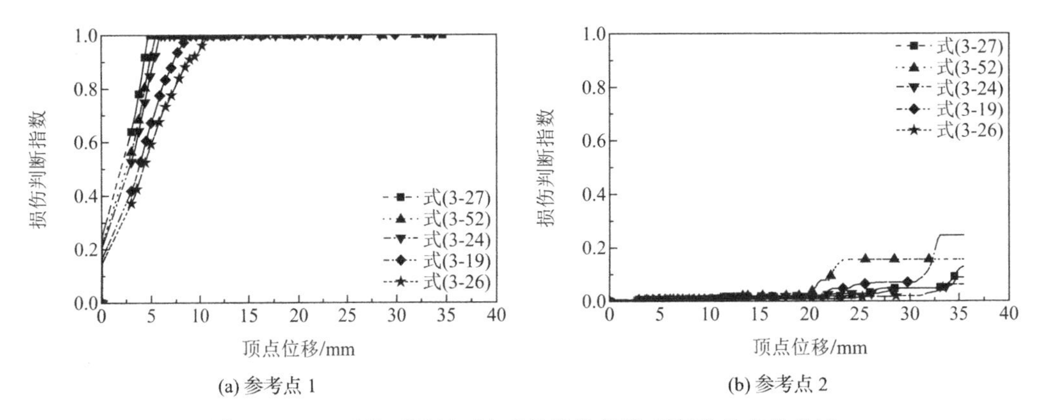

(a) 参考点 1 (b) 参考点 2

图 4-37 W3 试件不同界面高度的损伤指数-顶部位移变化曲线

4.4.3 高轴压比下双面叠合剪力墙和现浇剪力墙极限承载力对比

在 0.3 和 0.5 轴压比下对现浇剪力墙计算所得的荷载-位移曲线和双面叠合剪力墙 W2、W3 试件的荷载-位移曲线（选择叠合面强度取表 4-4 中的最小值时的模拟结果）对比如图 4-38 所示。

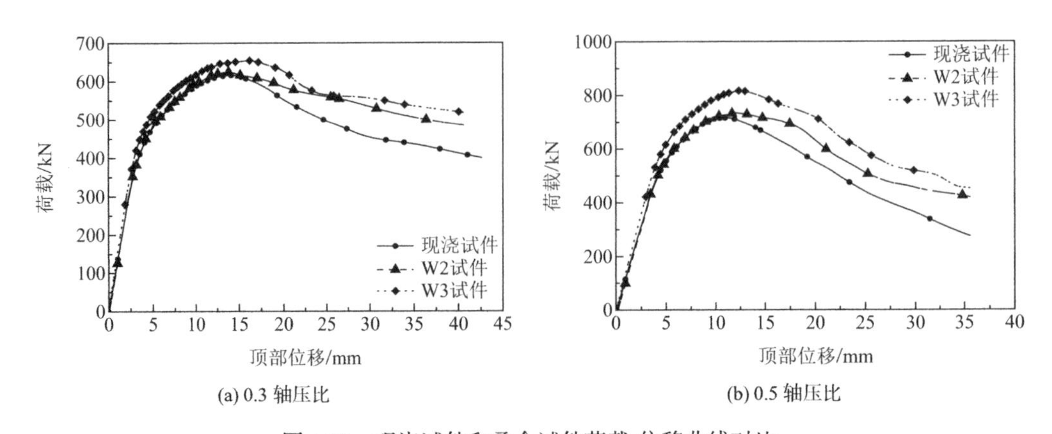

(a) 0.3 轴压比 (b) 0.5 轴压比

图 4-38 现浇试件和叠合试件荷载-位移曲线对比

在0.3轴压比下现浇剪力墙的极限承载力为616.5kN，W2和W3试件的极限承载力分别为623.7kN和650.4kN，在0.5轴压比下现浇试件的极限承载力为716.1kN，W2和W3试件的极限承载力分别为737.7kN和815.3kN。分析结果表明在高轴压比下双面叠合剪力墙的极限承载力超过了现浇剪力墙。试验和有限元分析均表明双面叠合剪力墙W2和W3试件的破坏模式以弯曲破坏为主，因此，通过平截面假定推导不同轴压比下现浇剪力墙和双面叠合剪力墙的极限承载力来解释其原因。

1. 不考虑双面叠合试件预制层和现浇层混凝土强度等级不同的分析结果

不考虑预制层和现浇层混凝土强度等级不同，假定预制层的强度同混凝土强度较低的现浇层，峰值荷载时根据平截面假定可得截面的应力应变分布，如图4-39所示。

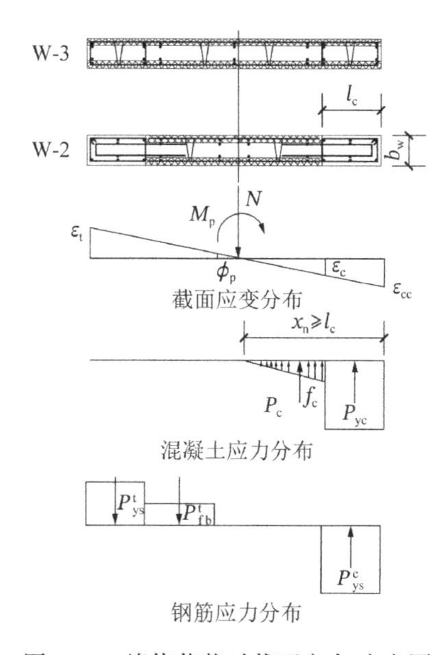

图4-39　峰值荷载时截面应力-应变图

（1）当受压区高度x_n范围超过约束区的长度l_c时，此时墙体两端主受力筋均屈服，假定距离受压区外边缘$1.5x_n$以外部分的竖向分布钢筋均屈服，截面的纵向压力为N，截面力的平衡方程可以表示为式(4-3)所示。

$$N + P^t_{fb} + P^t_{ys} = P_{yc} + P_c + P^c_{ys} \tag{4-3}$$

其中，P^t_{fb}为竖向分布钢筋拉力，$P^t_{fb} = f_{fb}b_w\rho_v(h_w - 1.5x_n)$，$f_{fb}$、$\rho_v$分别为竖向分布钢筋抗拉强度和配筋率；$P^t_{ys}$为受拉约束区钢筋拉力；$P_{yc}$为约束区混凝土压力，$P_{yc} = b_w f_{cc} l_c$，$f_{cc}$为约束混凝土轴心抗压强度；$P_c$为非约束区混凝土部分压力；$P^c_{ys}$受压约束区钢筋压力。由于两端主受力筋均屈服且配筋对称，因此有$P^t_{ys} = P^c_{ys}$，式(4-3)可简化为式(4-4)。

$$N + P^t_{fb} = P_{yc} + P_c \tag{4-4}$$

将相关参数带到式(4-4)中，可以求得受压区高度x_n的表达式为式(4-5)所示。

$$x_n = \frac{N/b_w + f_{fb}\rho_v h_w + 0.5f_c l_c - f_{cc} l_c}{0.5f_c + 1.5f_{fb}\rho_v} \tag{4-5}$$

对截面的形心轴取矩，剪力墙截面的峰值受弯承载力为式(4-6)所示。

$$M_p = f_{cc} b_w l_c (h_w - l_c)/2 + 0.5 b_w f_c (x_n - l_c)\left(\frac{h_w}{2} - \frac{x_n}{3} - \frac{2l_c}{3}\right) + 2f_y A_s (h_w/2 - a_s) + f_{fb}\rho_v (h_w - 1.5x_n) b_w (1.5x_n - l_c)/2 \tag{4-6}$$

（2）当受压区高度$x_n < l_c$时，受拉区的主受力钢筋可以屈服而受压区的主受力钢筋不能全部屈服，非约束区混凝土部分压力$P_c = 0$，截面力的平衡方程可以表示为式(4-7)所示。

$$N + P_{fb}^t + P_{ys}^t = P_{yc} + P_{ys}^c \tag{4-7}$$

其中，$P_{ys}^t = f_y A_s$，$P_{ys}^c = \sigma_s A_s$。根据截面应力应变关系，可得受压区钢筋的应力$\sigma_s = E_s \varepsilon_{cu}\left(1 - \frac{a_s'}{x_n}\right)$，$\varepsilon_{cu}$为混凝土的极限压应变，$a_s'$为受压钢筋合力点至受压区边缘的距离。

将相关参数带到式(4-7)中，可得受压区高度x_n的表达式为式(4-8)所示。

$$x_n = \frac{-b \pm \sqrt{b^2 - 4ac}}{2a} \tag{4-8}$$

其中，$b = N + f_{fb} b_w \rho_v h_w + f_y A_s - E_s \varepsilon_{cu} A_s$，$a = -1.5 f_{fb} b_w \rho_v - b_w f_{cc}$，$c = E_s \varepsilon_{cu} A_s a_s'$。

对截面的形心轴取矩，剪力墙截面的受弯承载力为式(4-9)所示。

$$M_p = f_{cc} b_w x_n l_c (h_w - x_n)/2 + f_y A_s (h_w/2 - a_s) + \sigma_y A_s (h_w/2 - a_s') + f_{fb}\rho_v (h_w - 1.5x_n) b_w (1.5x_n - l_c)/2 \tag{4-9}$$

峰值荷载$F_p = M_p/H$，其中H为剪力墙高度。

利用上面计算公式分别推导 0.1、0.3 和 0.5 轴压比下现浇剪力墙和叠合剪力墙的极限承载力，计算结果如表 4-8 所示。

不同轴压比下极限承载力对比 **表 4-8**

试件编号	0.1 轴压比		0.3 轴压比		0.5 轴压比	
	受压区高度/mm	极限承载力/kN	受压区高度/mm	极限承载力/kN	受压区高度/mm	极限承载力/kN
现浇	249.9	443.8	542.5	708.9	1166.5	780.1
W-2	221.9	379.3	511.0	658.4	1164.9	743.2
W-3	208.2	351.1	492.6	631.4	1164.0	723.9

2. 考虑双面叠合试件预制层和现浇层混凝土强度等级不同的分析结果

从表 4-8 可以看出当轴压比超过 0.3 时，受压区高度$x_n > l_c$，在推导极限承载力时并没有考虑双面叠合剪力墙中预制层混凝土强度的提高，与实际有所差别。双面叠合剪力墙受压截面的应变虽然呈线性分布，但是预制层和现浇层混凝土强度却不同，其受力如图 4-40 所示。

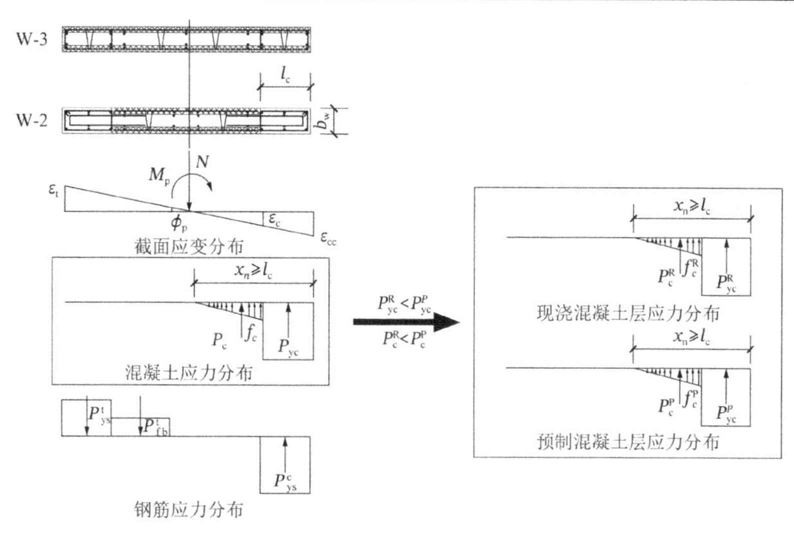

图 4-40　考虑预制层强度不同时截面应力-应变图

其中，约束区混凝土压力P_{yc}由约束区预制层混凝土压力P_{yc}^P和约束区现浇层混凝土压力P_{yc}^R组成，非约束区混凝土部分压力P_c由预制层混凝土压力P_c^P和现浇层混凝土压力P_c^R组成。由于预制层和现浇层混凝土强度等级不同，P_{yc}^P大于P_{yc}^R，P_c^P大于P_c^R。假定约束区的预制层混凝土压应力$f_{cc}^P = \eta_1 f_{cc}^R$，则$P_{yc}$可以写成式(4-10)所示

$$P_{yc} = P_{yc}^R + P_{yc}^P = \eta_1 f_{cc}^R b_w/2 + f_{cc}^R b_w/2 = \left(\frac{\eta_1 + 1}{2}\right) f_{cc}^R b_w \tag{4-10}$$

非约束区预制层混凝土压应力$f_c^P = \eta_2 f_c^R$，则P_c可以写成式(4-11)所示

$$P_c = P_c^R + P_c^P = 0.5(\eta_2 f_c^R + f_c^R)(x_n - l_c)\frac{b_w}{2} = \left(\frac{\eta_2 + 1}{2}\right) 0.5 f_c^R b_w (x_n - l_c) \tag{4-11}$$

因此，式(4-6)可以修正为式(4-12)

$$\begin{aligned} M_p = {} & \left(\frac{\eta_1 + 1}{2}\right) f_{cc}^R b_w l_c \frac{(h_w - l_c)}{2} + \left(\frac{\eta_2 + 1}{2}\right) 0.5 b_w f_c^R (x_n - l_c)\left(\frac{h_w}{2} - \frac{x_n + 2l_c}{3}\right) + \\ & 2 f_y A_s (h_w/2 - a_s) + f_{fb}\rho_v (h_w - 1.5x_n) b_w (1.5x_n - l_c)/2 \end{aligned} \tag{4-12}$$

为了便于计算，假定约束区的预制层混凝土强度提高系数η_1等于非约束区预制层强度提高系数η_2，均等于预制层混凝土轴心抗压强度和现浇层混凝土轴心抗压强度的比值。根据上述分析计算 0.1、0.3 和 0.5 轴压比下现浇剪力墙和叠合剪力墙的极限承载力，计算结果如表 4-9 所示。将有限元分析结果和理论推导的结果进行对比，如图 4-41 所示。从图中可以看出理论分析的结果和有限元计算的结果一致，在高轴压比下双面叠合剪力墙的极限承载力超过现浇剪力墙。

不同轴压比下极限承载力对比（考虑预制层强度等级的提高）　　表 4-9

构件编号	0.1 轴压比		0.3 轴压比		0.5 轴压比	
	受压区高度/mm	极限承载力/kN	受压区高度/mm	极限承载力/kN	受压区高度/mm	极限承载力/kN
W-1	249.9	443.8	542.5	708.9	1166.5	780.1
W-2	221.9	379.3	494.0	658.9	1047.4	770.2
W-3	176.9	355.9	392.9	669.5	880.6	834.1

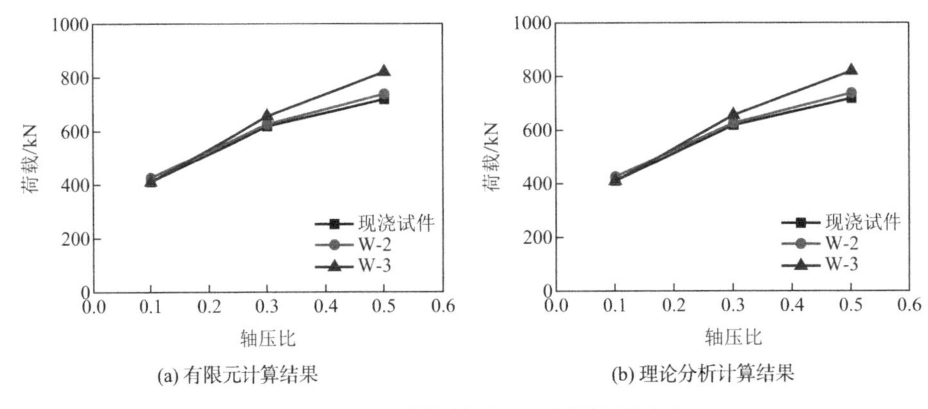

(a) 有限元计算结果 (b) 理论分析计算结果

图 4-41 有限元计算结果和理论分析结果对比

4.5 本章小结

本章通过有限元软件对预制层和现浇层之间的叠合面进行了模拟，建立了叠合面的粘结-脱离损伤模型，通过与第 2 章的试验进行对比，验证模型的有效性，并对不同轴压比下叠合面对双面叠合剪力墙极限承载力的影响进行数值分析，结果表明：

（1）本章提出的模拟叠合面的粘结-脱离损伤模型能够反映出双面叠合剪力墙预制层和现浇层在受力过程中的脱离破坏情况，可以用来模拟预制层和现浇层之间的叠合面的影响。

（2）在粘结-脱离损伤模型中对叠合面的抗剪强度取不同的值，通过在有限元模拟结果中输出叠合面分离破坏判断指标 CSMAXSCR，可以看出随着叠合面抗剪强度的提高，叠合面分离脱开的区域逐渐减小。随着轴压比的提高，叠合面破坏程度会加大。在不同的轴压比下，叠合面采用不同公式计算的抗剪强度值对双面叠合剪力墙的极限承载力几乎没有影响。

（3）根据输出不同高度处参考点的损伤判断指数随顶点位移的变化规律可以看出叠合面脱离只是在底部受压侧的较小范围内，大部分叠合面粘结良好，约束边缘构件现浇的双面叠合剪力墙试件（W2 试件）的叠合面脱离破坏程度较约束边缘构件预制的叠合剪力墙小（W3 试件）。和现浇剪力墙极限承载力的对比分析表明：在低轴压比下双面叠合剪力墙和相同配筋的现浇剪力墙的极限承载力相差较小，高轴压比下双面叠合剪力墙由于预制层的强度较高，其极限承载力超过现浇剪力墙的极限承载力。

第 5 章

双面叠合剪力墙水平连接节点抗剪性能试验

目前对双面叠合剪力墙开展的相关试验研究关注的重点在双面叠合剪力墙整体抗震性能，试验设计的高宽比导致破坏模式主要呈现出弯曲破坏，水平连接节点所受的剪力较小。然而水平连接节点是传递剪力和竖向荷载的关键部位，双面叠合剪力墙水平连接节点的构造和现浇剪力墙水平连接节点的构造不同，现浇剪力墙在水平连接节点处通常采用钢筋绑扎搭接、机械连接或者焊接，无论采用何种方式，连接部位的钢筋和上部墙体的纵向钢筋的连接是“直接连接”，而双面叠合剪力墙水平连接节点是通过插筋的间接搭接完成，如图 5-1 所示。目前针对双面叠合剪力墙水平连接节点的相关研究还较少，水平连接节点在剪力作用下受力传递机理和破坏模式需要深入研究。因此设计了双面叠合剪力墙水平连接节点在循环剪切荷载作用下的试验，阐明其受剪破坏机理，对双面叠合剪力墙的推广应用非常有意义。

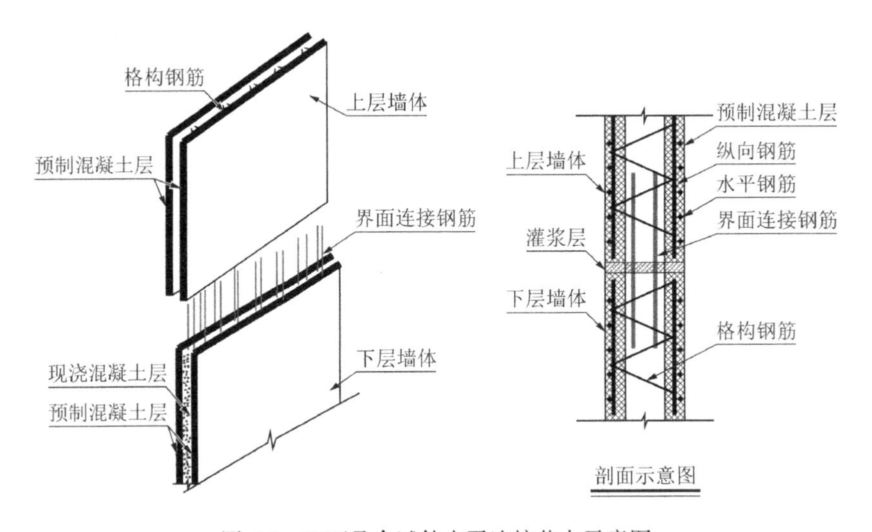

图 5-1 双面叠合试件水平连接节点示意图

5.1 试件制作

5.1.1 试件设计及制作

根据《混凝土结构设计规范》GB 50010—2010 和《建筑抗震设计规范》GB 50011—2010[91]，本试验共设计制作了 6 片双面叠合剪力墙水平连接节点试件和 2 片现浇剪力墙水平连接节点试件，包含 2 组不同形式，试件参数如表 5-1 所示。试件 DH8 为节点连接钢筋采用 8mm 螺纹钢的双面叠合剪力墙水平连接节点试件，试件 DH10 为节点连接钢筋采用 10mm 螺纹钢的双面叠合剪力墙水平连接节点试件，两种构造形式的试件各重复 3 片，试件 XJ8 和 XJ10 是作为对比试件的现浇剪力墙水平连接节点试件，各 1 片。为了使水平荷载中心通过灌浆层和上部双面叠合剪力墙体的交界面，试件设计了加载牛腿，各试件配筋及构造形式如图 5-2 所示，现浇剪力墙水平连接节点和相应的双面叠合叠合剪力墙水平连接节点所采用的钢筋形式和型号完全一致，二者不同之处在于水平节点连接钢筋形式，现浇试件采用绑扎连接，双面叠合试件采用间接搭接。

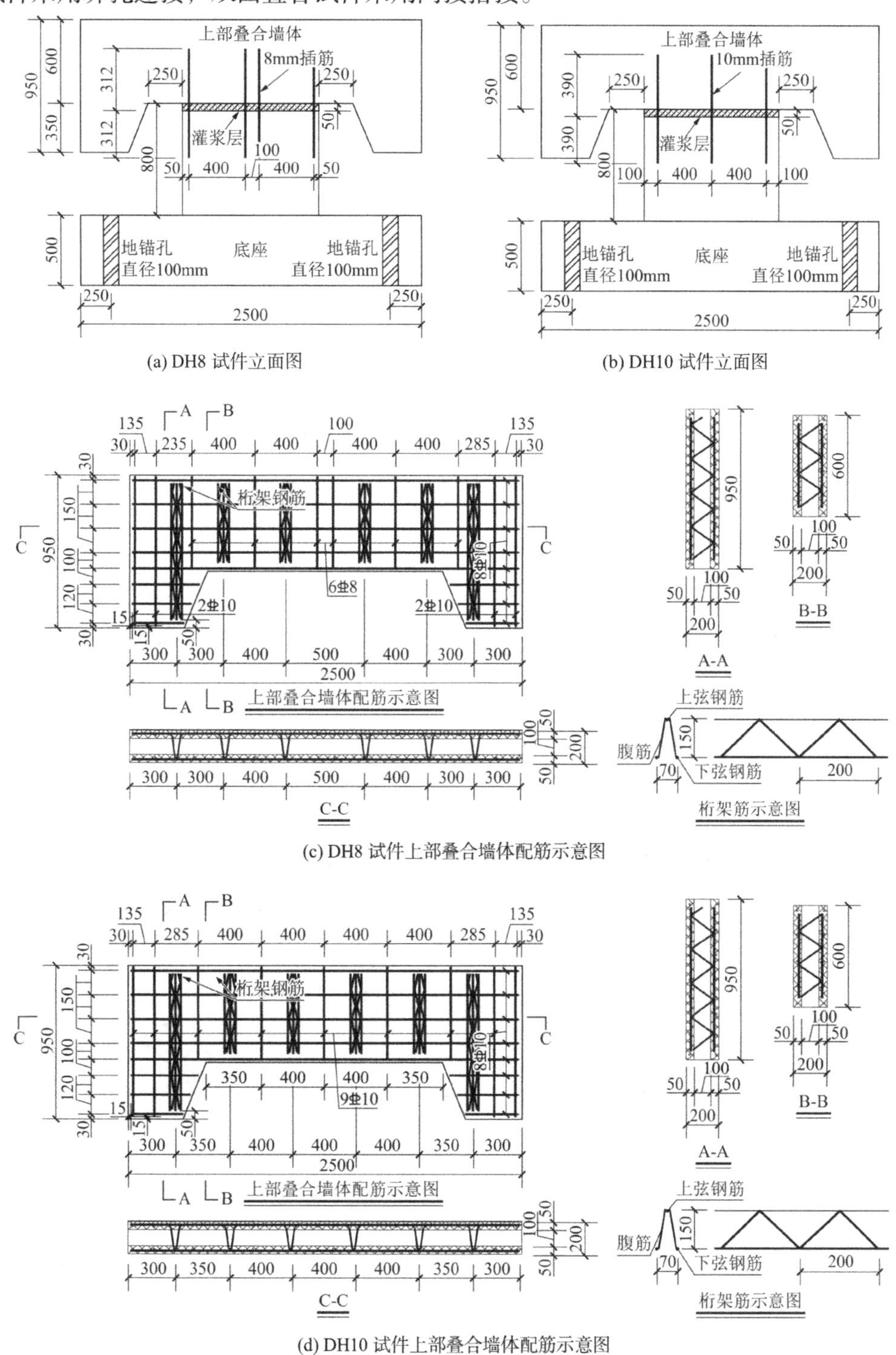

(a) DH8 试件立面图

(b) DH10 试件立面图

(c) DH8 试件上部叠合墙体配筋示意图

(d) DH10 试件上部叠合墙体配筋示意图

图 5-2　试件配筋示意图

试件参数表 **表 5-1**

试件编号	节点连接钢筋数量	节点界面配筋率	节点钢筋连接方式	试件数量
DH8	8 D8	0.20%	间接搭接	3
XJ8	8 D8	0.20%	绑扎连接	1
DH10	6 D10	0.24%	间接搭接	3
XJ10	6 D10	0.24%	绑扎连接	1

上部的双面叠合墙体在宝业预制装配式构件厂中生产制作，和实际工程中所使用的双面叠合剪力墙在同一流水线上制作，按照和双面叠合剪力墙相同的标准接受工厂的组织监督和管理，并按照宝业预制装配式构件厂的生产质量验收规范进行质量控制。首先在模台上绑扎钢筋，如图 5-3（a）所示，接着浇筑第 1 面预制层混凝土如图 5-3（b）所示，送入养护窑养护 3d；在模台上浇筑第 2 面预制层混凝土如图 5-3（c）所示，利用翻板机将第 1 面预制层混凝土翻转，将第 1 面预制层中外露的桁架钢筋反扣入第 2 面预制层混凝土中，如图 5-3（d）所示。送入养护窑养护，上部双面叠合墙体制作完成。

(a) 绑扎钢筋

(b) 浇筑第 1 面预制层混凝土

(c) 浇筑第 2 面预制层混凝土

(d) 翻转第 1 面预制层形成双面叠合墙体

图 5-3 上部双面叠合墙体制作过程

试件的底座和下部墙体同时制作完成，等待上部双面叠合墙体制作完成之后，在工厂进行拼装。首先利用吊机将上部双面叠合墙体吊到指定位置，如图 5-4（a）所示；接着将上部双面叠合墙体落入到底部墙体上，并调整垂直度，利用高 50mm 的木垫块保证灌浆层厚度，如图 5-4（b）所示；然后将中间空隙边缘封闭，浇筑中间层混凝土并振捣密实，如图 5-4（c）和图 5-4（d）所示。

(a) 起吊

(b) 调整垂直度

(c) 封模

(d) 浇筑中间层混凝土

图 5-4　试件拼装

5.1.2　材性性能

1. 混凝土材性

现浇剪力墙水平节点试件上部墙体的混凝土强度和双面叠合剪力墙水平节点上部墙体中现浇层的混凝土强度等级相同，均为 C30，双面叠合剪力墙水平节点上部墙体中预制层的混凝土强度等级为 C40，底座和下部墙体混凝土强度等级和预制层中使用的一致。根据《混凝土物理力学性能试验方法标准》GB/T 50081—2019 测得的 28d 立方体抗压强度实测值如表 5-2 所示。

混凝土立方体抗压强度实测值（单位：MPa）　　表 5-2

混凝土	立方体抗压强度									
	试块 1	试块 2	试块 3	试块 4	试块 5	试块 6	试块 7	试块 8	试块 9	平均值
第 1 面预制层	36.2	33.8	37.1	35.3	36.7	37.1	36.6	35.2	37.2	36.1
第 2 面预制层	40.0	38.8	37.5	39.1	39.8	40.4	41.1	39.8	40.5	39.7
现浇层	38.4	32.8	35.9	30.6	34.4	31.7	37.54	33.3	35.9	34.5

根据材性试验的结果，第 1 面预制层混凝土立方体抗压强度标准值$f_{cu,k\text{-}y1} = 36.1\text{MPa}$，第 2 面预制层混凝土立方体抗压强度标准值$f_{cu,k\text{-}y2} = 39.7\text{MPa}$，现浇层混凝土立方体抗压强度标准值$f_{cu,k\text{-}x} = 34.5\text{MPa}$。根据第 2 章式(2-1)和式(2-2)：

第 1 面预制层混凝土轴心抗压强度标准值和设计值分别为

$$f_{ck\text{-}y1} = 0.88 \times 0.76 \times 1 \times 36.1 = 24.1\text{MPa} \quad f_{c\text{-}y1} = f_{ck\text{-}y1}/\gamma_c = 17.2\text{MPa}$$

第 2 面预制层混凝土轴心抗压强度标准值和设计值分别为

$$f_{ck\text{-}y2} = 0.88 \times 0.76 \times 1 \times 39.7 = 26.6\text{MPa} \quad f_{c\text{-}y2} = f_{ck\text{-}y2}/\gamma_c = 19.0\text{MPa}$$

现浇层混凝土轴心抗压强度标准值和设计值分别为

$$f_{ck\text{-}x}=0.88\times0.76\times1\times34.5=23.1\text{MPa}\quad f_{c\text{-}x}=f_{ck\text{-}x}/\gamma_c=16.5\text{MPa}$$

根据第 2 章式(2-3)和式(2-4)：

第 1 面预制层混凝土轴心抗拉强度标准值和设计值分别为

$$f_{tk\text{-}y1}=0.88\times0.395\times36.1^{0.55}\times0.98=2.44\text{MPa}$$

$$f_{t\text{-}y1}=f_{tk\text{-}y1}/\gamma_c=1.74\text{MPa}$$

第 2 面预制层混凝土轴心抗拉强度标准值和设计值分别为

$$f_{tk\text{-}y2}=0.88\times0.395\times39.7^{0.55}\times0.98=2.58\text{MPa}$$

$$f_{t\text{-}y2}=f_{tk\text{-}y2}/\gamma_c=1.84\text{MPa}$$

现浇层混凝土轴心抗拉强度标准值和设计值分别为

$$f_{tk\text{-}x}=0.88\times0.395\times34.5^{0.55}\times0.94=2.30\text{MPa}$$

$$f_{t\text{-}x}=f_{tk\text{-}x}/\gamma_c=1.64\text{MPa}$$

按照混凝土结构设计规范对墙肢轴压比的规定，采用混凝土轴心抗压强度设计值计算轴压比，双面叠合试件混凝土强度等级不同，计算轴压比时取强度较低的现浇层混凝土的轴心抗压强度设计值。轴压比n为

$$n=\frac{N}{f_cA}=\frac{280\times10^3}{16.5\times1000\times200}=0.08$$

其中，N为轴向压力试验值，取 280kN，A为双面叠合墙体截面面积。

2. 钢筋材性

界面连接钢筋采用强度等级 HRB400 的螺纹钢，直径 8mm 钢筋和直径 10mm 钢筋试样各三根，按《金属材料 拉伸试验 第 1 部分：室温试验方法》GB/T 228.1—2021 进行拉伸试验，测定钢筋的屈服强度、极限抗拉强度、弹性模量，材性试验测得的钢筋应力-应变关系如图 5-5 所示，试验结果如表 5-3 和表 5-4 所示。

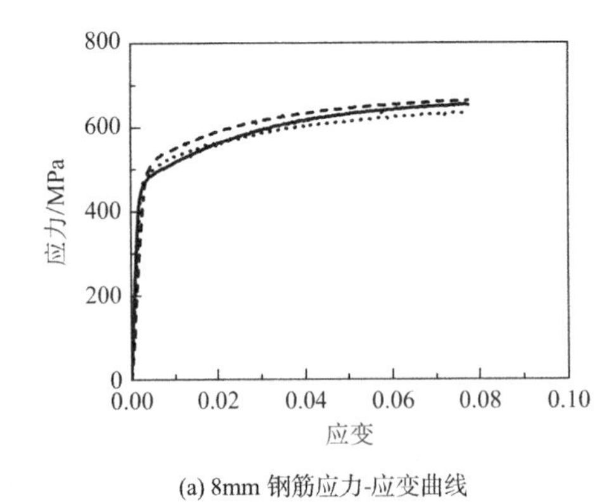

(a) 8mm 钢筋应力-应变曲线

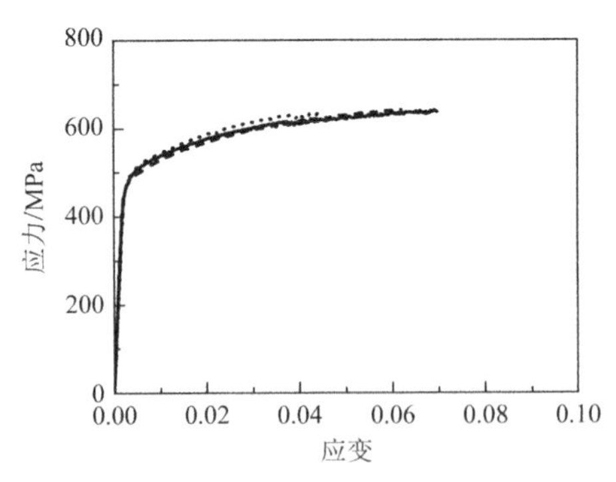

(b) 10mm 钢筋应力-应变曲线

图 5-5 钢筋材性应力-应变曲线

8mm 钢筋拉伸性能试验结果（单位：MPa） 表 5-3

钢筋试件	屈服强度	极限强度	弹性模量
试件 1	478.4	683.5	2.47×10^5

续表

钢筋试件	屈服强度	极限强度	弹性模量
试件 2	492.5	677.9	2.13×10^5
试件 3	521.2	684.6	1.82×10^5
平均值	497.4	682.0	2.14×10^5

10mm 钢筋拉伸性能试验结果（单位：MPa）　表 5-4

钢筋试件	屈服强度	极限强度	弹性模量
试件 1	487.3	675.1	2.31×10^5
试件 2	505.5	684.2	2.06×10^5
试件 3	491.4	663.9	2.26×10^5
平均值	494.7	674.4	2.21×10^5

5.2 测点布置和加载制度

5.2.1 测点布置

1. 位移计布置

由于在试件上焊接位移计支架不方便，故于牛腿加载端距灌浆层 300mm 高处钻孔穿透墙体，孔直径 10mm，并插入由 AB 胶固定的细螺杆作为位移计支架，在墙体南北两侧分别设置 1 个量程为 100mm 的拉线式位移计测量墙体的水平位移；在墙体底座设置 1 个量程为 50mm 的位移计测量整体移动，试件位移计布置图和现场位移计图分别如图 5-6 和图 5-7 所示。

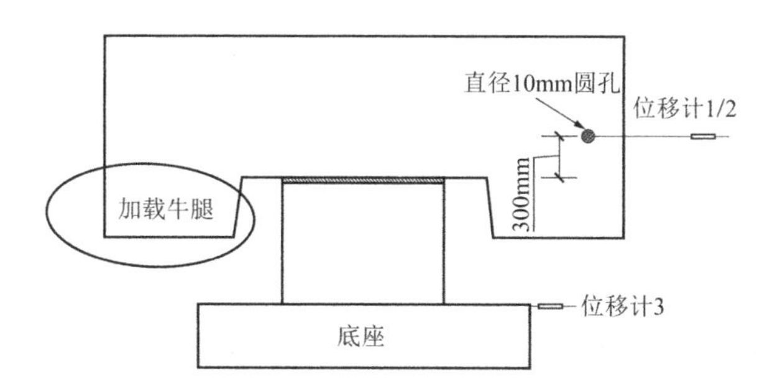

图 5-6　试件位移计布置图

(a) 位移计 1

(b) 位移计 2

(c) 位移计 3

图 5-7　现场位移计图

2. 电阻应变片布置

在各试件界面连接钢筋表面粘贴电阻应变片，量测钢筋在试验过程中的应变。现浇节点中应变片布置位置和双面叠合试件位置相同，沿着钢筋纵向在每个钢筋上布置三个电阻应变片，编号 1、2、3 号。其中，1 号应变片位于灌浆层和上部叠合墙体交界面位置，2 号应变片距离 1 号应变片 100mm，3 号应变片距离 2 号应变片 100mm，各试件界面连接钢筋表面应变片布置示意图如图 5-8 所示。

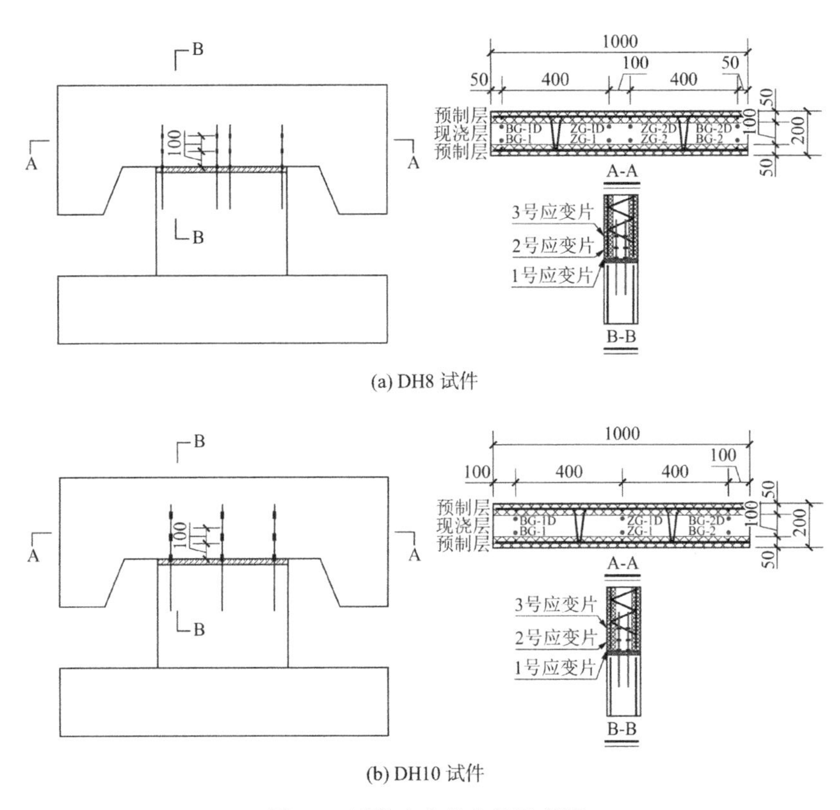

(a) DH8 试件

(b) DH10 试件

图 5-8 试件应变片布置示意图

5.2.2 加载方案

试验于同济大学土木工程防灾国家重点实验室完成，为了防止下部墙体先于节点破坏，加工了两个约束支架对底部墙体施加侧向约束，约束支架预先留孔洞和底座孔洞对齐，通过地锚螺栓将底座和约束支架固定，在底座两侧各设置一个千斤顶，阻止底座的刚体位移，试验加载装置如图 5-9 所示。采用 1000t 伺服作动器施加轴压力，150t 伺服作动器施加往复水平荷载。伺服作动器端部装有力传感器，用于量测施加的荷载的大小。首先施加 280kN 竖向荷载，通过分配梁和加载横梁均匀施加于墙板顶部，试验过程中竖向荷载保持恒定，可随试件侧移而移动。然后施加往复的水平荷载，水平加载方案参照《建筑抗震试验规程》JGJ/T 101—2015[92]的要求，采用荷载-位移混合控制的方法，加载制度如图 5-10 所示。初始水平加载采用荷载控制，推为正，拉为负。每级 100kN，400kN 前每级循环 2 次，400kN 后每级循环 3 次直到水平连接节点处出现裂缝，改用位移控制加载。位移控制加载以开裂位移Δ_k的 0.5 倍作为位移加载增量Δ_y，每级循环 3 次，当荷载低于峰值荷载的 85%时停止试验。

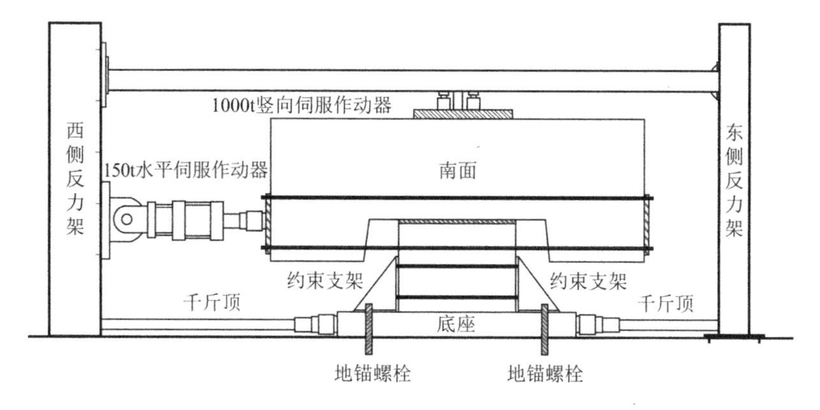

图 5-9　加载装置示意图

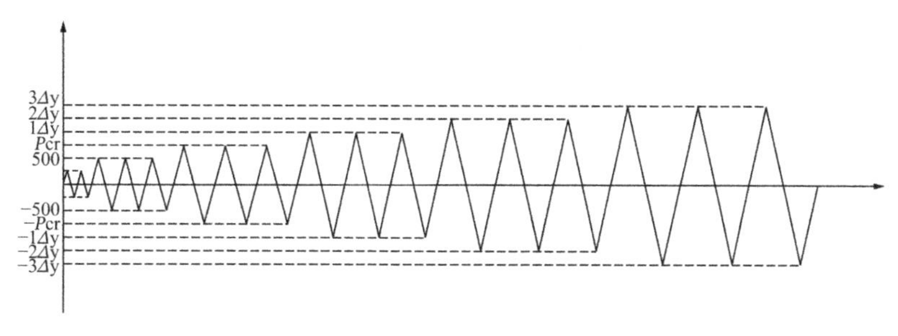

图 5-10　水平加载制度

5.3　试验现象及破坏模式

5.3.1　节点连接钢筋采用 8mm 螺纹钢的 DH8-1 试件

在 700kN 之前，DH8-1 试件水平连接节点没有观察到裂缝出现，进入 700kN－1（700kN 的加载阶段第 1 循环负向加载）阶段，靠近东侧反力架的灌浆层内出现裂缝①，如图 5-11（a）所示；进入 700kN－2（700kN 的加载阶段第 2 循环负向加载）阶段，靠近东侧反力架的灌浆层内出现裂缝②，并向下部墙体以 30°角延伸，如图 5-11（b）所示；进入 700kN＋3（700kN 的加载阶段第 3 循环正向加载）阶段，靠近西侧反力架的灌浆层内出现裂缝③，如图 5-11（c）所示；进入位移加载阶段，在$1\Delta_y+1$（$1\Delta_y$控制阶段第 1 循环的正向加载）阶段，裂缝③宽度增加，向下部墙体继续延伸，此时正向加载达到峰值，如图 5-11（d）所示；在$1\Delta_y-1$（$1\Delta_y$控制阶段第 1 循环的负向加载）阶段，在靠近东侧反力架的灌浆层和上部叠合墙的界面出现水平裂缝④，此时负向加载达到峰值，如图 5-11（e）所示。在$1\Delta_y+2$（$1\Delta_y$控制阶段第 2 循环的正向加载）阶段，在靠近西侧反力架的灌浆层和下部墙体的界面出现水平裂缝⑤，如图 5-11（f）；在$1\Delta_y-2$（$1\Delta_y$控制阶段第 2 循环的负向加载）阶段，在靠近东侧反力架的灌浆层和下部墙体的界面脱离，如图 5-11（g）所示。在$2\Delta_y+1$（$2\Delta_y$控制阶段第 1 循环的正向加载）阶段，水平裂缝⑤向中部延伸，灌浆层内出现斜裂缝⑥，如图 5-11（h）所示。在$2\Delta_y+2$（$2\Delta_y$控制阶段第 1 循环的正向加载）阶段，已有裂缝宽度逐渐增大，荷载下降到峰值荷载 60%。

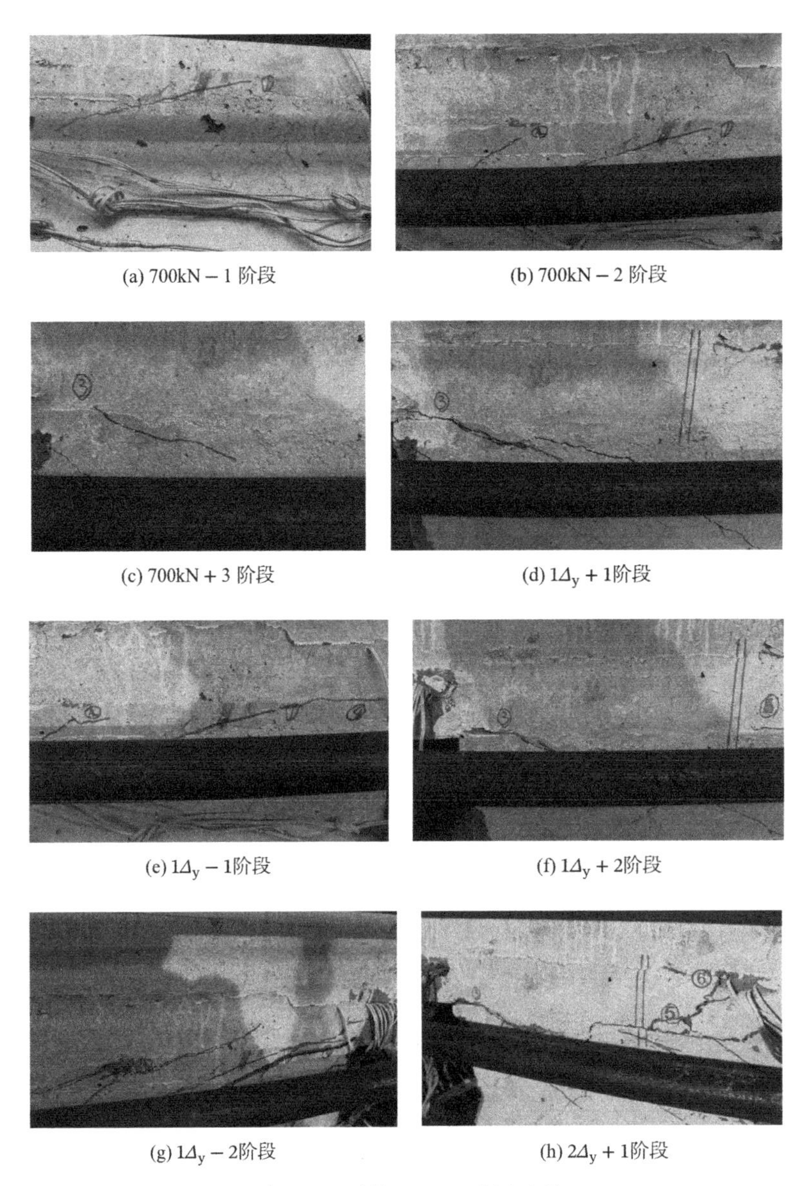

(a) 700kN − 1 阶段　(b) 700kN − 2 阶段

(c) 700kN + 3 阶段　(d) $1\Delta_y + 1$阶段

(e) $1\Delta_y - 1$阶段　(f) $1\Delta_y + 2$阶段

(g) $1\Delta_y - 2$阶段　(h) $2\Delta_y + 1$阶段

图 5-11　试件 DH8-1 破坏过程

5.3.2　节点连接钢筋采用 8mm 螺纹钢的 DH8-2 试件

在 700kN 之前，DH8-2 试件水平连接节点没有观察到裂缝出现，进入 700kN + 1 阶段，靠近西侧反力架的灌浆层和下部墙体的界面处出现水平裂缝①②，并向下部墙体以 30°角延伸，如图 5-12（a）所示；在 700kN − 1 阶段，靠近东侧反力架的灌浆层和下部墙体的界面处出现水平裂缝③，并以 30°角向墙体下部延伸，同时在灌浆层内出现斜裂缝④⑤，如图 5-12（b）所示。进入位移加载阶段，在$1\Delta_y + 1$阶段，靠近西侧反力架的水平连接节点处的没有新增水平裂缝出现；在$1\Delta_y - 1$阶段，在靠近东侧反力架的灌浆层和上部叠合墙的界面出现水平裂缝⑥，如图 5-12（c）所示。在$1\Delta_y + 2$阶段，①水平裂缝宽度加大，在界面连接钢筋 BG-1 位置附近出现竖向裂缝并延伸到下部墙体，如图 5-12（d）所示；在$1\Delta_y - 2$阶段，靠近东侧反力架的水平连接节点没有新增裂缝出现，水平裂缝⑥宽度增大，水平裂缝⑥附近粘结在预制墙外表层的浮浆脱落，如图 5-12（e）所示。在$2\Delta_y+1$阶段，靠近西侧反力架的灌浆层最外侧混凝土脱落，界面连接钢筋完全暴露，可以看到界面连接钢筋明显向外凸起，如图 5-12（f）所示，此时正向荷载到达峰值；在$2\Delta_y-1$阶段，靠近东侧反力架的水平连接节点裂缝宽度增加，此时负向荷载到达峰值；$2\Delta_y+2$阶段，靠近西侧反力架的水平连接节点处水平裂缝①宽度继续加大，可以明显观察到灌浆层和下部墙体之间的界面脱离，如图 5-12（g）所示；$2\Delta_y-2$阶段，靠近东侧反力架的水平裂缝③和⑥向中部延伸，斜裂缝⑤宽度增大，如图 5-12（h）所示。$3\Delta_y+1$阶段，靠近西侧反力架的水平裂缝①宽度继续增加，水平裂缝②向下部墙体延伸部分的宽度增加明显，如图 5-12（i）所示；$3\Delta_y-1$阶段，斜裂缝⑤宽度继续增大，外侧混凝土被剪碎，试件出现较明显的水平滑移，如图 5-12（j）所示，此时荷载下降到峰值荷载的 85%。

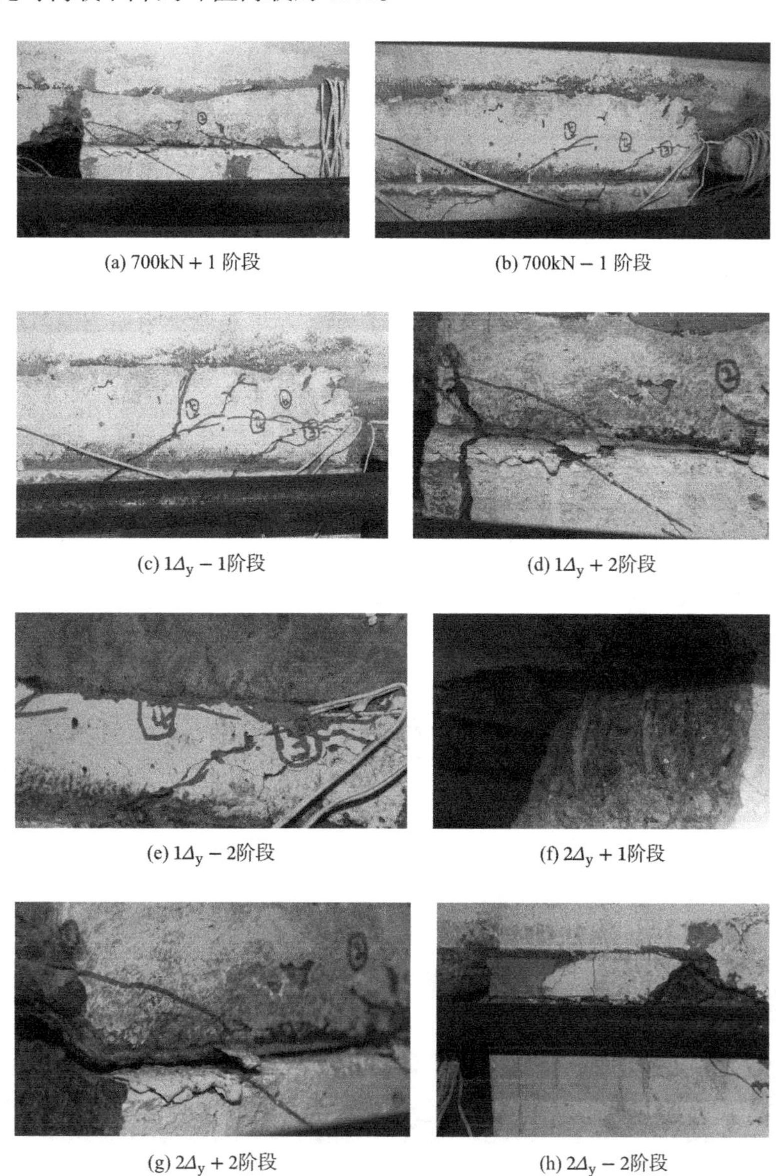

(a) 700kN + 1 阶段　(b) 700kN − 1 阶段

(c) $1\Delta_y-1$阶段　(d) $1\Delta_y+2$阶段

(e) $1\Delta_y-2$阶段　(f) $2\Delta_y+1$阶段

(g) $2\Delta_y+2$阶段　(h) $2\Delta_y-2$阶段

(i) $3\Delta_y+1$阶段

(j) $3\Delta_y-1$阶段

图 5-12 试件 DH8-2 破坏过程

5.3.3 节点连接钢筋采用 8mm 螺纹钢的 DH8-3 试件

在 600kN 之前，DH8-3 试件的水平连接节点没有观察到裂缝出现，进入 600kN + 1 阶段，靠近西侧反力架的灌浆层和下部墙体的界面处出现裂缝①②，并向下部墙体以 30°角延伸，如图 5-13（a）所示。进入位移加载阶段，在$1\Delta_y-1$阶段，在靠近东侧反力架的灌浆层和下部墙体的界面出现水平裂缝③④，如图 5-13（b）所示。在$2\Delta_y+1$阶段，靠近西侧反力架的灌浆层内出现斜裂缝⑤，同时在灌浆层和上部预制墙体的界面处出现水平裂缝⑥，如图 5-13（c）所示。在 $3\Delta_y$加载阶段内，水平连接节点范围内没有新增裂缝出现，已有裂缝宽度逐渐增大。在$4\Delta_y+1$加载阶段，靠近西侧反力架的灌浆层最外侧部分混凝土被剪碎，灌浆层和上部预制墙体的界面裂缝宽度明显增加，可以清晰看到界面脱离，此时正向加载到达峰值，如图 5-13（d）所示；在$4\Delta_y-1$加载阶段，靠近东侧反力架的灌浆层最外侧混凝土被剪碎，灌浆层和上部预制墙体界面脱离明显，如图 5-13（e）所示，此时负向加载达到峰值。在$4\Delta_y+2$加载阶段，靠近东侧反力架的灌浆层被剪断，被“挤出”，如图 5-13（f）所示，此时荷载下降到峰值荷载的 60%。试验结束后将混凝土剥离，可以看出灌浆层和上部墙体底部的交界面光滑，灌浆层和中间现浇部分交界面也较为平整，如图 5-13（g）和图 5-13（h）所示。

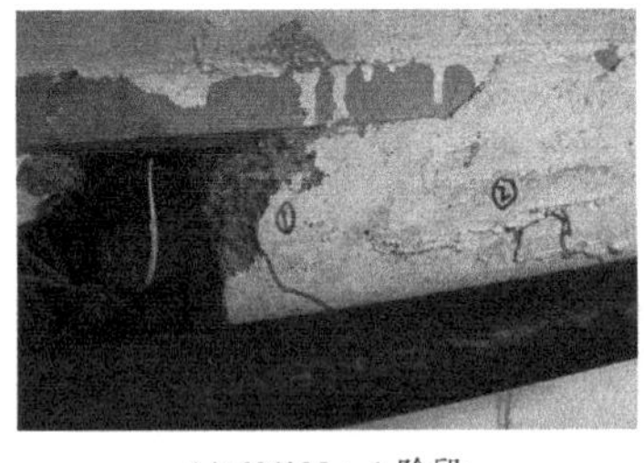

(a) 600kN + 1 阶段

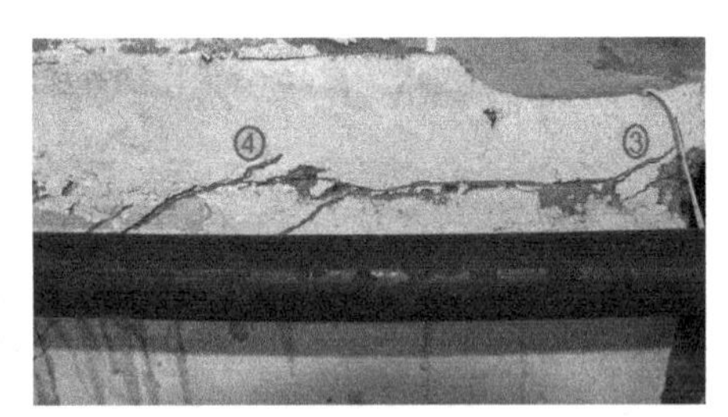

(b) $1\Delta_y-1$阶段

(c) $2\Delta_y+1$阶段

(d) $4\Delta_y+1$阶段

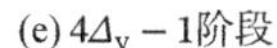

(e) $4\Delta_y-1$阶段

(f) $4\Delta_y+2$阶段

(g) 灌浆层和上部墙体底部交界面

(h) 灌浆层和中间现浇部分交界面

图 5-13　试件 DH8-3 破坏过程

5.3.4　节点连接钢筋采用 8mm 螺纹钢的 XJ8 试件

与双面叠合 DH8 试件类似，XJ8 试件在 700kN 之前，水平连接节点观察不到裂缝的出现。在 700kN + 1 阶段，靠近西侧反力架的上下墙体界面处出现水平裂缝①②，如图 5-14（a）所示；在 700kN − 1 阶段，靠近东侧反力架的上下墙体界面处出现水平裂缝③，并以 30°角向下部墙体延伸，如图 5-14（b）所示。在 700kN + 3 阶段，水平裂缝①继续延伸，和水平裂缝②贯通，如图 5-14（c）所示；在 700kN − 3 阶段，靠近东侧反力架的上下墙体界面处没有新增裂缝出现，水平裂缝③继续向下部墙体延伸。进入位移控制加载，在$1\Delta_y+1$阶段，靠近西侧反力架的上下墙体界面处没有新增裂缝出现，水平裂缝①②宽度增大，如图 5-14（d）所示；在$1\Delta_y-1$阶段，靠近东侧反力架的上下墙体界面处没有新增裂缝出现，水平裂缝③宽度增大，如图 5-14（e）所示。在$1\Delta_y-3$阶段，在界面连接钢筋 BG-2 位置外侧混凝土脱落，连接钢筋完全暴露，如图 5-14（f）所示；在$2\Delta_y+1$阶段，在界面连接钢筋 BG-1 位置出现竖向裂缝，连接钢筋裸露，此时正向荷载到达峰值，如图 5-14（g）所示；在$2\Delta_y-1$阶段，靠近东侧反力架的上下墙体界面处裂缝宽度增加，向下部墙体延伸的裂缝和靠近西侧部分裂缝交叉，此时负向荷载到达峰值，如图 5-14（h）所示。$3\Delta_y+1$阶段，靠近西侧反力架的上下墙体界面处水平裂缝①②向东侧延伸，贯通整个截面，如图 5-14（i）和图 5-14（j）所示，此时荷载下降到峰值荷载的 80%。

(a) 700kN + 1 阶段

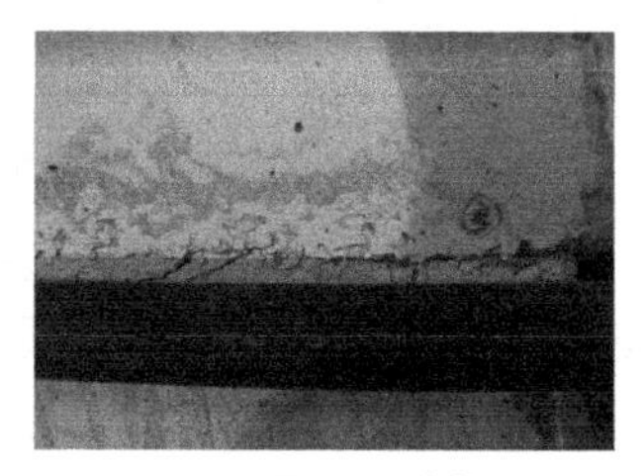

(b) 700kN − 1 阶段

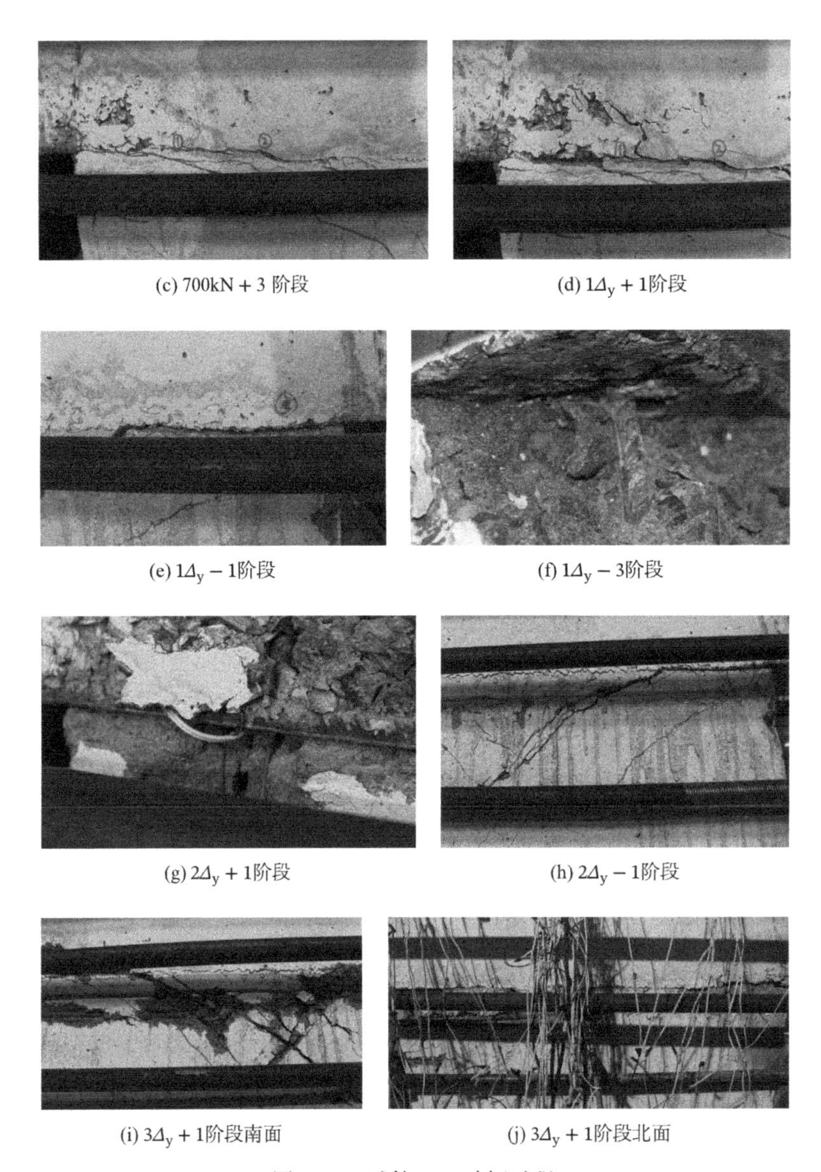

(c) 700kN + 3 阶段　(d) $1\Delta_y+1$阶段

(e) $1\Delta_y-1$阶段　(f) $1\Delta_y-3$阶段

(g) $2\Delta_y+1$阶段　(h) $2\Delta_y-1$阶段

(i) $3\Delta_y+1$阶段南面　(j) $3\Delta_y+1$阶段北面

图 5-14　试件 XJ8 破坏过程

5.3.5　节点连接钢筋采用 10mm 螺纹钢的 DH10-1 试件

在 600kN 之前，DH10-1 试件水平连接节点没有观察到裂缝出现，进入 600kN − 1 阶段，在靠近东侧反力架的灌浆层和下部墙体的界面出现水平裂缝①，同时在灌浆层内出现斜裂缝②③，并以 40°角向下部墙体延伸，如图 5-15（a）所示。进入 600kN − 3 阶段，在靠近东侧反力架的灌浆层和上部叠合墙的界面出现水平裂缝④，如图 5-15（b）所示。进入位移控制加载，在$1\Delta_y+1$阶段，靠近西侧反力架的灌浆层内同时出现裂缝⑤⑥⑦⑧，如图 5-15（c）所示；在$1\Delta_y-1$阶段，靠近东侧反力架的灌浆层和上部叠合墙的界面的水平裂缝④延伸出现水平裂缝⑨，如图 5-15（d）所示。在$2\Delta_y+1$阶段，靠近西侧反力架的灌浆层和下部墙体的界面出现水平裂缝⑩，如图 5-15（e）所示，此时正向荷载达到峰值；在$2\Delta_y-1$阶段，靠近东侧反力架的水平连接节点处没有新增裂缝出现，已有裂缝宽度继续增大，此时负向荷载达到峰值。在

$2\Delta_y+3$阶段，靠近西侧反力架的灌浆层内混凝土被剪碎，如图 5-15（f）所示；在$2\Delta_y-3$阶段，靠近东侧反力架的灌浆层内混凝土被剪碎，中部界面连接钢筋裸露，如图 5-15（g）所示。在$3\Delta_y+1$阶段，灌浆层内的混凝土被剪碎，部分混凝土被“挤出”灌浆层，可以清晰看出挤出部分表面较为光滑，如图 5-15（h）和图 5-15（i）所示；试验结束后将混凝土剥离，观察灌浆层和底部墙体的交界面发现，灌浆层底部被全部剪断，如图 5-15（j）所示。

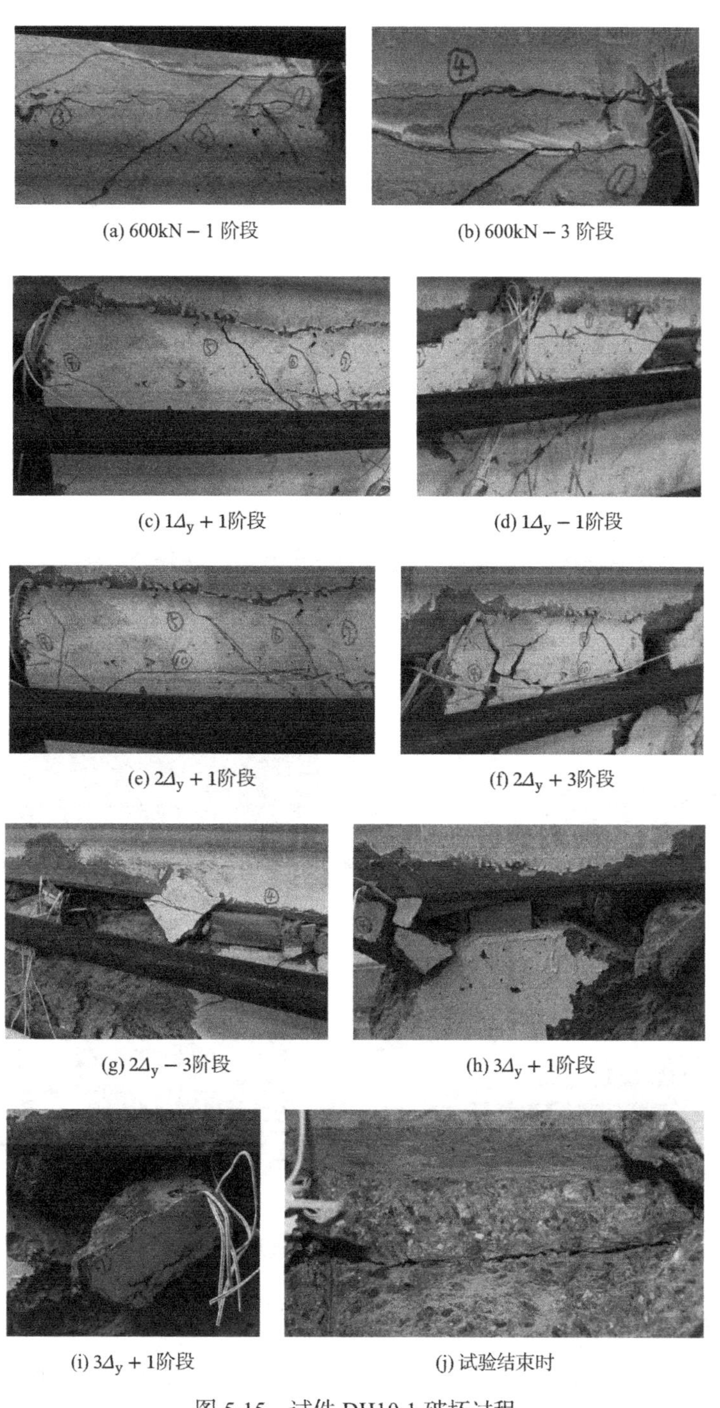

(a) 600kN − 1 阶段　(b) 600kN − 3 阶段

(c) $1\Delta_y+1$阶段　(d) $1\Delta_y-1$阶段

(e) $2\Delta_y+1$阶段　(f) $2\Delta_y+3$阶段

(g) $2\Delta_y-3$阶段　(h) $3\Delta_y+1$阶段

(i) $3\Delta_y+1$阶段　(j) 试验结束时

图 5-15　试件 DH10-1 破坏过程

5.3.6 节点连接钢筋采用 10mm 螺纹钢的 DH10-2 试件

在 600kN 之前，DH10-2 试件水平连接节点没有观察到裂缝出现，进入 600kN + 1 阶段，在靠近西侧反力架的灌浆层和下部墙体的界面出现水平裂缝①，在水平裂缝末端以 40°角向下部墙体延伸，同时在灌浆层内出现斜裂缝②，如图 5-16（a）所示。进入位移控制加载，在$1\Delta_y-1$阶段，在靠近东侧反力架的灌浆层和上部叠合墙的界面出现水平裂缝③④，在水平裂缝末端以 40°角贯穿灌浆层，并向下部墙体延伸，如图 5-16（b）所示。在$2\Delta_y-1$阶段，在靠近东侧反力架的灌浆层和上部叠合墙的界面出现水平裂缝⑤，水平裂缝③④贯通，如图 5-16（c）所示。在$3\Delta_y+1$阶段，靠近西侧反力架的灌浆层内混凝土出现脱落，此时正向荷载达到峰值，如图 5-16（d）所示；在$3\Delta_y-1$阶段，靠近东侧反力架的灌浆层和上部叠合墙的界面水平裂缝③④⑤贯通，并继续向墙体中部延伸，此时负向荷载达到峰值，如图 5-16（e）所示。在$3\Delta_y+2$阶段，墙体出现较为明显的滑移，灌浆层内混凝土被剪碎，部分混凝土被“挤出”，此时荷载下降到峰值荷载的 50%，如图 5-16（f）所示。

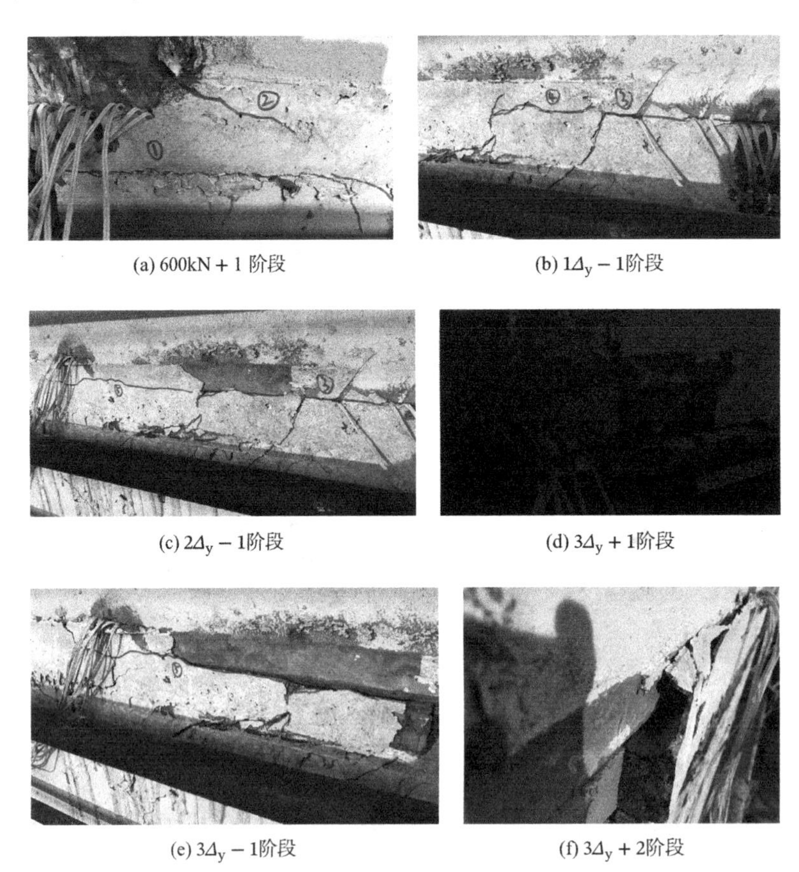

(a) 600kN + 1 阶段　(b) $1\Delta_y-1$阶段

(c) $2\Delta_y-1$阶段　(d) $3\Delta_y+1$阶段

(e) $3\Delta_y-1$阶段　(f) $3\Delta_y+2$阶段

图 5-16　试件 DH10-2 破坏过程

5.3.7 节点连接钢筋采用 10mm 螺纹钢的 DH10-3 试件

在 600kN 之前，DH10-3 试件水平连接节点没有观察到裂缝出现，进入位移控制加载，在$1\Delta_y+1$阶段，在靠近西侧反力架的灌浆层和下部墙体的界面出现水平裂缝①，同时在灌浆层内出现斜裂缝②，并以 40°角向下部墙体延伸，如图 5-17（a）所示；进入$1\Delta_y-1$阶段，在靠近东侧反力架的灌浆层和上部叠合墙的界面出现水平裂缝③，同时在灌浆层内出现斜裂缝④，如图 5-17（b）所示。在$2\Delta_y+1$阶段，水平裂缝①宽度增大，在靠近西侧反力架灌浆层内出现斜裂缝⑤，此时正向荷载达到峰值，如图 5-17（c）所示；在$2\Delta_y-1$阶段，水平裂缝③继续向中部延伸，并在灌浆层内出现斜裂缝⑥，此时负向荷载达到峰值，如图 5-17（d）所示。在$3\Delta_y+1$阶段，灌浆层和上部叠合墙体界面出现裂缝并贯通整个截面，如图 5-17（e）；在$3\Delta_y-1$阶段，墙体出现较为明显的滑移，灌浆层内混凝土被剪碎，部分混凝土被“挤出”，如图 5-17（f）所示，此时荷载下降至峰值荷载的 50%。试验结束后，对混凝土剥离，可以看出灌浆层和上部叠合墙体底部的交界面光滑，灌浆层和下部墙体交界面被剪断，如图 5-17（g）和图 5-17（h）所示。

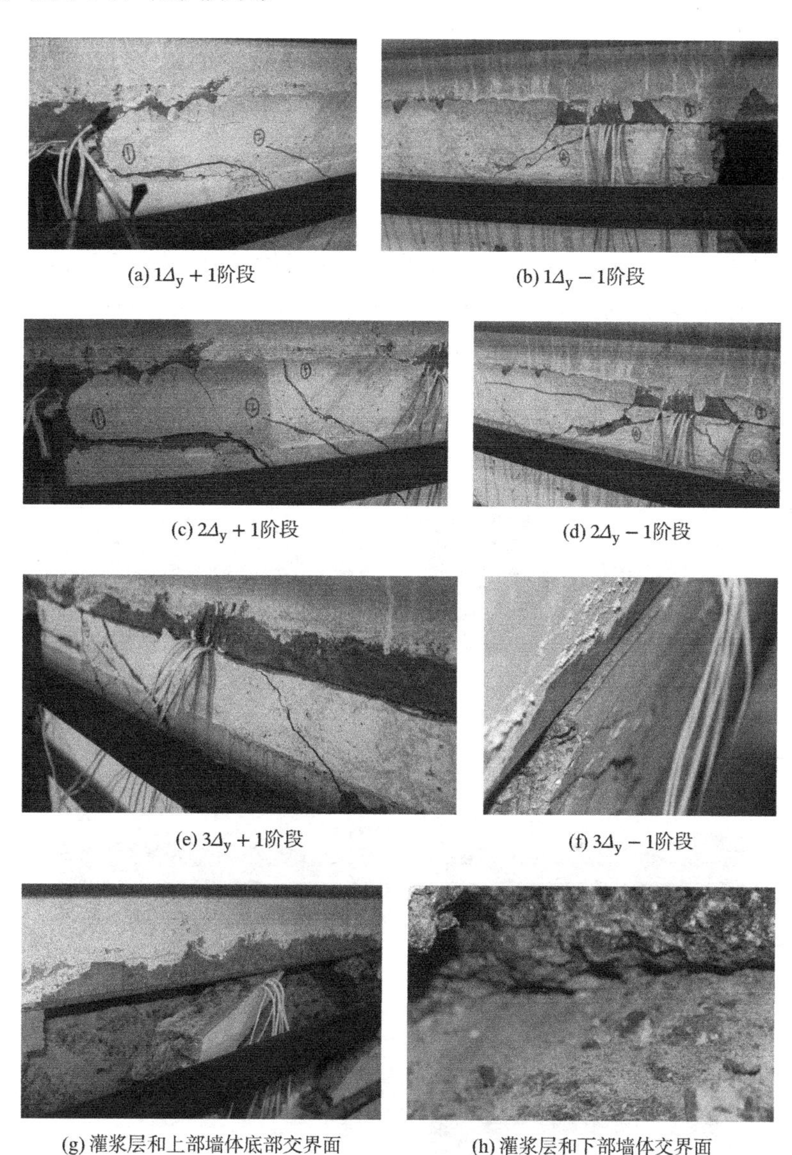

(a) $1\Delta_y+1$阶段　(b) $1\Delta_y-1$阶段

(c) $2\Delta_y+1$阶段　(d) $2\Delta_y-1$阶段

(e) $3\Delta_y+1$阶段　(f) $3\Delta_y-1$阶段

(g) 灌浆层和上部墙体底部交界面　(h) 灌浆层和下部墙体交界面

图 5-17　试件 DH10-3 破坏过程

5.3.8 节点连接钢筋采用 10mm 螺纹钢的 XJ10 试件

与双面叠合 DH10 试件类似，在 500kN 之前，XJ10 试件水平连接节点没有观察到裂缝出现。进入 600kN－2 阶段，在靠近东侧反力架的上下墙体界面处出现水平裂缝①并以 40°角向下部墙体延伸，如图 5-18（a）所示。进入位移控制加载，在$1\Delta_y+1$阶段，靠近西侧反力架的上下墙体界面处出现裂缝②③，如图 5-18（b）所示；在$1\Delta_y-1$阶段，靠近东侧反力架的上下墙体界面出现裂缝④，如图 5-18（c）所示。在$2\Delta_y+1$阶段，靠近西侧反力架的上下墙体界面处出现裂缝⑤，如图 5-18（d）所示；在$2\Delta_y-1$阶段，靠近东侧反力架的上下墙体界面的水平裂缝①向中部延伸和裂缝④连通，如图 5-18（e）所示。在$2\Delta_y+2$阶段，靠近西侧反力架的上下墙体界面裂缝宽度继续增大，裂缝③继续向下部墙体以 40°角延伸，和东侧裂缝④相交，如图 5-18（f）所示；在$2\Delta_y-2$阶段，靠近东侧反力架的上下墙体界面无新裂缝增加，界面脱离明显，如图 5-18（g）所示。在$3\Delta_y+1$阶段，靠近西侧反力架的上下墙体界面裂缝宽度继续增大，靠近界面的下部墙体混凝土部分脱落，此时正向荷载到达极限，如图 5-18（h）所示；在$3\Delta_y-1$阶段，靠近东侧反力架的上下墙体界面的裂缝宽度继续增大，靠近界面的下部墙体混凝土部分脱落，此时负向荷载到达极限，如图 5-18（i）所示。在$4\Delta_y-1$阶段，上下墙体界面脱离明显，出现较为明显的滑移，此时负向荷载降至峰值荷载的 88%，如图 5-18（j）所示。在$4\Delta_y+3$阶段，靠近西侧反力架的上下墙体界面外侧混凝土剪碎，连接钢筋裸露，此时正向荷载降至峰值荷载的 85%，如图 5-18（k）所示；在$4\Delta_y-3$阶段，靠近东侧反力架的上下墙体界面外侧混凝土剪碎，连接钢筋裸露，此时负向荷载下降到峰值荷载的 60%，如图 5-18（m）所示。

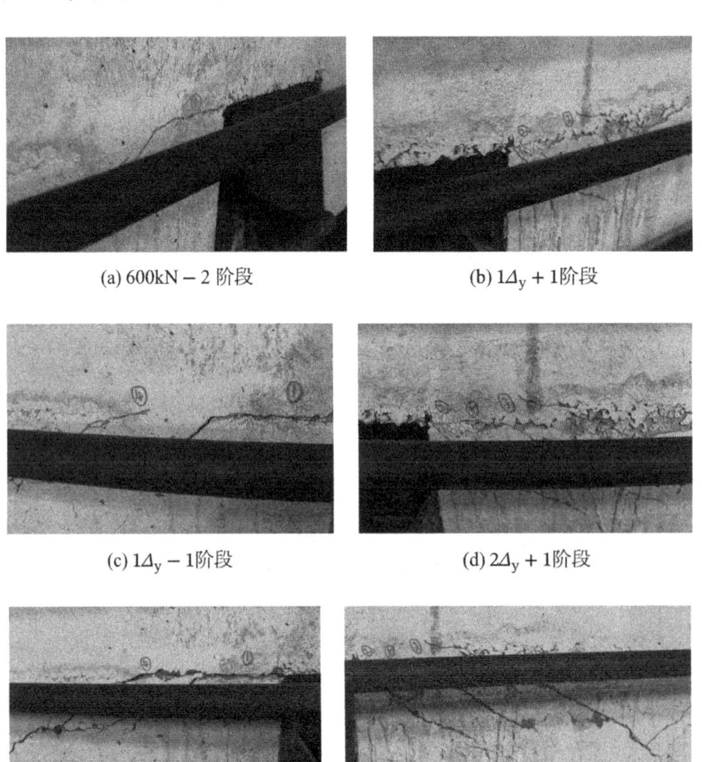

(a) 600kN－2 阶段　(b) $1\Delta_y+1$阶段

(c) $1\Delta_y-1$阶段　(d) $2\Delta_y+1$阶段

(e) $2\Delta_y-1$阶段　(f) $2\Delta_y+2$阶段

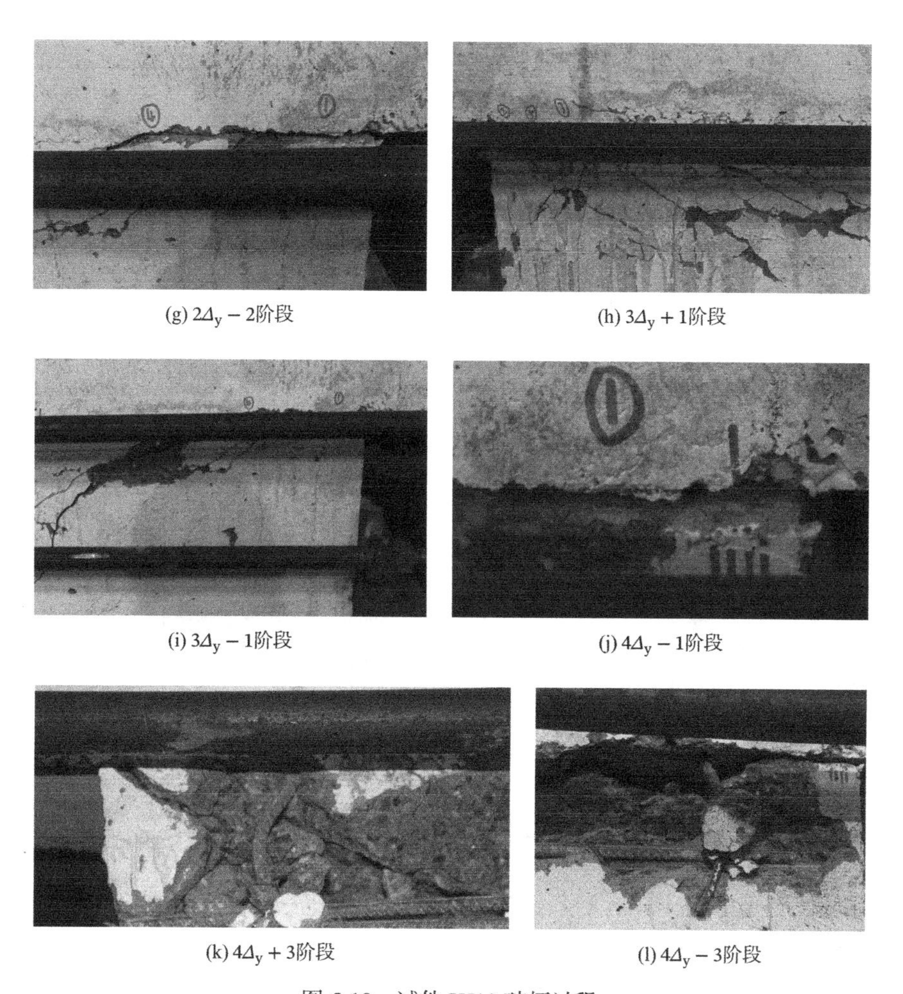

(g) $2\Delta_y-2$阶段　(h) $3\Delta_y+1$阶段

(i) $3\Delta_y-1$阶段　(j) $4\Delta_y-1$阶段

(k) $4\Delta_y+3$阶段　(l) $4\Delta_y-3$阶段

图 5-18　试件 XJ10 破坏过程

5.4 试验结果分析

5.4.1 滞回特性

试件的抗震性能可以通过试验得到的荷载-位移滞回曲线反映，其中纵坐标的荷载结果由加载装置的采集系统得到，横坐标的位移数据为位移计所得。

1. 节点连接钢筋采用 8mm 螺纹钢的 DH8 试件

DH8 试件和 XJ8 试件的荷载-位移滞回曲线如图 5-19 所示。从图中可以看出双面叠合 DH8 试件和现浇 XJ8 试件正反加载方向曲线较为对称。在力控制阶段，滞回环包络面积较小，随着交界面裂缝的出现，进入位移控制阶段，滞回环包络面积逐渐增加，从滞回曲线上可以看出双面叠合 DH8 试件和现浇 XJ8 试件水平连接节点均出现较为明显的滑移，在峰值荷载阶段双面叠合 DH8 试件的滞回环包络面积均大于现浇 XJ8 试件。

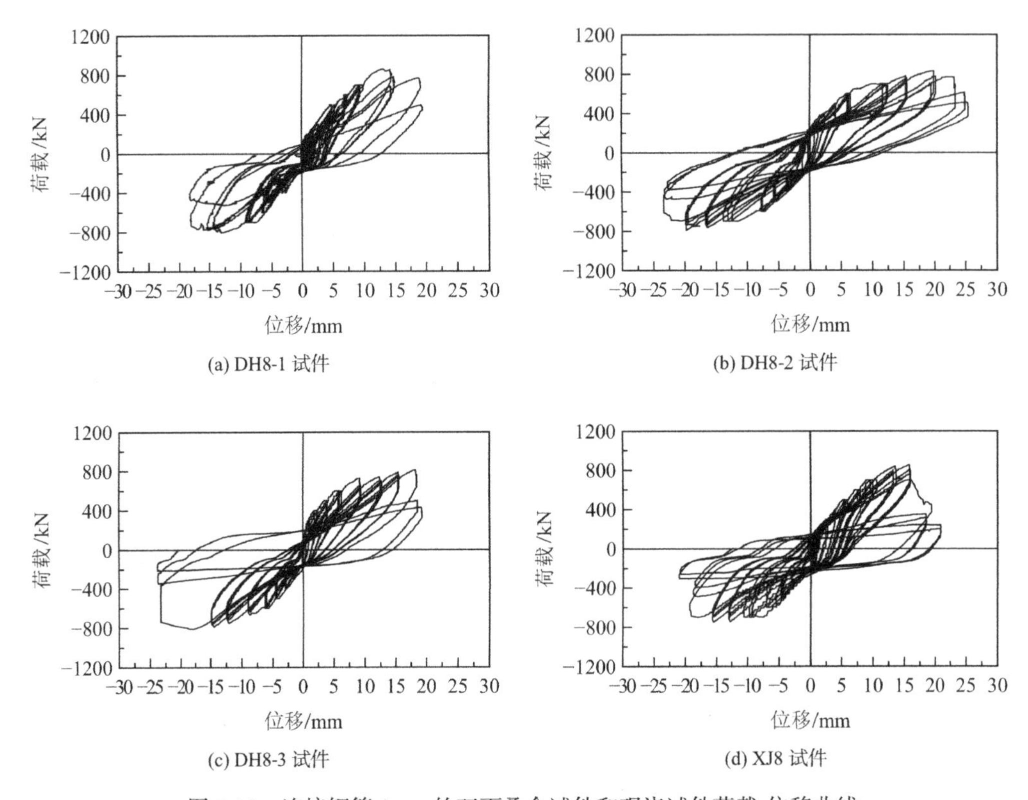

(a) DH8-1 试件

(b) DH8-2 试件

(c) DH8-3 试件

(d) XJ8 试件

图 5-19 连接钢筋 8mm 的双面叠合试件和现浇试件荷载-位移曲线

2. 节点连接钢筋采用 10mm 螺纹钢的 DH10 试件

DH10 试件和 XJ10 试件的荷载-位移滞回曲线如图 5-20 所示。从图中可以看出双面叠合 DH10 试件正反加载方向曲线不对称，而现浇 XJ10 试件较为对称。在力控制阶段，双面叠合 DH10 试件和现浇 XJ10 试件滞回环包络面积均较小，随着界面裂缝的出现，进入位移控制阶段，滞回环包络面积逐渐增加，从滞回曲线上可以看出双面叠合 DH10 试件水平连接节点在到达峰值荷载时出现了较为明显的滑移，而现浇 XJ10 试件滑移现象不明显；双面叠合 DH10 试件出现滑移后荷载迅速降低，刚度几乎降为 0，现浇 XJ10 试件峰值荷载后承载力缓慢下降。

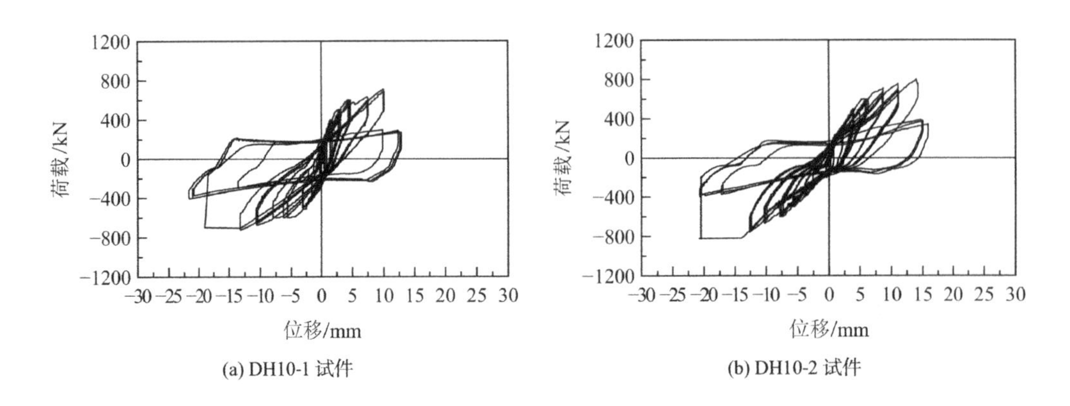

(a) DH10-1 试件

(b) DH10-2 试件

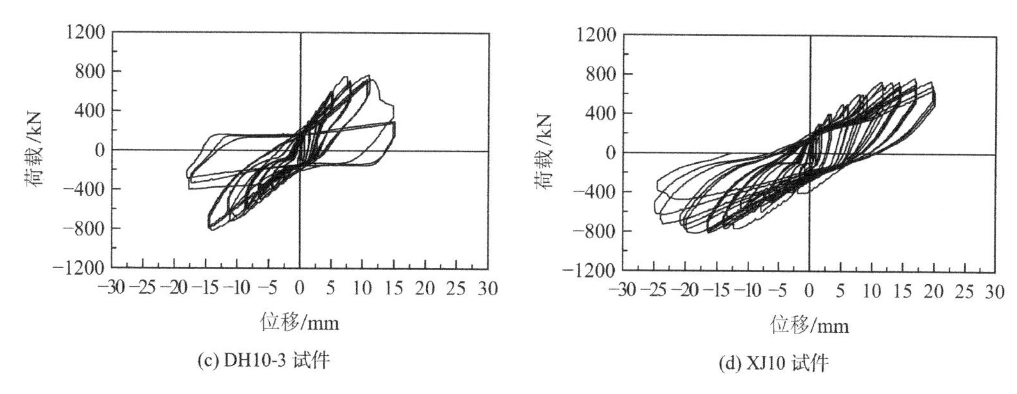

(c) DH10-3 试件　　(d) XJ10 试件

图 5-20　连接钢筋 10mm 的双面叠合试件和现浇试件荷载-位移曲线

5.4.2 荷载-位移骨架曲线

1. 骨架曲线

取力加载和位移加载第一循环的峰值点，绘制各个试件的骨架曲线，如图 5-21 所示。从图中可以看出，对于双面叠合 DH8 试件的骨架曲线在峰值荷载之前基本上和现浇 XJ8 试件一致，峰值荷载之后，双面叠合 DH8 试件的极限位移较现浇 XJ8 试件大；对于双面叠合 DH10 试件的骨架曲线在峰值荷载之前基本上和现浇 XJ10 试件一致，峰值荷载之后，双面叠合 DH10 试件的极限位移较现浇 XJ10 试件小。

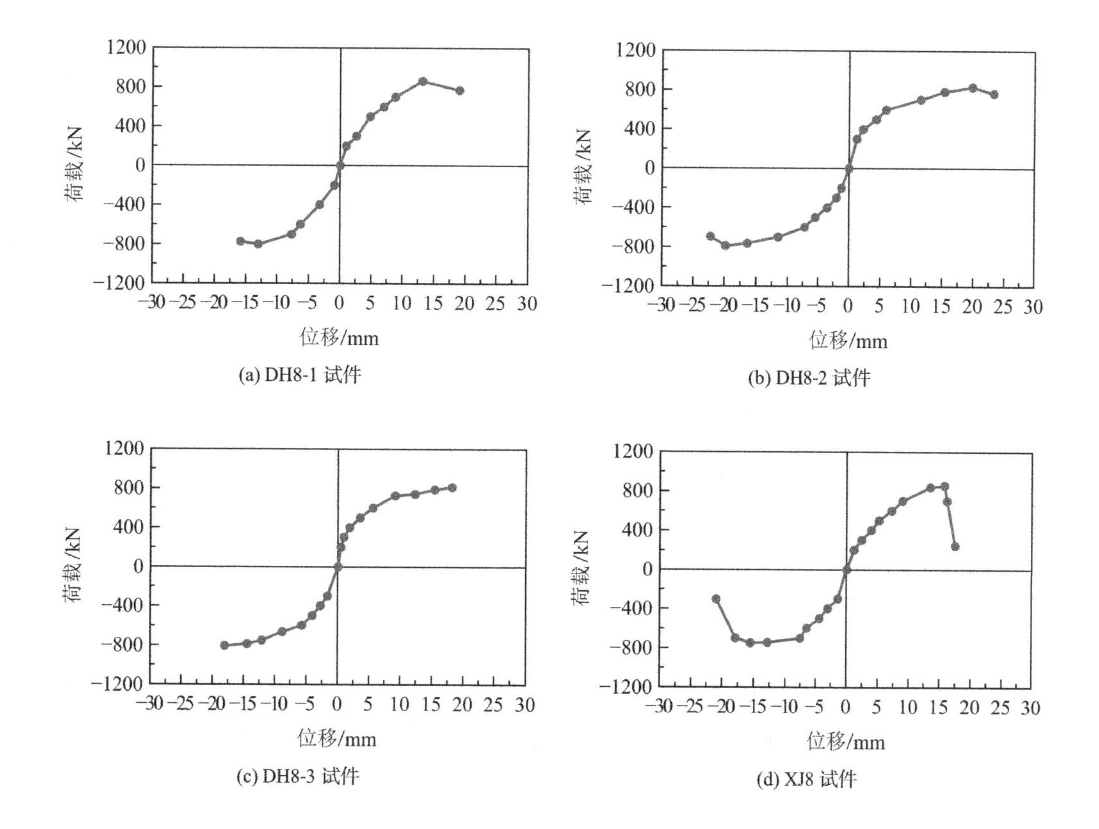

(a) DH8-1 试件　　(b) DH8-2 试件

(c) DH8-3 试件　　(d) XJ8 试件

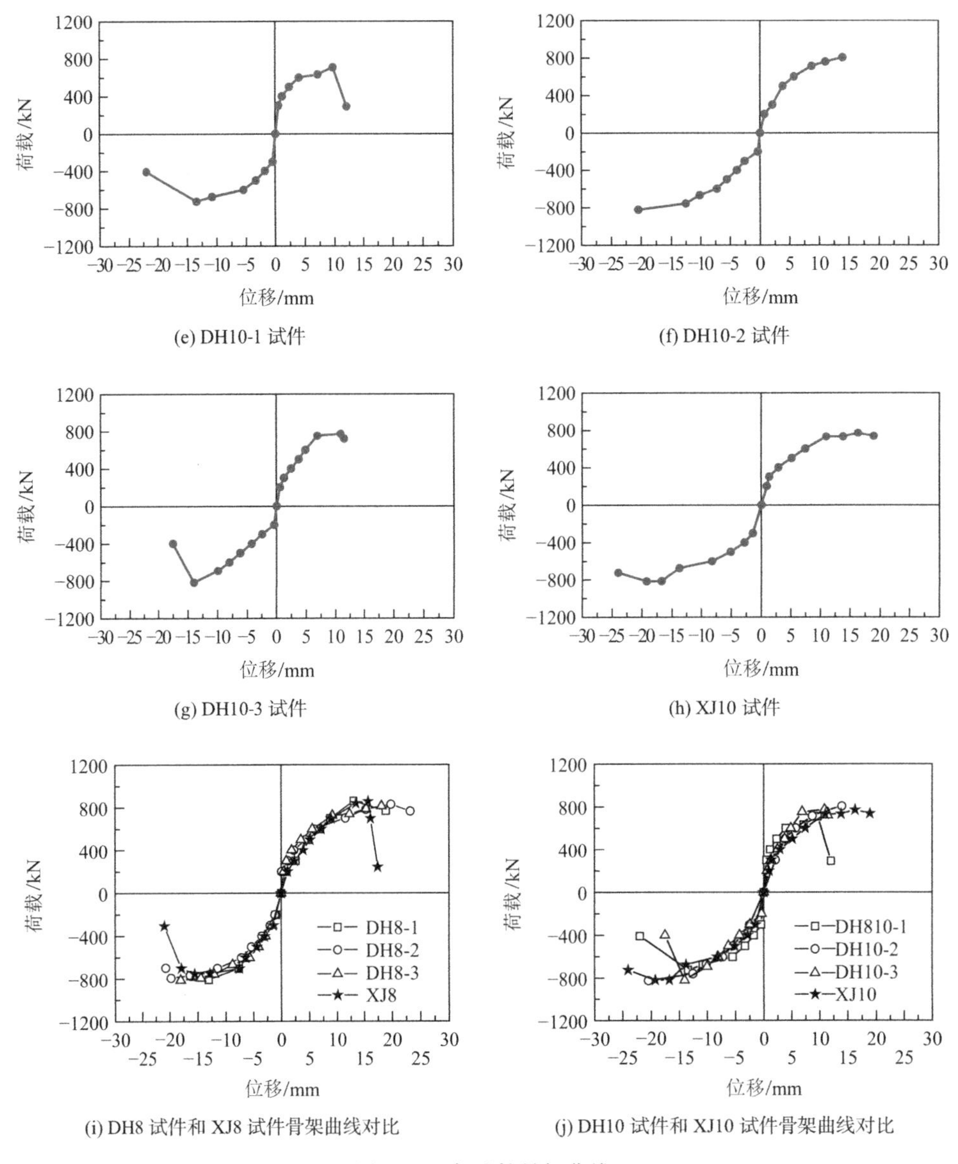

图 5-21 各试件骨架曲线

2. 骨架曲线关键点确定与分析

(1) 开裂点

根据《建筑抗震试验规程》JGJ/T 101—2015 规定，开裂荷载及对应的变形应取试件受拉区出现第一条裂缝时相应的荷载和相应的变形。

(2) 等效屈服点

根据《建筑抗震试验规程》JGJ/T 101—2015 规定，对于钢筋屈服的试件，屈服荷载和变形应取受拉区主筋达到屈服应变时相应的荷载和相应的变形。通过在界面连接钢筋表面布置应变片可以理解钢筋应变随荷载变化规律，试验结果表明节点连接钢筋采用 8mm 螺纹钢的双面叠合 DH8 试件和现浇 XJ8 试件的界面连接钢筋在整个加载过程中界面钢筋没有达到屈服，钢筋采用直径 10mm 螺纹钢的双面叠合 DH10 试件和现浇 XJ10 试件的界面连接钢筋在加载过程中达到屈服，为了进行统一的处理，对连接钢筋采用 8mm 螺纹钢 DH8 试件和 XJ8 试件以及节点连接钢筋采用 10mm 螺纹钢的 DH10 试件和 XJ10 试件的屈服点均采用等效屈服点。等效屈服点可以通过作图法、等效能量法和 Park 法等方法，根据试件的骨架曲线进行求解，各个方法的原理如图 5-22 所示。本章分别使用等效能量法和 Park 法求各个试件的等效屈服荷载和等效屈服位移，计算结果如表 5-5 和表 5-6 所示。表 5-6 中还列出了双面叠合 DH10 试件和现浇 XJ10 试件根据钢筋应变片读数达到屈服应变时获取的屈服荷载和屈服位移，从计算结果可以看出，等效能量法和 Park 法求得的等效屈服荷载和等效屈服位移和试验值吻合得较好。从表 5-5 和表 5-6 可以看出，等效能量法和 Park 法求得的等效屈服荷载相差在 5%以内，等效屈服位移相差在 10%以内，表现出较好的一致性。

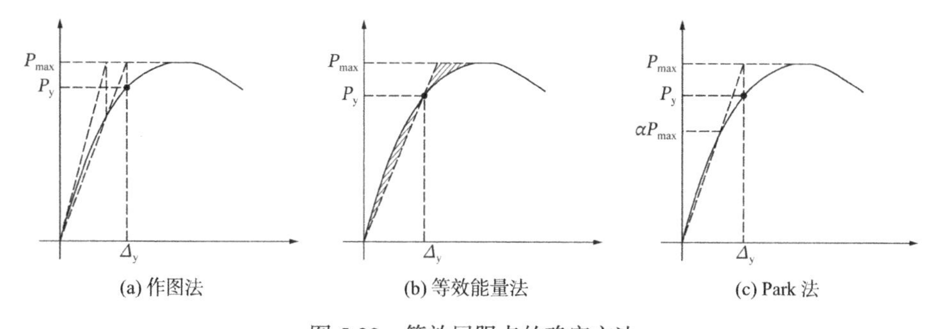

图 5-22　等效屈服点的确定方法

DH8 试件和 XJ8 试件等效屈服点　　**表 5-5**

试件编号		求解方法	屈服荷载/kN	屈服位移/mm
DH8-1	正向	等效能量法	730.4	9.59
		Park 法	760.6	10.39
	负向	等效能量法	−709.9	−8.05
		Park 法	−718.1	−8.48
DH8-2	正向	等效能量法	668.4	9.66
		Park 法	666.1	9.53
	负向	等效能量法	−664.2	−9.87
		Park 法	−653.2	−9.40
DH8-3	正向	等效能量法	678.5	7.79
		Park 法	678.5	7.79
	负向	等效能量法	−663.6	−8.59
		Park 法	−651.1	−8.01
XJ8	正向	等效能量法	734.1	10.04
		Park 法	750.5	10.58
	负向	等效能量法	−634.3	−6.80
		Park 法	−702.9	−7.55

DH10 试件和 XJ10 试件等效屈服点 表 5-6

试件编号		求解方法	屈服荷载/kN	屈服位移/mm
DH10-1	正向	实测值	568.3	4.33
		等效能量法	602.5	4.13
		Park 法	590.3	3.76
	负向	实测值	−542.7	−5.50
		等效能量法	−605.7	−5.75
		Park 法	−604.5	−5.67
DH10-2	正向	实测值	677.6	7.75
		等效能量法	687.4	8.02
		Park 法	678.2	7.77
	负向	实测值	−609.8	−8.88
		等效能量法	−697.1	−10.87
		Park 法	−685.5	−10.56
DH10-3	正向	实测值	676.5	8.02
		等效能量法	654.5	5.59
		Park 法	697.5	6.17
	负向	实测值	−662.3	−10.47
		等效能量法	−708.5	−10.46
		Park 法	−728.7	−11.11
XJ10	正向	实测值	680.7	9.90
		等效能量法	636.4	8.41
		Park 法	665.9	9.22
	负向	实测值	−729.1	−10.59
		等效能量法	−638.7	−11.03
		Park 法	−655.8	−12.31

（3）峰值点和极限点

根据《建筑抗震试验规程》JGJ/T 101—2015 规定，试件能够承受的最大荷载和变形应取试件承受荷载最大时相应的荷载和相应的变形。极限荷载及相应的变形应取试件在最大荷载出现之后，随变形增加而荷载下降至峰值荷载的 85%时的相应荷载和相应变形。

根据上述方法，可以确定各试件的关键点如表 5-7 和表 5-8 所示，其中屈服点均采用等效能量法确定的值。从表中可以看出，节点连接钢筋采用 8mm 螺纹钢的双面叠合 DH8 试件水平连接节点的正向峰值承载力的平均值较现浇 XJ8 试件低，二者之间相差 2.6%；双面叠合 DH8 试件水平连接节点的负向峰值承载力平均值较现浇 XJ8 试件高，二者之间相差 6.7%；节点连接钢筋采用 10mm 螺纹钢的双面叠合 DH10 试件水平连接节点的正向峰值承载力平均值较现浇 XJ10 试件低，二者之间相差 1%；双面叠合 DH10 试件水平连接节点的负向峰值承载力平均值较现浇试件 XJ10 低，二者之间相差 3.6%。

DH8 试件和 XJ8 试件骨架曲线特征点　表 5-7

试件编号	加载方向	开裂点		屈服点		峰值点		极限点	
		开裂荷载/kN	开裂位移/mm	屈服荷载/kN	屈服位移/mm	峰值荷载/kN	峰值位移/mm	极限荷载/kN	极限位移/mm
DH8-1	正向	683.5	9.33	730.4	9.59	861.4	13.06	732.2	18.91
	反向	−642.0	−6.61	−709.9	−8.05	−805.5	−13.02	−684.7	−15.83
DH8-2	正向	646.0	6.97	668.4	9.66	830.8	19.82	706.2	23.23
	反向	−609.3	−8.84	−664.2	−9.87	−791.5	−19.74	−672.8	−22.16
DH8-3	正向	600.0	5.57	678.5	7.79	814.0	18.16	691.9	18.16
	反向	−645.8	−7.66	−663.6	−8.59	−810.7	−18.02	−689.1	−18.02
XJ8	正向	700.0	8.96	734.1	10.04	857.3	15.75	728.7	16.09
	反向	−597.4	−6.05	−634.3	−6.80	−752.0	−15.53	−639.2	−18.35

DH10 试件和 XJ10 试件骨架曲线特征点　表 5-8

试件编号	加载方向	开裂点		屈服点		峰值点		极限点	
		开裂荷载/kN	开裂位移/mm	屈服荷载/kN	屈服位移/mm	峰值荷载/kN	峰值位移/mm	极限荷载/kN	极限位移/mm
DH10-1	正向	553.0	4.06	602.5	4.13	709.7	9.46	603.3	10.25
	反向	−591.0	−4.84	−605.7	−5.75	−725.8	−13.63	−616.9	−16.35
DH10-2	正向	600.0	5.26	687.4	8.02	806.0	13.98	685.1	14.78
	反向	−590.6	−8.26	−697.1	−10.87	−824.2	−20.70	−700.6	−20.47
DH10-3	正向	609.0	5.19	654.5	5.59	773.0	10.88	657.1	11.47
	反向	−689.5	−9.45	−708.5	−10.46	−819.8	−14.02	−696.8	−15.05
XJ10	正向	576.0	8.36	636.4	8.41	770.3	16.33	654.8	22.50
	反向	−601.5	−9.55	−638.7	−11.03	−819.8	−19.25	−696.8	−24.01

5.4.3　位移延性系数

通过延性系数来评价叠合试件的变形能力，根据《建筑抗震试验规程》JGJ/T 101—2015 规定，位移延性系数μ通过式(5-1)计算

$$\mu = \frac{\Delta_u}{\Delta_y} \tag{5-1}$$

式中Δ_u为极限荷载对应的位移，极限荷载取峰值荷载的 85%；Δ_y为屈服荷载对应的位移。使用上节中等效能量法和 Park 法求得的各个试件的等效屈服荷载对应的屈服位移来计算位移延性系数，计算结果如表 5-9 和表 5-10 所示（其中 DH10 试件和 XJ10 试件还包含用实测屈服位移计算的位移延性系数），从表中可以看出两种不同方法计算的位移延性系数比较接近。取正反两个方向的位移延性系数的平均值，列于表 5-11。从表中可以看出，采用不同方法计算的双面叠合 DH8 试件的延性系数平均值高于现浇 XJ8 试件的延性系数，采用等

效能量法计算时二者相差 1.1%，采用 Park 法计算时二者相差 10.1%；采用不同方法计算的双面叠合 DH10 试件的延性系数平均值低于现浇 XJ10 试件的延性系数，采用等效能量法计算时二者相差 14.1%，采用 Park 法计算时二者相差 4.2%，采用实测值计算时二者相差 8.7%。

DH8 试件和 XJ8 试件位移延性系数　表 5-9

试件编号	加载方向	求解方法	屈服荷载/kN	屈服位移/mm	极限荷载/kN	极限位移/mm	延性系数
DH8-1	正向	等效能量法	730.4	9.59	732.2	18.91	1.97
		Park 法	760.6	10.39			1.82
	负向	等效能量法	−709.9	−8.05	−684.7	−15.83	1.96
		Park 法	−718.1	−8.48			1.87
DH8-2	正向	等效能量法	668.4	9.66	706.2	23.23	2.41
		Park 法	666.1	9.53			2.44
	负向	等效能量法	−664.2	−9.87	−672.8	−22.16	2.25
		Park 法	−653.2	−9.40			2.36
DH8-3	正向	等效能量法	678.5	7.79	691.9	18.16	2.33
		Park 法	678.5	7.79			2.33
	负向	等效能量法	−663.6	−8.59	−689.1	−18.02	2.10
		Park 法	−651.1	−8.01			2.25
XJ8	正向	等效能量法	734.1	10.04	728.7	16.09	1.60
		Park 法	750.5	10.58			1.52
	负向	等效能量法	−634.3	−6.80	−639.2	−18.35	2.70
		Park 法	−702.9	−7.55			2.43

注：表中数据运算时存在四舍五入情况，全书同。

DH10 试件和 XJ10 试件等效屈服点和位移延性系数　表 5-10

试件编号		求解方法	屈服荷载/kN	屈服位移/mm	极限荷载/kN	极限位移/mm	延性系数
DH10-1	正向	实测值	568.3	4.33	603.3	10.25	2.37
		等效能量法	602.5	4.13			2.48
		Park 法	590.3	3.76			2.73
	负向	实测值	−542.7	−5.5	−616.9	−16.35	2.97
		等效能量法	−605.7	−5.75			2.84
		Park 法	−604.5	−5.67			2.89
DH10-2	正向	实测值	677.6	7.75	685.1	14.78	1.91
		等效能量法	687.4	8.02			1.81
		Park 法	678.2	7.77			1.86
	负向	实测值	−609.8	−8.88	−700.6	−20.47	2.31
		等效能量法	−697.1	−10.87			1.88
		Park 法	−685.5	−10.56			1.94

续表

试件编号		求解方法	屈服荷载/kN	屈服位移/mm	极限荷载/kN	极限位移/mm	延性系数
DH10-3	正向	实测值	676.5	8.02	657.1	11.47	1.43
		等效能量法	654.5	5.59			2.05
		Park 法	697.5	6.17			1.86
	负向	实测值	−662.3	−10.47	−696.8	−15.05	1.44
		等效能量法	−708.5	−10.46			1.44
		Park 法	−728.7	−11.11			1.36
XJ10	正向	实测值	680.7	9.90	654.8	22.50	2.27
		等效能量法	636.4	8.41			2.68
		Park 法	665.9	9.22			2.44
	负向	实测值	−729.1	−10.59	−696.8	−24.01	2.27
		等效能量法	−638.7	−11.03			2.18
		Park 法	−655.8	−12.31			1.95

平均延性系数　　表 5-11

试件编号	平均位移延性系数		试件编号	平均位移延性系数		
	等效能量法	Park 法		等效能量法	Park 法	实测值
DH8-1	1.97	1.85	DH10-1	2.66	2.81	2.67
DH8-2	2.33	2.40	DH10-2	1.85	1.90	2.11
DH8-3	2.22	2.29	DH10-3	1.75	1.61	1.44
XJ8	2.15	1.98	XJ10	2.43	2.20	2.27

5.4.4　刚度退化

取力控制阶段和每级位移控制的第 1 次循环的峰值荷载和其对应的位移，根据《建筑抗震试验规程》JGJ/T 101—2015 规定，计算等效割线刚度K_i来反映试件整体抗侧刚度的退化，等效割线刚度K_i计算公式如式(5-2)所示，各个阶段计算的等效割线刚度如表 5-12 和表 5-13 所示。

$$K_i = \frac{|+F_i| + |-F_i|}{|+X_i| + |-X_i|} \tag{5-2}$$

其中，F_i为第i次峰点荷载值，X_i为第i次峰点位移值。

试件各阶段等效割线刚度（单位：kN/mm）　　表 5-12

加载阶段	试件编号			
	DH8-1	DH8-2	DH8-3	XJ8
200kN	393.20	377.99	386.18	420.08
300kN	115.79	188.74	234.83	159.94
400kN	100.82	140.21	172.43	115.90

续表

加载阶段	试件编号			
	DH8-1	DH8-2	DH8-3	XJ8
500kN	95.23	102.71	132.32	105.01
600kN	90.57	91.83	106.75*	88.25
700kN	85.16*	61.04*	—	85.05*
$1\Delta_y$	63.91$^{\Delta}$	48.89	77.75	60.39
$2\Delta_y$	44.50	41.01$^{\Delta}$	61.37	51.46$^{\Delta}$
$3\Delta_y$	—	34.45	52.97	41.87
$4\Delta_y$	—	—	44.92$^{\Delta}$	—

注：*表示开裂阶段，$^{\Delta}$表示峰值荷载阶段。

试件各阶段等效割线刚度（单位：kN/mm） **表 5-13**

加载阶段	试件编号			
	DH10-1	DH10-2	DH10-3	XJ10
200kN	365.33	356.61	409.29	401.10
300kN	347.32	130.86	161.87	216.43
400kN	277.29	105.24	119.03	140.08
500kN	177.65	96.45	100.44	97.65
600kN	127.89*	92.71*	93.14*	76.67*
$1\Delta_y$	73.09	73.41	85.58	56.82
$2\Delta_y$	62.20$^{\Delta}$	64.38	63.96$^{\Delta}$	50.55
$3\Delta_y$	20.60	47.32$^{\Delta}$	39.11	44.69$^{\Delta}$
$4\Delta_y$	—	—	—	34.06

注：*表示开裂阶段，$^{\Delta}$表示峰值荷载阶段。

各个试件的刚度退化曲线如图 5-23，从图中可以看出双面叠合试件和现浇试件的刚度退化趋势一致。节点连接钢筋采用 8mm 螺纹钢的双面叠合 DH8 试件刚度退化曲线和现浇 XJ8 试件的刚度退化曲线基本一致，节点连接钢筋采用 10mm 螺纹钢的双面叠合 DH10 试件刚度退化较现浇 XJ10 试件稍快。

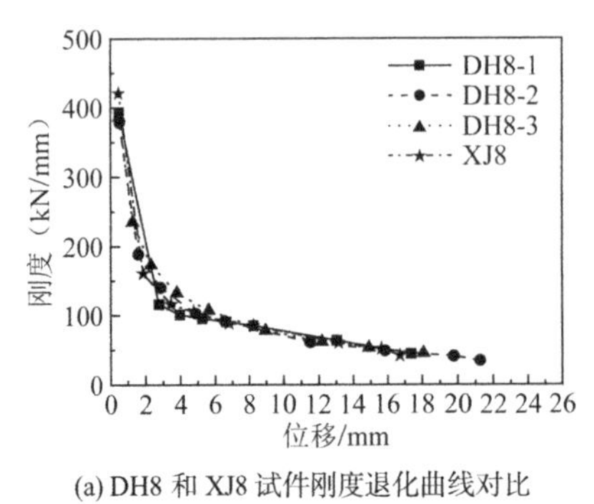

(a) DH8 和 XJ8 试件刚度退化曲线对比

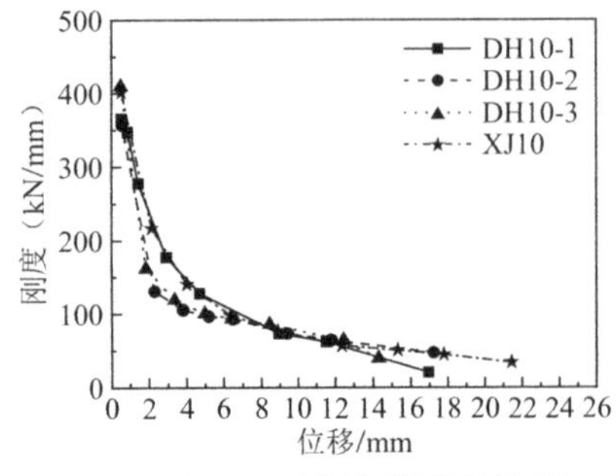

(b) DH10 和 XJ10 试件刚度退化曲线对比

图 5-23 试件刚度退化曲线

5.4.5　承载力退化

取每级位移加载第 3 次循环的峰值荷载$P_{3,max}$和第 1 次循环的峰值荷载$P_{1,max}$之比来计算试件的承载力退化率，如图 5-24 所示。从图中可以看出，节点连接钢筋采用 8mm 螺纹钢的双面叠合 DH8 试件的抗剪承载力退化和现浇 XJ8 试件相当，而节点连接钢筋采用 10mm 螺纹钢的双面叠合 DH10 试件的抗剪承载力退化较现浇 XJ10 试件快。

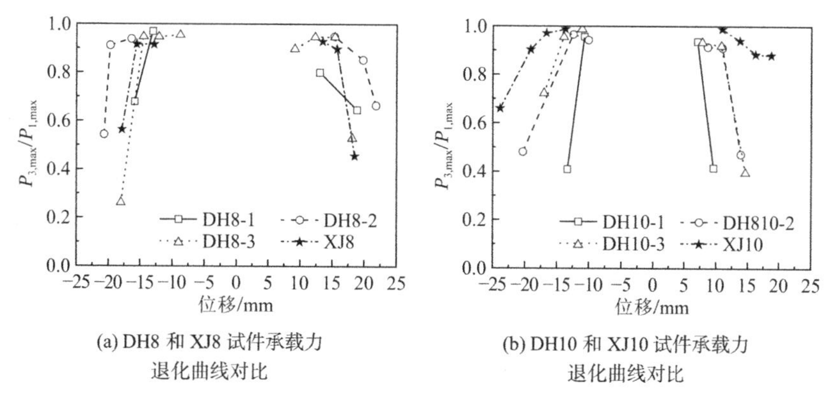

(a) DH8 和 XJ8 试件承载力退化曲线对比

(b) DH10 和 XJ10 试件承载力退化曲线对比

图 5-24　试件承载力退化曲线

5.4.6　耗能特性

1. 耗能能力

滞回曲线所包围的面积表示试件在往复荷载作用下所耗散的能量，可通过闭合曲线积分的方法，计算得到各位移加载循环下试件的耗能能力。

（1）节点连接钢筋采用 8mm 螺纹钢的 DH8 试件和 XJ8 试件

节点连接钢筋采用 8mm 螺纹钢的双面叠合 DH8 试件和现浇 XJ8 试件在位移加载各个阶段的耗能能力计算结果列于表 5-14～表 5-17。由表可见，相同位移加载下，随着循环次数的增加，试件的总耗能能力降低；随着加载位移的增大，试件的总耗能在增加；双面叠合 DH8 试件在峰值阶段和滞回环面积最大的阶段的总耗能高于现浇 XJ8 试件；在峰值荷载阶段双面叠合 DH8 试件总耗能并没有达到峰值，峰值荷载后，随着位移的增加总耗能仍有提高，和对应的现浇 XJ8 试件表现的特性相似。

试件 DH8-1 的滞回耗能能力（单位：kN · mm）　　表 5-14

加载位移	循环次数	正向耗能	负向耗能	总耗能
$1\Delta_y$	1	4668.23	5359.75	10027.98$^{\Delta}$
	2	4554.48	4018.87	8573.34
	3	3469.70	4113.13	7582.83
$2\Delta_y$	1	6278.90	6877.89	13156.79
	2	5442.57	5094.12	11758.15$^{\#}$

注：$^{\Delta}$表示峰值阶段，$^{\#}$表示荷载低于峰值荷载 85%的阶段。

试件 DH8-2 的滞回耗能能力（单位：kN · mm） **表 5-15**

加载位移	循环次数	正向耗能	负向耗能	总耗能
$1\Delta_y$	1	6694.49	3761.77	10456.26
	2	6051.63	3378.12	9429.74
	3	5875.75	3146.65	9022.40
$2\Delta_y$	1	8487.71	4802.91	13290.62$^{\Delta}$
	2	7728.17	4354.92	12083.09
	3	6815.59	3864.91	10680.50
$3\Delta_y$	1	10510.39	8366.89	18877.28
	2	9983.76	5907.28	15891.04$^{\#}$
	3	10041.14	3412.96	14865.45$^{\#}$

注：$^{\Delta}$表示峰值阶段，$^{\#}$表示此阶段荷载已经低于峰值荷载的 85%。

试件 DH8-3 的滞回耗能能力（单位：kN · mm） **表 5-16**

加载位移	循环次数	正向耗能	负向耗能	总耗能
$1\Delta_y$	1	2902.06	2184.38	5086.44
	2	2384.52	1502.70	3887.23
	3	2179.15	1438.53	3617.68
$2\Delta_y$	1	3815.76	3062.83	6878.59
	2	3428.22	2601.64	6029.86
	3	3157.92	2299.00	5612.41
$3\Delta_y$	1	5004.50	3510.55	8515.04
	2	4572.36	3196.35	7768.71
	3	4394.35	3063.17	7532.53
$4\Delta_y$	1	6374.35	11626.41	18000.76$^{\Delta}$
	2	7936.46	6978.42	14914.88$^{\#}$
	3	7816.98	2329.19	13304.49$^{\#}$

注：$^{\Delta}$表示峰值阶段，$^{\#}$表示此阶段荷载已经低于峰值荷载的 85%。

试件 XJ8 的滞回耗能能力（单位：kN · mm） **表 5-17**

加载位移	循环次数	正向耗能	负向耗能	总耗能
$1\Delta_y$	1	4804.25	3615.68	8419.93
	2	4176.40	3029.68	7206.07
	3	4112.02	2918.38	7030.40
$2\Delta_y$	1	5700.79	4076.11	9776.90$^{\Delta}$
	2	5459.00	3623.13	9082.14
	3	5409.05	3587.03	8996.08

续表

加载位移	循环次数	正向耗能	负向耗能	总耗能
$3\Delta_y$	1	10180.20	6416.14	16596.34
	2	6894.74	5221.19	12115.93#
	3	6184.91	4981.50	11166.41#

注：Δ表示峰值阶段，#表示此阶段荷载已经低于峰值荷载的 85%。

（2）节点连接钢筋采用 10mm 螺纹钢的 DH10 试件和 XJ10 试件

节点连接钢筋采用 10mm 螺纹钢的双面叠合 DH10 试件现浇 XJ10 试件在位移加载各个阶段的耗能能力计算结果列于表 5-18～表 5-21。由表可见，相同位移加载下，随着循环次数的增加，试件的总耗能能力降低；随着加载位移的增大，试件的总耗能在增加；双面叠合 DH10 试件在峰值阶段和滞回环面积最大的阶段的总耗能低于现浇 XJ10 试件；双面叠合 DH10 试件在峰值荷载阶段总耗能也达到峰值，而对应的现浇 XJ10 试件在峰值荷载阶段后还有较大的耗能能力，二者表现的特性有所不同。

试件 DH10-1 的滞回耗能能力（单位：kN · mm）　　表 5-18

加载位移	循环次数	正向耗能	负向耗能	总耗能
$1\Delta_y$	1	3485.93	2879.72	6365.65
	2	2579.41	2136.37	4715.78
	3	2452.06	2066.91	4518.98
$2\Delta_y$	1	3557.78	3373.86	6931.63Δ
	2	3329.63	10719.72	14049.35
	3	4288.71	3426.61	7715.32#
$3\Delta_y$	1	5350.15	7744.30	13094.45#
	2	5652.11	7538.28	13190.39#
	3	5867.66	3054.45	11855.70#

注：Δ表示峰值阶段，#表示此阶段荷载已经低于峰值荷载的 85%。

试件 DH10-2 的滞回耗能能力（单位：kN · mm）　　表 5-19

加载位移	循环次数	正向耗能	负向耗能	总耗能
$1\Delta_y$	1	3251.58	2549.20	5800.78
	2	2798.70	1890.27	4688.97
	3	2613.85	1645.45	4259.30
$2\Delta_y$	1	3935.52	3272.96	7208.48
	2	3635.77	2838.48	6474.25
	3	3501.95	2701.92	6203.87
$3\Delta_y$	1	5130.33	12859.87	17990.20Δ
	2	5027.42	6197.14	11224.56#
	3	5644.35	3154.02	10698.60#

注：Δ表示峰值阶段，#表示此阶段荷载已经低于峰值荷载的 85%。

试件 DH10-3 的滞回耗能能力（单位：kN · mm） **表 5-20**

加载位移	循环次数	正向耗能	负向耗能	总耗能
$1\Delta_y$	1	3191.24	2636.68	5827.91
	2	2612.90	1906.09	4519.00
	3	2821.58	3036.03	5857.61
$2\Delta_y$	1	4676.35	4688.57	9364.91$^{\Delta}$
	2	3808.36	4025.67	7834.02
	3	3403.53	3750.16	7153.69
$3\Delta_y$	1	7838.28	6420.48	14258.76$^{\#}$
	2	5551.58	5123.38	10674.96$^{\#}$
	3	5507.11	2154.70	9892.89$^{\#}$

注：$^{\Delta}$表示峰值阶段，$^{\#}$表示此阶段荷载已经低于峰值荷载的 85%。

试件 XJ10 的滞回耗能能力（单位：kN · mm） **表 5-21**

加载位移	循环次数	正向耗能	负向耗能	总耗能
$1\Delta_y$	1	4864.63	2599.25	7463.89
	2	5431.60	5342.33	10773.94
	3	4715.29	3806.04	8521.33
$2\Delta_y$	1	5892.66	5282.63	11175.29
	2	5752.59	4799.46	10552.05
	3	5718.12	4800.87	10519.00
$3\Delta_y$	1	7125.05	7328.09	14453.15$^{\Delta}$
	2	6843.14	6627.29	13470.43
	3	6569.86	6500.43	13070.30
$4\Delta_y$	1	8002.76	8136.15	16138.91
	2	7548.31	7830.75	15379.07
	3	7341.31	5972.37	15200.17$^{\#}$

注：$^{\Delta}$表示峰值阶段，$^{\#}$表示此阶段荷载已经低于峰值荷载的 85%。

2. 耗能系数

拟静力试验滞回曲线可以作为评价试件耗能能力的根据，根据《建筑抗震试验规程》JGJ/T 101—2015 规定，试件的耗能能力以荷载-位移滞回曲线所包围面积计算得到的能量耗散系数E来衡量，E代表一个荷载循环周期内能量耗散量与变形最大位置所具有的弹性应变能之比，如图 5-25 所示，其表达式如式(5-3)所示，其中S_{ABC}和S_{ADC}为图 5-25 所示滞回环上下部分面积，S_{OBE}和S_{ODF}为虚线所围成的三角形面积。

$$E=\frac{S_{\mathrm{ABC}}+S_{\mathrm{ADC}}}{S_{\mathrm{OBE}}+S_{\mathrm{ODF}}} \tag{5-3}$$

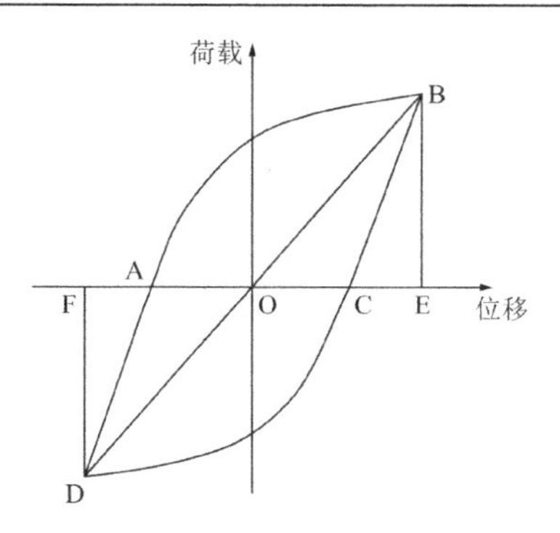

图 5-25　滞回环耗能求解示意图

（1）节点连接钢筋采用 8mm 螺纹钢 DH8 试件和 XJ8 试件

节点连接钢筋采用 8mm 螺纹钢的双面叠合 DH8 试件和现浇 XJ8 试件耗能系数如表 5-22 所示（降至峰值荷载 85%后的阶段不考虑），从表中可以看出峰值荷载阶段双面叠合 DH8 试件的耗能系数比现浇 XJ8 试件高，最大滞回环面积阶段双面叠合 DH8 试件的耗能系数比现浇 XJ8 试件低。耗能系数变化规律如图 5-26 和图 5-27 所示，从图 5-26 中可以看出双面叠合 DH8 试件和现浇 XJ8 试件的耗能系数变化规律相同，从图 5-27 中可以看出，在不同位移加载阶段的第 1、第 2、第 3 循环圈中，双面叠合 DH8 试件的耗能系数和现浇 XJ8 试件几乎一致。

DH8 试件和 XJ8 试件耗能系数　　**表 5-22**

耗能阶段		DH8-1	DH8-2	DH8-3	XJ8
加载位移	循环次数				
$1\Delta_y$	1	0.89^{Δ}	0.87	0.86	0.84
	2	0.79	0.81	0.68	0.78
	3	0.72	0.81	0.63	0.77
$2\Delta_y$	1	1.02*	0.86^{Δ}	0.78	0.81^{Δ}
	2	—	0.85	0.73	0.78
	3	—	0.79	0.68	0.81
$3\Delta_y$	1	—	1.25*	0.73	1.39*
	2	—	—	0.70	—
	3	—	—	0.69	—
$4\Delta_y$	1	—	—	$1.15^{\Delta *}$	—

注：$^{\Delta}$表示峰值荷载阶段耗能系数，*表示最大滞回环面积阶段的耗能系数。

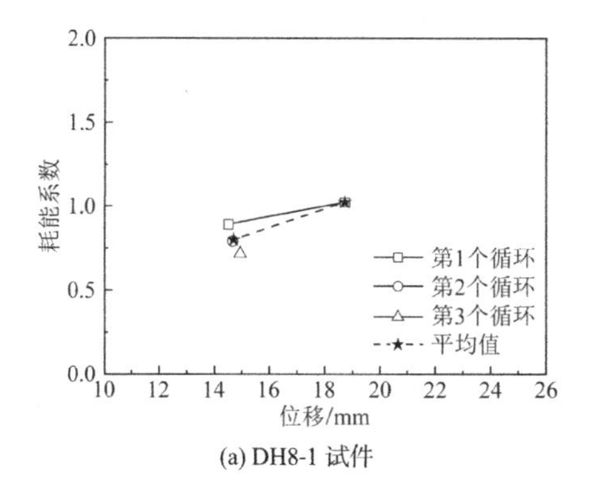

(a) DH8-1 试件

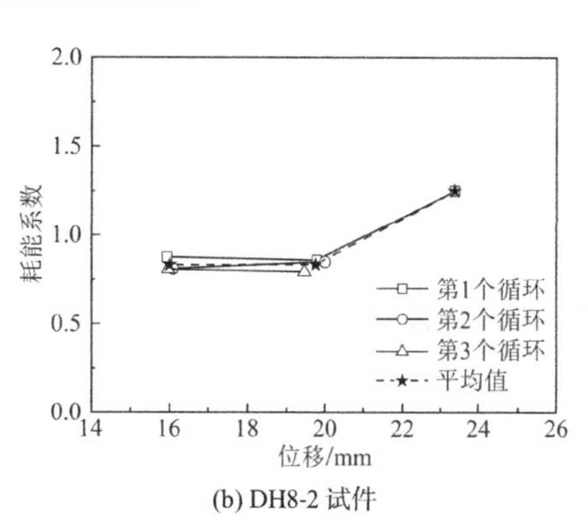

(b) DH8-2 试件

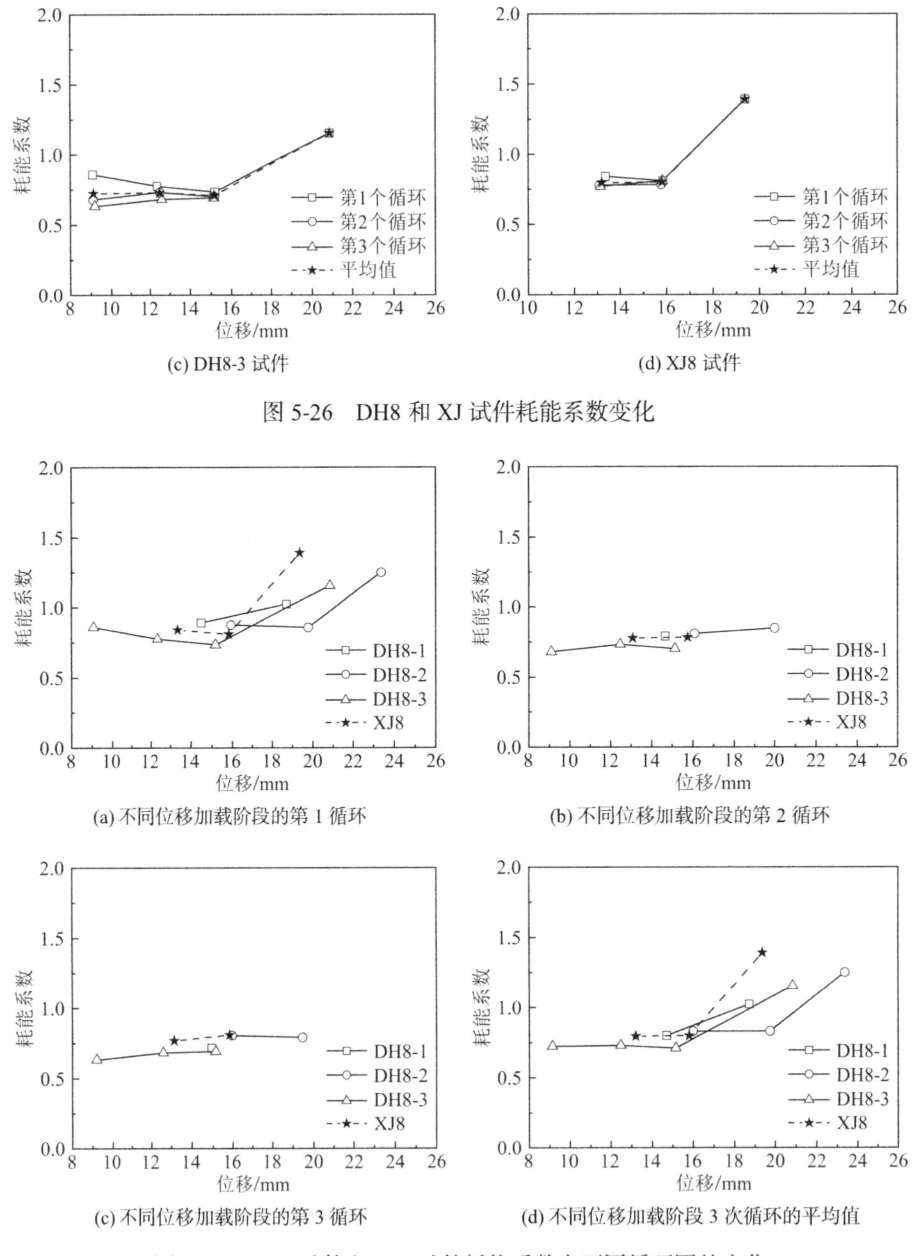

(c) DH8-3 试件　　(d) XJ8 试件

图 5-26　DH8 和 XJ 试件耗能系数变化

(a) 不同位移加载阶段的第 1 循环　　(b) 不同位移加载阶段的第 2 循环

(c) 不同位移加载阶段的第 3 循环　　(d) 不同位移加载阶段 3 次循环的平均值

图 5-27　DH8 试件和 XJ8 试件耗能系数在不同循环圈的变化

（2）节点连接钢筋采用 10mm 螺纹钢的 DH10 试件和 XJ10 试件

节点连接钢筋采用 10mm 螺纹钢的双面叠合 DH10 试件和现浇 XJ10 试件耗能系数如表 5-23 所示（降至峰值荷载 85%后的阶段不考虑），从表中可以看出峰值荷载阶段双面叠合 DH10 试件的耗能系数比现浇 XJ10 试件低，最大滞回环面积阶段双面叠合 DH10 试件的耗能系数比现浇 XJ10 试件高。耗能系数变化规律如图 5-28 和图 5-29 所示，从图 5-28 中可以看出双面叠合 DH10 试件和现浇 XJ10 试件的耗能系数变化规律有所差别，DH10 试件位移加载阶段较短，耗能系数变化突然，XJ10 试件位移加载阶段较长，耗能系数变化较为稳定，从图 5-29 中可以看出，在不同位移加载阶段的第 1、第 2、第 3 循环圈中，双面叠合 DH10 试件耗能系数比现浇 XJ10 试件略低。

DH10 试件和 XJ10 试件耗能系数　表 5-23

耗能阶段		DH10-1	DH10-2	DH10-3	XJ10
加载位移	循环次数				
$1\Delta_y$	1	1.16	0.98	0.97	0.88
	2	0.98	0.78	0.76	1.17
	3	0.85	0.72	0.88	0.99
$2\Delta_y$	1	0.86^{Δ}	0.82	$0.97^{\Delta *}$	1.01
	2	1.44*	0.78	0.90	0.98
	3	—	0.76	0.79	0.93
$3\Delta_y$	1	—	$1.39^{\Delta *}$	—	1.05^{Δ}
	2	—	—	—	1.02
	3	—	—	—	1.04
$4\Delta_y$	1	—	—	—	1.09*
	2	—	—	—	1.13

注：$^{\Delta}$表示峰值荷载阶段耗能系数，*表示最大滞回环面积阶段的耗能系数。

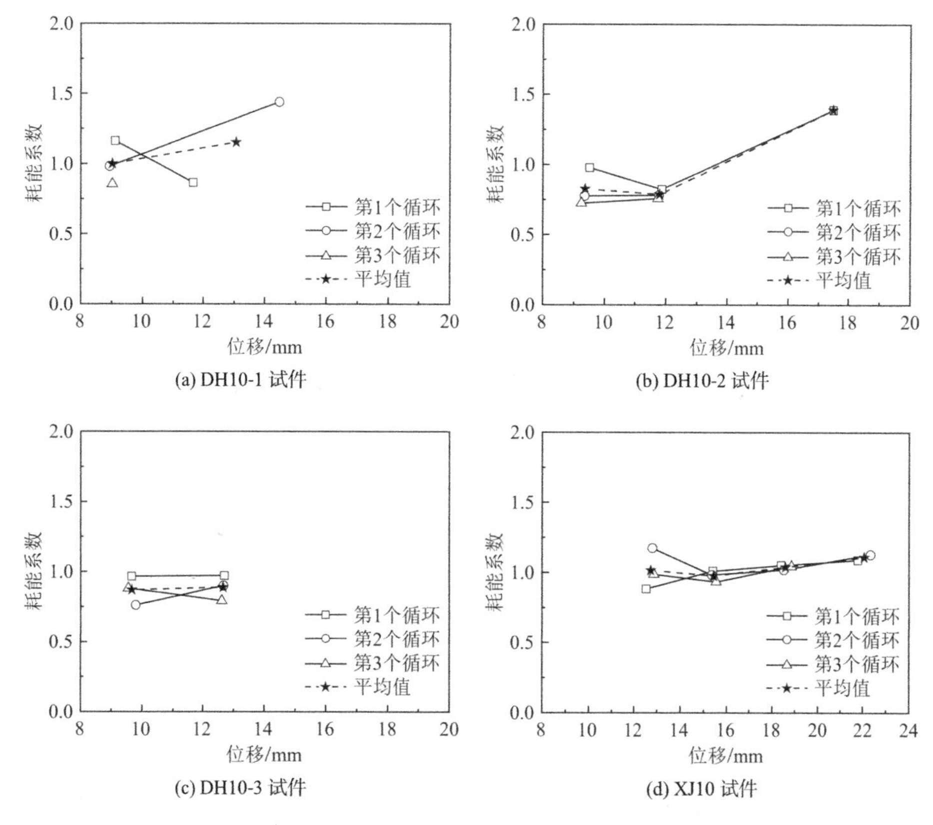

图 5-28　DH10 和 XJ10 试件耗能系数变化

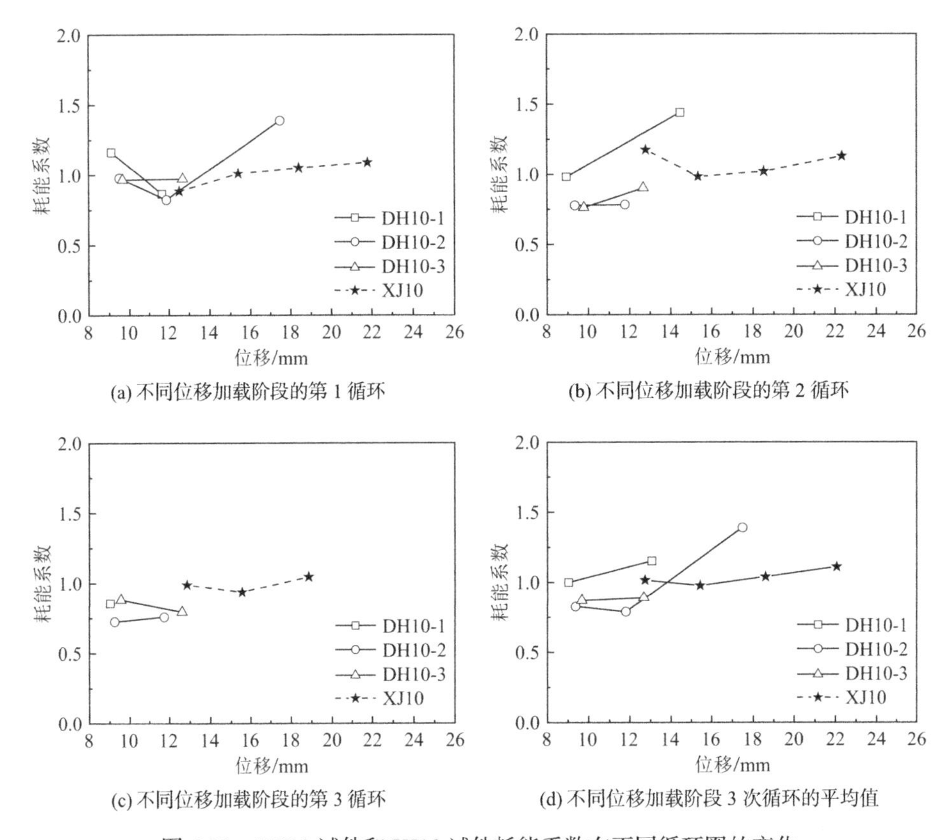

(a) 不同位移加载阶段的第 1 循环

(b) 不同位移加载阶段的第 2 循环

(c) 不同位移加载阶段的第 3 循环

(d) 不同位移加载阶段 3 次循环的平均值

图 5-29 DH10 试件和 XJ10 试件耗能系数在不同循环圈的变化

5.5 本章小结

通过对双面叠合剪力墙水平连接节点在循环剪切荷载作用下的试验，研究了双面叠合剪力墙水平连接节点的抗震性能，并与现浇水平连接节点进行对比，可以得到如下结论：

（1）双面叠合剪力墙水平连接节点试验结果表明由于灌浆层的存在，双面叠合剪力墙水平连接节点水平裂缝分别出现在两个交界面上，破坏时，灌浆层内混凝土被剪碎，部分被“挤出”，灌浆层和双面叠合剪力墙预制层的交界面较为光滑；现浇剪力墙水平连接节点水平裂缝只存在上下墙体交界面处。

（2）节点连接钢筋采用 8mm 螺纹钢的双面叠合剪力墙水平连接节点 DH8 试件和现浇剪力墙水平连接节点 XJ8 试件滞回曲线在正反方向均较为对称，在力控制阶段，滞回环包络面积较小，随着交界面裂缝的出现，进入位移控制阶段，滞回环包络面积逐渐增加，从滞回曲线上可以看出双面叠合 DH8 试件和现浇 XJ8 试件的水平连接节点均出现较为明显的滑移，在峰值荷载阶段双面叠合 DH8 试件的滞回包络面积均大于现浇 XJ8 试件；节点连接钢筋采用 10mm 螺纹钢的双面叠合剪力墙水平连接节点 DH10 试件的滞回曲线在正反方向不对称，而现浇剪力墙水平连接节点的 XJ10 试件滞回曲线较为对称，双面叠合 DH10 试件水平连接节点在到达峰值荷载时出现了较为明显的滑移，而现浇 XJ10 试件滑移现象不明显，双面叠合 DH10 试件出现滑移后荷载迅速降低，刚度几乎降为 0，现浇 XJ10 试件超过峰值荷载后承载力缓慢下降。

（3）节点连接钢筋采用 8mm 螺纹钢的双面叠合剪力墙水平连接节点 DH8 试件的骨架曲线在峰值荷载之前基本上和现浇 XJ8 试件一致，峰值荷载之后，双面叠合 DH8 试件的极限位移较现浇 XJ8 试件大；对于节点连接钢筋采用 10mm 螺纹钢的双面叠合剪力墙水平连接节点 DH10 试件的骨架曲线在峰值荷载之前也和现浇 XJ10 试件基本一致，峰值荷载之后，双面叠合 DH10 试件的极限位移较现浇 XJ10 试件小。双面叠合 DH8 试件的正向峰值承载力的平均值较现浇 XJ8 试件低，二者之间相差 2.6%，双面叠合 DH8 试件的负向峰值承载力平均值较现浇 XJ8 试件高，二者之间相差 6.7%；双面叠合 DH10 试件的正向峰值承载力平均值较现浇 XJ10 试件低，二者之间相差 1%，双面叠合 DH10 试件的负向峰值承载力平均值较现浇 XJ10 试件低，二者之间相差 3.6%。

（4）通过等效能量法和 Park 法求得的各个试件的等效屈服荷载来计算位移延性系数，采用不同方法计算的双面叠合 DH8 试件的延性系数平均值高于现浇 XJ8 试件的延性系数，采用等效能量法计算时二者相差 1.1%，采用 Park 法计算时二者相差 10.1%；采用不同方法计算的双面叠合 DH10 试件的延性系数平均值低于现浇 XJ10 试件的延性系数，采用等效能量法计算时二者相差 14.1%，采用 Park 法计算时二者相差 4.2%，采用实测值计算时二者相差 8.7%。

（5）对于双面叠合 DH8 试件，在峰值荷载阶段试件总耗能并没有达到最大，峰值荷载后，随着位移的增加总耗能仍有提高，和现浇 XJ8 试件表现的特性相似；对于双面叠合 DH10 试件，在峰值荷载阶段试件总耗能也达到最大，而现浇 XJ10 试件在峰值荷载阶段后还有较大的耗能能力，二者表现的特性有所不同。

第 6 章

双面叠合剪力墙水平连接节点抗剪机理分析

双面叠合剪力墙水平连接节点的抗剪问题同样可以归结为新老混凝土界面抗剪问题，大部分的学者通过剪切-摩擦理论来解释界面抗剪机理，在第 3 章中利用剪切-摩擦理论对叠合面的抗剪问题进行了阐述，本章继续利用剪切-摩擦理论对双面叠合剪力墙水平连接节点抗剪机理进行分析。然而相当一部分的新老混凝土界面直剪试验结果表明[93-95]：对于界面无初始裂缝的试件，会出现对角拉伸裂缝，裂缝和界面呈 40°～50°夹角，同样的现象也出现在有初始裂缝的高界面配筋率的试件中，最后界面发生剪切破坏的同时，在对角拉伸裂缝靠近界面附近区域的混凝土被压溃，剪切-摩擦理论却不能很好地解释新老混凝土界面周围混凝土压溃现象，因此提出了软化拉压杆模型来预测界面的抗剪强度。第 5 章的试验现象表明在灌浆层内也出现了对角斜裂缝，因此本章还将基于软化拉压杆模型对双面叠合剪力墙水平连接节点抗剪机理进行分析。首先利用布置在界面钢筋表面的应变片，分析界面连接钢筋的应变规律，接着通过剪切-摩擦理论和软化拉压杆模型来分析双面叠合剪力墙水平连接节点的抗剪机理，最后建立双面叠合剪力墙水平连接节点抗剪承载力的计算公式。

6.1 界面钢筋应变随荷载的变化规律

水平连接节点插筋上 1 号应变片位于灌浆层和上部叠合墙体交界面位置，根据 1 号应变片的数据能够反映界面插筋在加载过程中的受力变化规律，DH8 试件和 DH10 试件插筋编号如图 6-1 所示（XJ8 和 XJ10 钢筋编号同 DH8 和 DH10）。

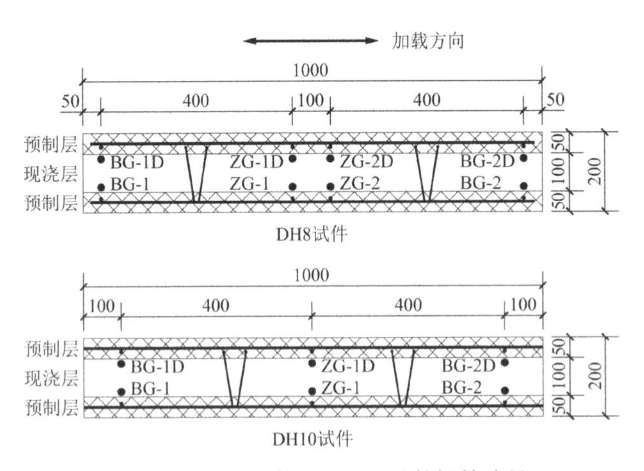

图 6-1 DH8 试件和 DH10 试件插筋编号

6.1.1 双面叠合 DH8 试件和现浇 XJ8 试件钢筋应变变化规律

1. DH8-1 试件界面连接钢筋应变变化规律

DH8-1 试件界面钢筋的应变变化规律如图 6-2 所示，从图中可以看出界面连接钢筋在同一位置的两根钢筋应变变化规律较为一致，分布在边缘的四根钢筋的应变在正反两个方向加载过程中不对称，而中间四根钢筋的应变在正反两个方向加载过程中较为对称，相同荷载阶段边缘的四根钢筋的应变值比中间四根钢筋的应变值大。将界面连接钢筋在 ±200kN、±400kN、±600kN、±700kN（开裂阶段）和试件的峰值荷载阶段 $\pm P_u$（861.4kN/−805.5kN）对应的应变值提出，绘制如图 6-3 所示。从图中可以看出，在开裂荷载之前，钢筋的应变值非常小，不超过 100με，表明在开裂之前界面钢筋的抗剪作用较小；在开裂荷载阶段两侧的钢筋应变值增加明显，中间四根钢筋应变变化仍然较小；在峰值荷载阶段所有钢筋应变值均未达到屈服应变，最大应变值出现在 BG-1D 中，约为 0.015。

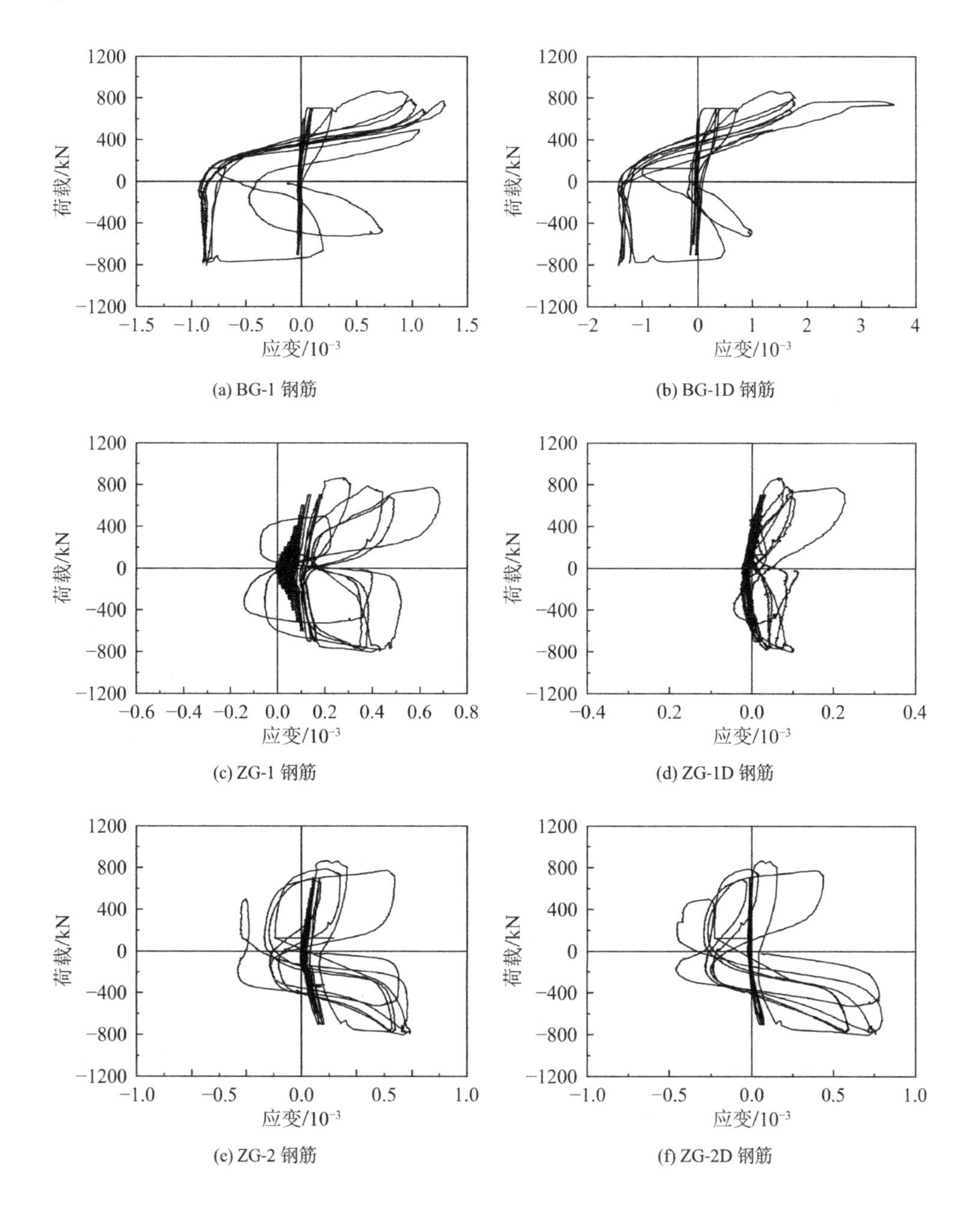

(a) BG-1 钢筋

(b) BG-1D 钢筋

(c) ZG-1 钢筋

(d) ZG-1D 钢筋

(e) ZG-2 钢筋

(f) ZG-2D 钢筋

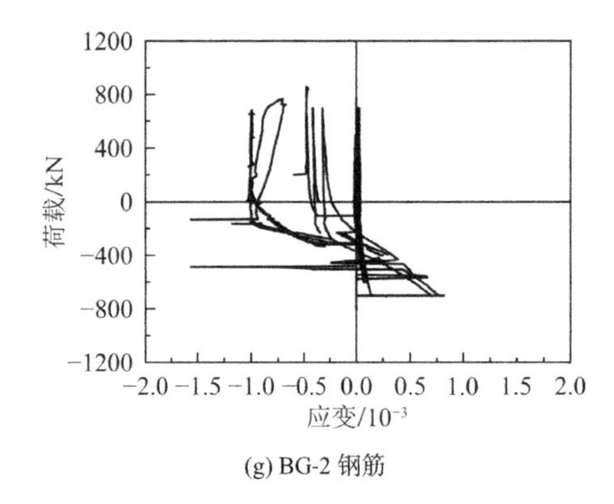

(g) BG-2 钢筋

图 6-2 DH8-1 试件界面钢筋应变随水平荷载的变化关系

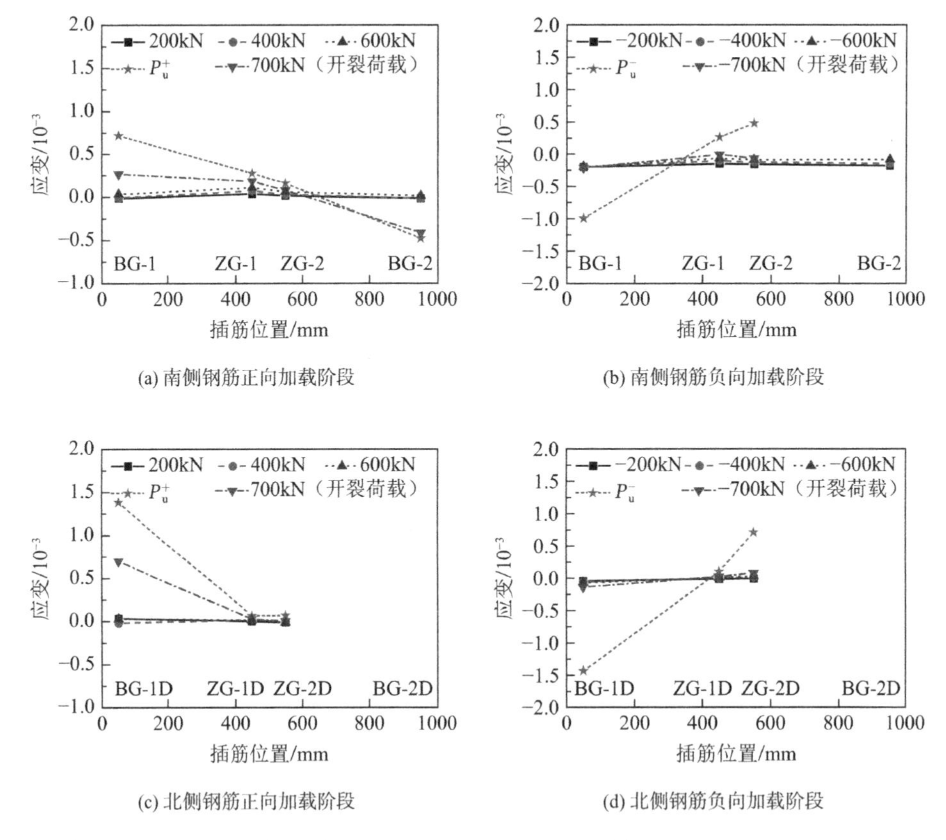

(a) 南侧钢筋正向加载阶段

(b) 南侧钢筋负向加载阶段

(c) 北侧钢筋正向加载阶段

(d) 北侧钢筋负向加载阶段

图 6-3 DH8-1 试件界面连接钢筋在不同加载阶段的峰值荷载对应的应变变化规律

2. DH8-2 试件界面连接钢筋应变变化规律

DH8-2 试件界面钢筋的应变变化规律如图 6-4 所示，从图中可以看出界面连接钢筋在同一位置的两根钢筋应变变化规律较为一致，分布在边缘的四根钢筋的应变在正反两个方向加载过程中不对称，而中间四根钢筋的应变在正反两个方向加载过程中较为对称，相同荷载阶段边缘的四根钢筋的应变值比中间四根钢筋的应变值大。将界面连接钢筋在 ±200kN、±400kN、±600kN、±700kN（开裂荷载）、第 1 阶段位移加载第

1 循环峰值阶段（782.7kN/−766.3kN）、试件的峰值荷载阶段 $\pm P_u$（830.8kN/−719.5kN）对应的应变值提出，绘制如图 6-5 所示。从图中可以看出，在开裂荷载之前，所有钢筋的应变值都非常小，均不超过 100με，表明在开裂之前界面钢筋的抗剪作用较小；在开裂荷载阶段两侧钢的筋应变值增加明显，靠近东侧反力架的钢筋 BG-2 应变值达到屈服应变，BG-2D 的应变值达到 0.011，而中间四根钢筋的应变值仍然较小；在峰值荷载阶段只有界面连接钢筋 BG-2D 超过屈服应变，达到 0.035，剩余钢筋没有达到屈服。从图中可以看出，随着荷载的增加，中间四根钢筋的应变值逐渐增大，两侧钢筋的应变在开裂荷载阶段突然增大，随着荷载增加缓慢下降，表明界面连接钢筋逐渐均匀受力。

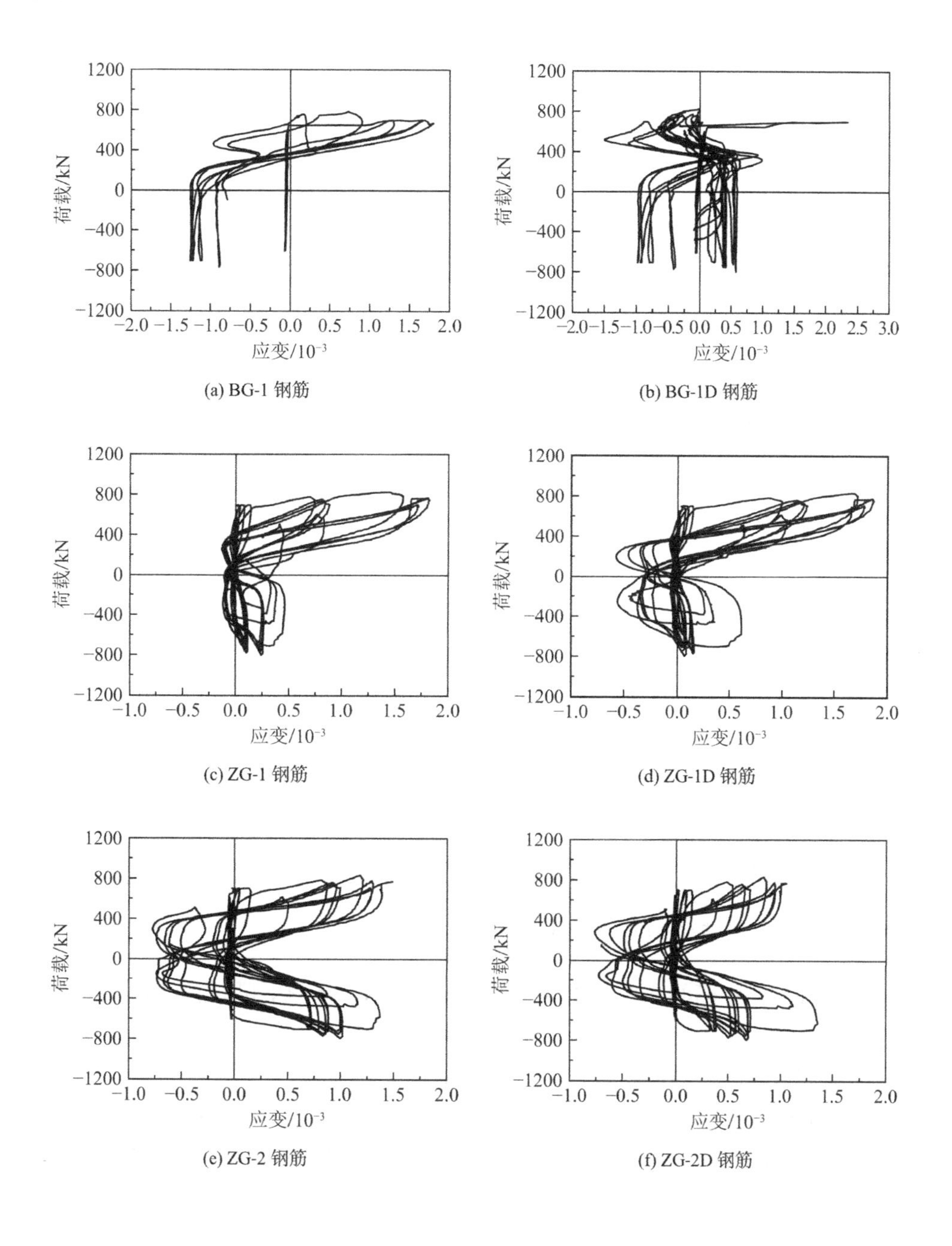

(a) BG-1 钢筋

(b) BG-1D 钢筋

(c) ZG-1 钢筋

(d) ZG-1D 钢筋

(e) ZG-2 钢筋

(f) ZG-2D 钢筋

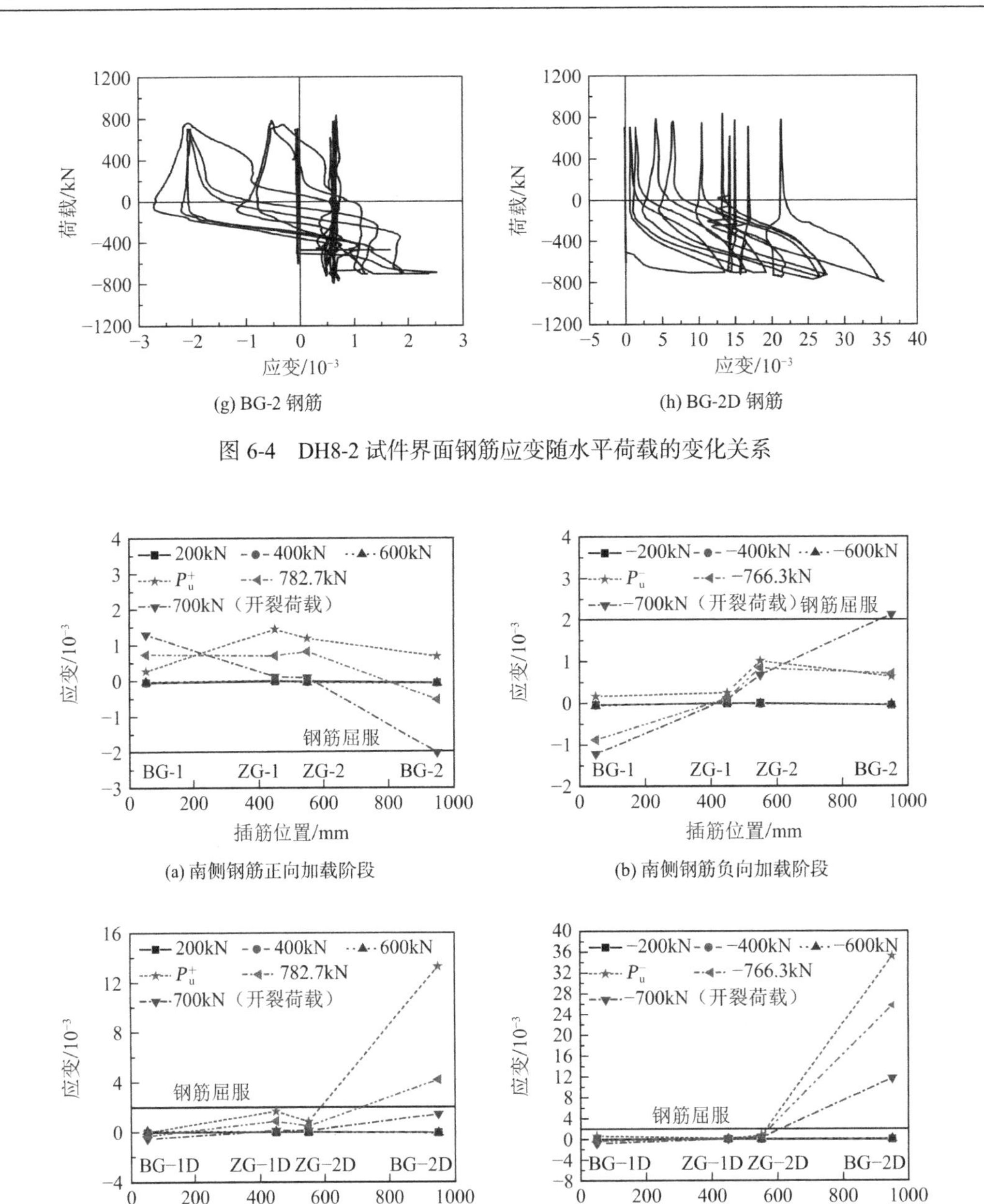

(g) BG-2 钢筋

(h) BG-2D 钢筋

图 6-4　DH8-2 试件界面钢筋应变随水平荷载的变化关系

(a) 南侧钢筋正向加载阶段

(b) 南侧钢筋负向加载阶段

(c) 北侧钢筋正向加载阶段

(d) 北侧钢筋负向加载阶段

图 6-5　DH8-2 试件界面连接钢筋在不同加载阶段的峰值荷载对应的应变变化规律

3. DH8-3 试件界面连接钢筋应变变化规律

DH8-3 试件界面钢筋的应变变化规律如图 6-6 所示，从图中可以看出界面连接钢筋在同一位置的两根钢筋应变变化规律较为一致，分布在边缘的钢筋的应变在正反两个方向加载过程中不对称，而中间四根钢筋的应变在正反两个方向加载过程中较为对称，相同荷载阶段边缘钢筋的应变值比中间四根钢筋的应变值大。将界面连接钢筋在 ±200kN、±400kN、±600kN（开裂荷载）、第 1 阶段位移加载第 1 循环峰值阶段（726kN/−667kN）、第 2 阶段位移加载第 1 循环峰值阶段（741kN/−754kN）、第 3 阶段位移加载第 1 循环峰值阶段（789kN/−791kN）、试件的峰值阶段 $\pm P_u$（814kN/−810.7kN）对应的应变值提出，绘制如图 6-7 所示。从图中可以看出，在开裂荷载（±600kN）之前，所有钢筋的应变值都非常小，均不超过 50με，表明在开裂之前界面钢筋的抗剪作用较小；在开裂荷载阶段（±600kN）界面钢筋的应变值增加仍不明显，边缘钢筋 BG-2 和 BG-2D 应变值仅 100με；在第 1 阶段位移加载第 1 循环峰值阶段，边缘钢筋 BG-2 和 BG-2D 应变值没有超过 345με。在第 2 阶段位移加载第 1 循环峰值阶段，边缘钢筋 BG-2 和 BG-2D 应变值增加显著，负向加载时 BG-2 应变值达到屈服应变。峰值荷载阶段，只有边缘钢筋 BG-2 在正向阶段达到屈服，负向阶段没有达到屈服。从图中可以看出，随着荷载的增加，中间四根钢筋的应变值逐渐增大，两侧钢筋的应变在第 2 阶段位移加载第 1 循环阶段突然增大，随着荷载增加边缘钢筋的应变值缓慢下降，表明界面连接钢筋逐渐均匀受力。

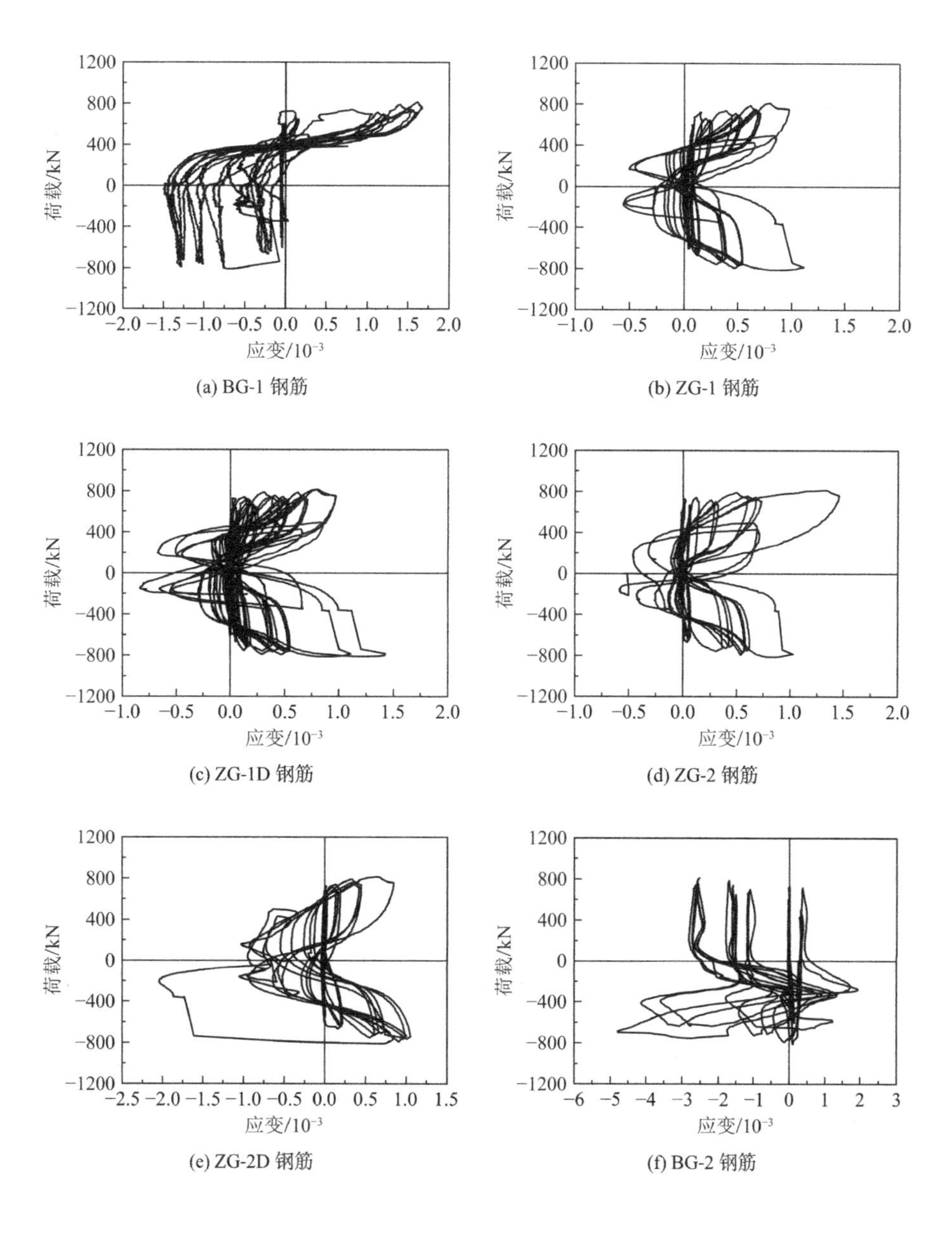

(a) BG-1 钢筋　(b) ZG-1 钢筋

(c) ZG-1D 钢筋　(d) ZG-2 钢筋

(e) ZG-2D 钢筋　(f) BG-2 钢筋

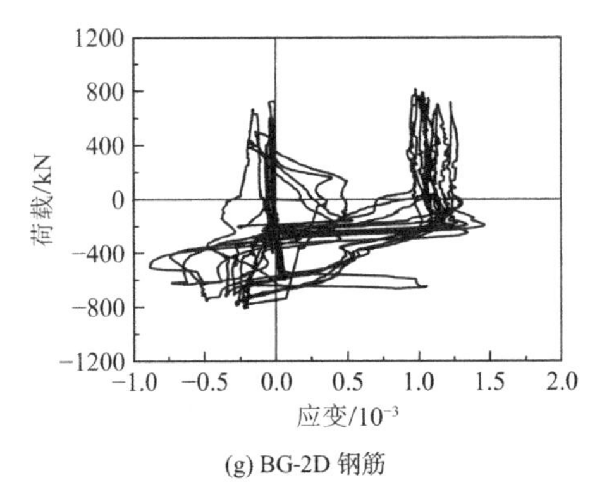

(g) BG-2D 钢筋

图 6-6 DH8-3 试件界面钢筋应变随水平荷载的变化关系

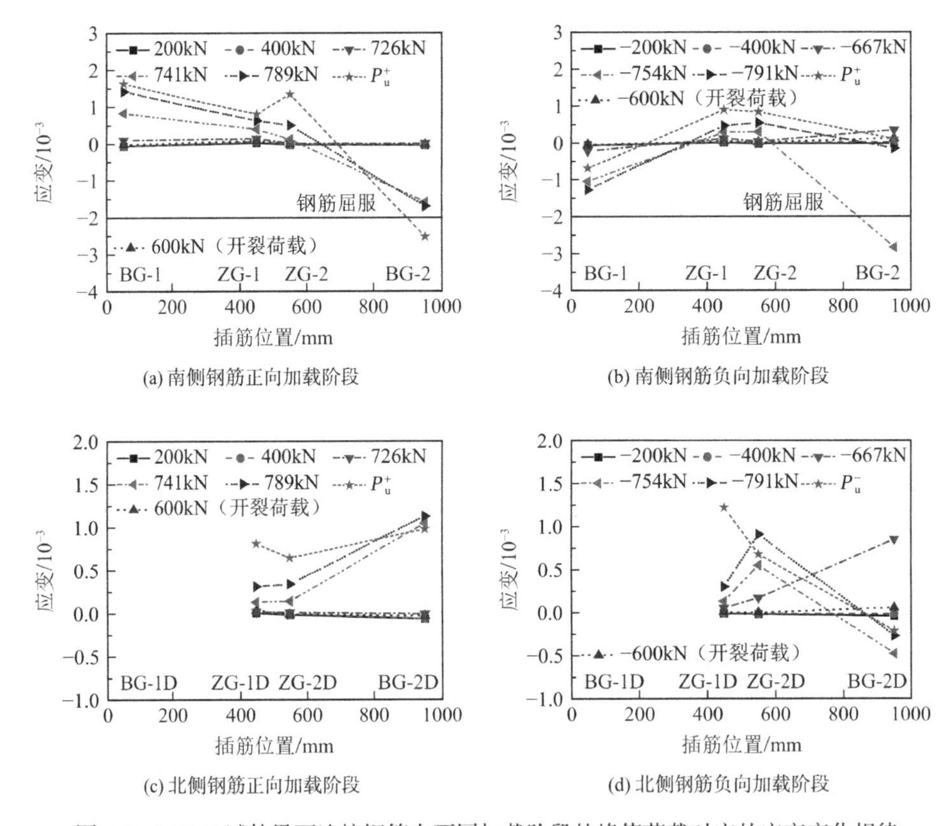

(a) 南侧钢筋正向加载阶段 (b) 南侧钢筋负向加载阶段

(c) 北侧钢筋正向加载阶段 (d) 北侧钢筋负向加载阶段

图 6-7 DH8-3 试件界面连接钢筋在不同加载阶段的峰值荷载对应的应变变化规律

4. XJ8 试件界面连接钢筋应变变化规律

XJ8 试件界面钢筋的应变变化规律如图 6-8 所示，从图中可以看出界面连接钢筋在同一位置的两根钢筋应变变化规律较为一致，分布在边缘的钢筋应变在正反两个方向加载过程中不对称，而中间四根钢筋的应变在正反两个方向加载过程中较为对称，相同荷载阶段边缘钢筋的应变值比中间四根钢筋的应变值大，其变化规律和双面叠合 DH8 试件界面钢筋应变变化规律一致。将界面连接钢筋在 ±200kN、±400kN、±600kN、±700kN（开裂荷载）、第 1 阶段位移加载第 1 循环峰值阶段（840kN/−748kN）、试件的峰值阶段

$\pm P_u$（857.3kN/−752kN）对应的应变值提出，绘制如图 6-9 所示。从图中可以看出，在开裂荷载（±700kN）之前，所有钢筋的应变值都非常小，均不超过 100με，表明在开裂之前界面钢筋的抗剪作用较小；在开裂荷载阶段两侧钢的筋应变值增加明显；在第 1 阶段位移加载第 1 循环峰值阶段，所有界面钢筋的应变值进一步增加，在试件峰值荷载阶段正向峰值时只有界面连接钢筋 BG-1 应变值达到屈服应变，其余钢筋没有屈服。从图中可以看出，随着荷载的增加，中间四根钢筋的应变值逐渐增大，两侧钢筋的应变在开裂阶段突然增大，随着荷载增加边缘钢筋的应变值缓慢下降，表明界面连接钢筋逐渐均匀受力。

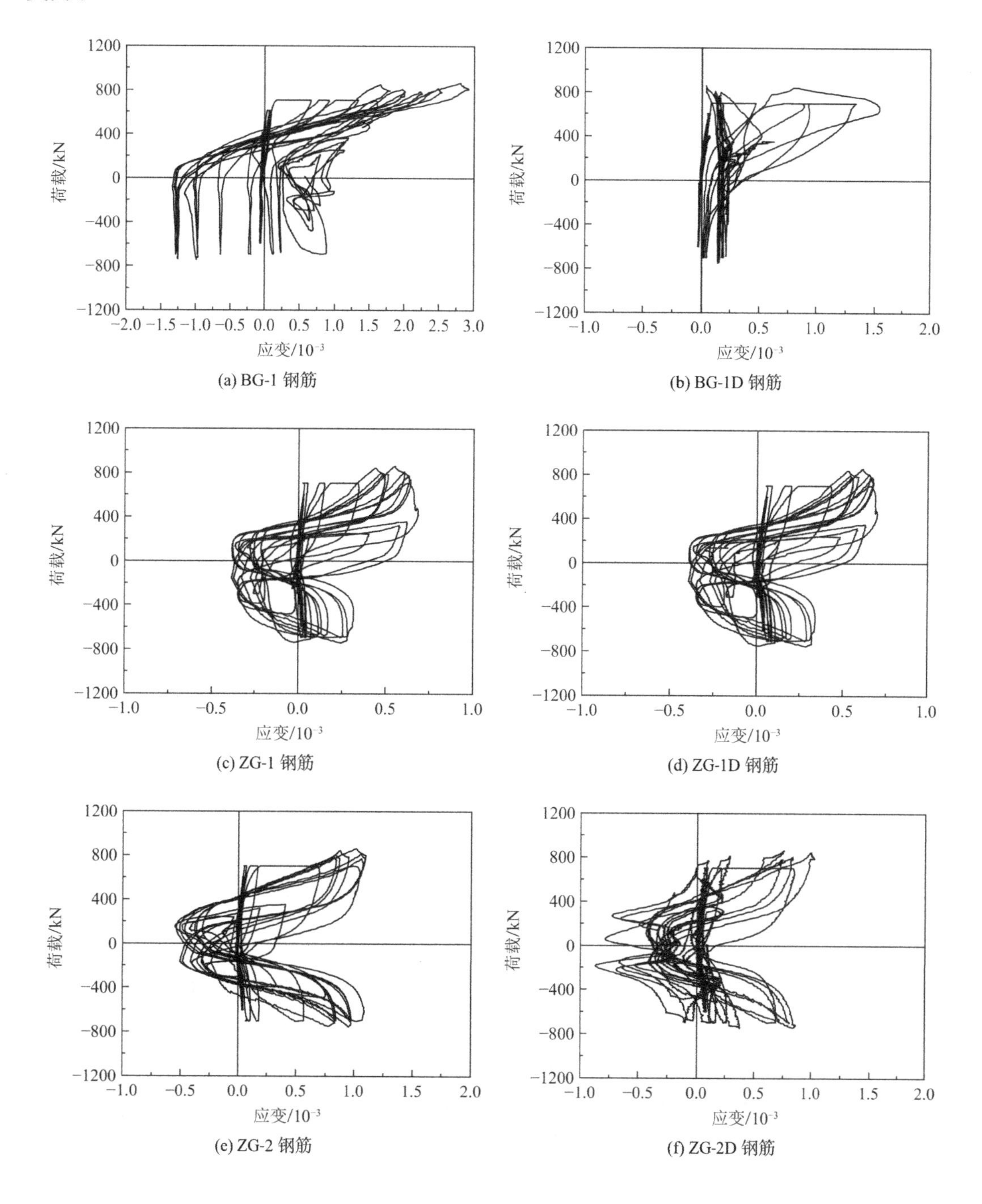

(a) BG-1 钢筋　(b) BG-1D 钢筋

(c) ZG-1 钢筋　(d) ZG-1D 钢筋

(e) ZG-2 钢筋　(f) ZG-2D 钢筋

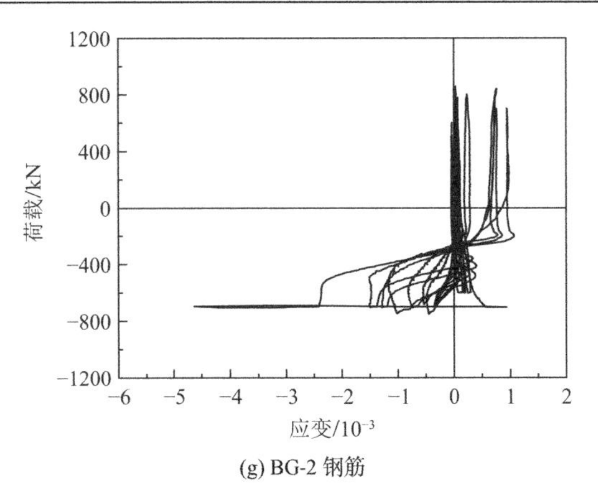

(g) BG-2 钢筋

图 6-8 XJ8 试件界面钢筋应变随水平荷载的变化关系

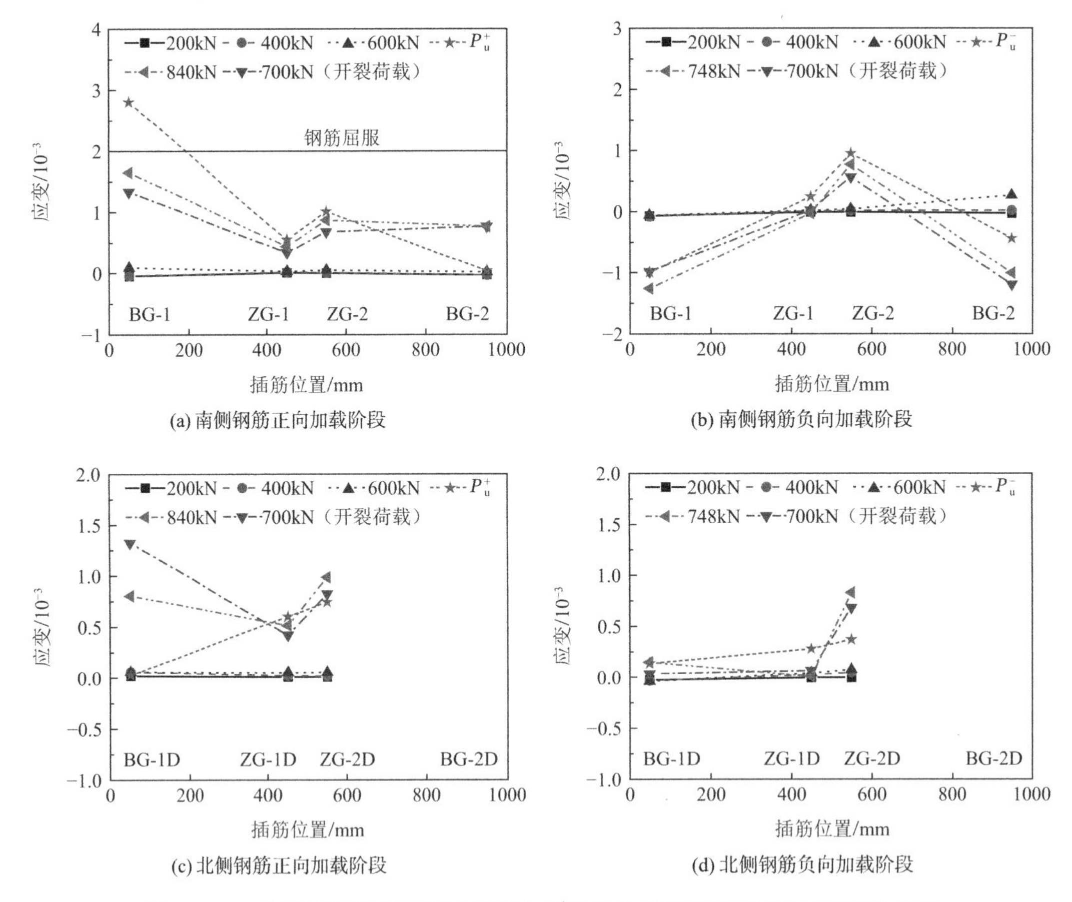

(a) 南侧钢筋正向加载阶段

(b) 南侧钢筋负向加载阶段

(c) 北侧钢筋正向加载阶段

(d) 北侧钢筋负向加载阶段

图 6-9 XJ8 试件界面连接钢筋在不同加载阶段的峰值荷载对应的应变变化规律

从上面的分析可以看出，节点连接钢筋采用 8mm 螺纹钢的双面叠合 DH8 试件和现浇 XJ8 试件界面连接钢筋应变变化规律较为一致：随着荷载的增加，中间四根钢筋的应变值逐渐增大，边缘钢筋的应变值在开裂阶段增加较为明显，随后随着位移的增大应变值先增大后降低，界面钢筋应变值逐渐趋于均匀；峰值荷载阶段，双面叠合 DH8 试件和现浇 XJ8 试件的界面连接钢筋仅边缘某一根钢筋应变值达到屈服应变，其余界面连接钢筋的应变值没有达到屈服应变。

6.1.2　双面叠合 DH10 试件和现浇 XJ10 试件钢筋应变变化规律

1. DH10-1 试件界面连接钢筋应变变化规律

DH10-1 试件界面钢筋的应变变化规律如图 6-10 所示，从图中可以看出界面连接钢筋在同一位置的两根钢筋应变变化规律较为一致，分布在边缘的钢筋应变在正反两个方向加载过程中不对称，而中间两根钢筋的应变在正反两个方向加载过程中较为对称，相同荷载阶段边缘钢筋的应变值比中间两根钢筋的应变值大。将界面连接钢筋在 ±200kN、±400kN、±600kN（开裂荷载）、第 1 阶段位移加载第 1 循环峰值阶段（632kN/−676kN）、试件的峰值阶段 $\pm P_u$（709.7kN/−725.8kN）对应的应变值提出，绘制如图 6-11 所示。从图中可以看出，在开裂荷载之前，所有钢筋的应变值都非常小，均不超过 100με，表明在开裂之前界面钢筋的抗剪作用较小；在开裂荷载阶段 BG-2 和 BG-2D 钢筋应变值增加明显，在 −700kN 时两根钢筋应变值超过屈服应变；在第 1 阶段位移加载第 1 循环正向峰值阶段，BG-1 和 BG-1D 钢筋应变值超过屈服应变，负向加载阶段 BG-2 和 BG-2D 钢筋应变值较小；在试件峰值荷载阶段正向峰值时界面连接钢筋 BG-1D、BG-2D 应变值达到屈服应变，负向峰值时界面连接钢筋 BG-1、ZG-1、BG-2、BG-1D 应变值达到屈服应变，ZG-1D 应变接近屈服应变。从图中可以看出，随着荷载的增加，中间两根钢筋的应变值逐渐增大，两侧钢筋的应变也随着荷载的增加而增大。

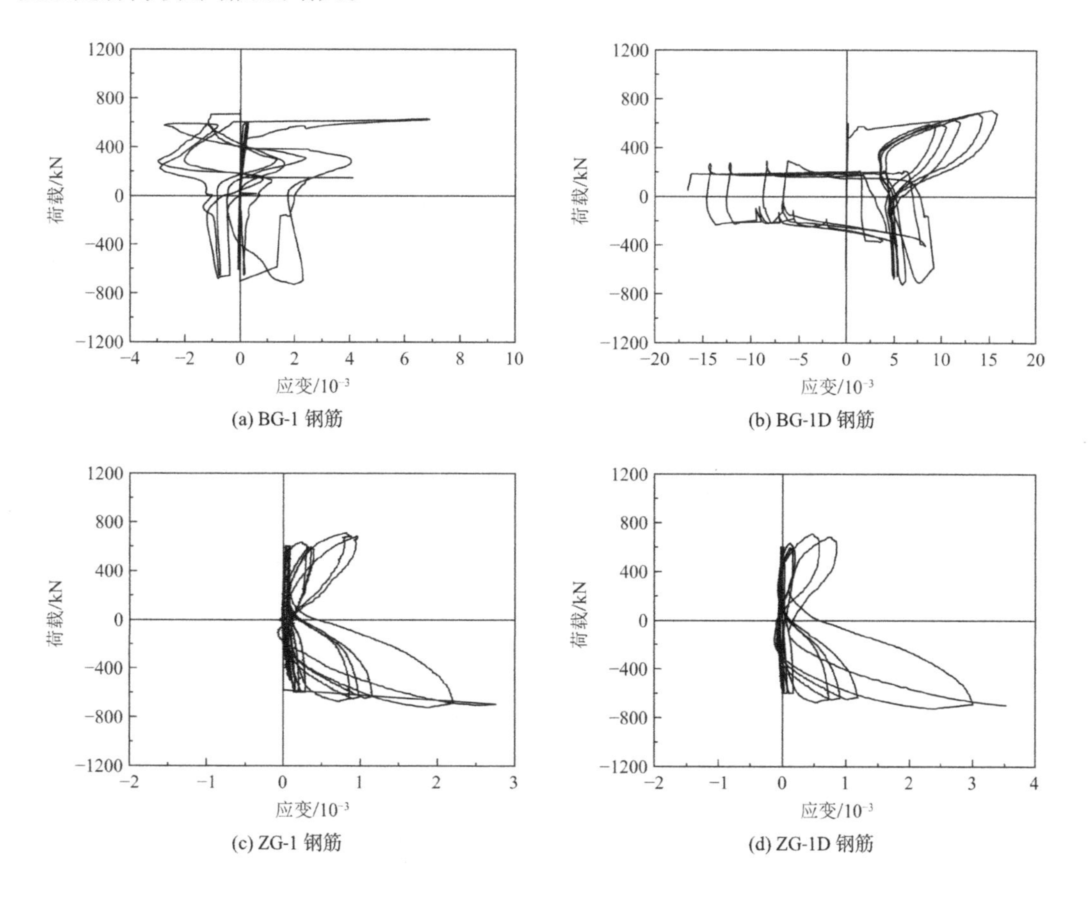

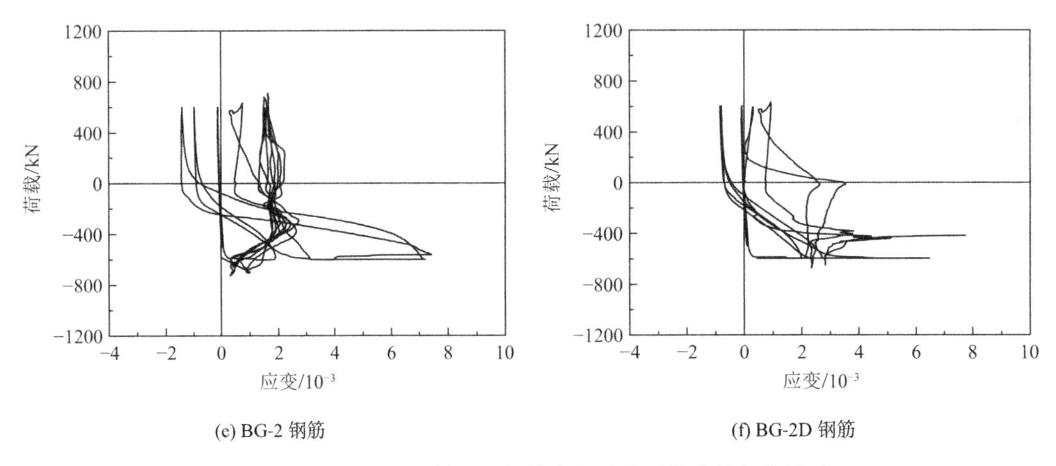

(e) BG-2 钢筋

(f) BG-2D 钢筋

图 6-10 DH10-1 试件界面钢筋应变随水平荷载的变化关系

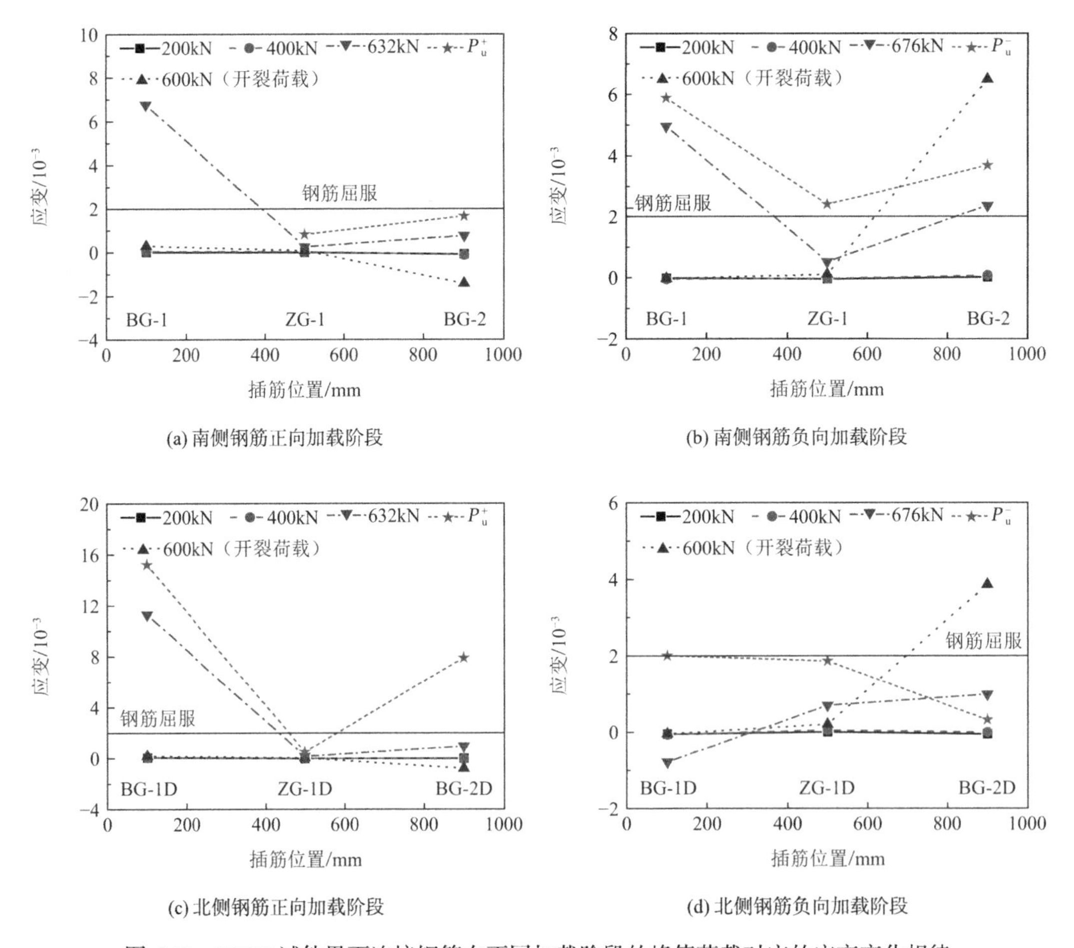

(a) 南侧钢筋正向加载阶段

(b) 南侧钢筋负向加载阶段

(c) 北侧钢筋正向加载阶段

(d) 北侧钢筋负向加载阶段

图 6-11 DH10 试件界面连接钢筋在不同加载阶段的峰值荷载对应的应变变化规律

2. DH10-2 试件界面连接钢筋应变变化规律

DH10-2 试件界面钢筋的应变变化规律如图 6-12 所示，从图中可以看出界面连接钢筋在同一位置的两根钢筋应变变化规律较为一致，分布在边缘的钢筋应变在正反两个方向加载过程中不对称，而中间两根钢筋的应变在正反两个方向加载过程中较为对称，相同荷载阶段边缘钢筋的应变值比中间两根钢筋的应变值大。将界面连接钢筋在 ±200kN、±400kN、±600kN（开裂荷载）、第 1 阶段位移加载第 1 循环峰值阶段（713kN/−670kN）、第 2 阶段位移加载第 1 循环峰值阶段（760kN/−759kN）、试件的峰值阶段 $\pm P_u$（806kN/−824.2kN）对应的应变值提出，绘制如图 6-13 所示。从图中可以看出，在开裂荷载之前，所有钢筋的应变值都非常小，表明在开裂前界面钢筋的抗剪作用较小；在开裂荷载阶段 BG-1 和 BG-1D 应变值增加明显，在 +600kN 时 BG-1D 钢筋应变值超过屈服应变；在第 1 阶段位移加载第 1 循环正向峰值阶段，BG-1 和 BG-1D 钢筋应变值超过屈服应变，负向加载阶段 BG-2 和 BG-2D 钢筋应变值超过屈服应变；在第 2 阶段位移加载第 1 循环正向峰值阶段，BG-1 钢筋应变值继续增大，负向加载阶段 BG-2D 钢筋应变值超过 0.016，进入强化阶段，而 BG-2 钢筋应变减小；在试件峰值荷载阶段正向峰值时界面连接钢筋 BG-1、ZG-1、BG-2D 应变值超过屈服应变，负向峰值时界面连接钢筋 BG-1、ZG-1、BG-2D 应变值超过屈服应变。从图中可以看出，随着荷载的增加，中间两根钢筋的应变值逐渐增大，在极限荷载时 ZG-1 应变超过屈服应变，两侧钢筋的应变也随着荷载的增加而增大。

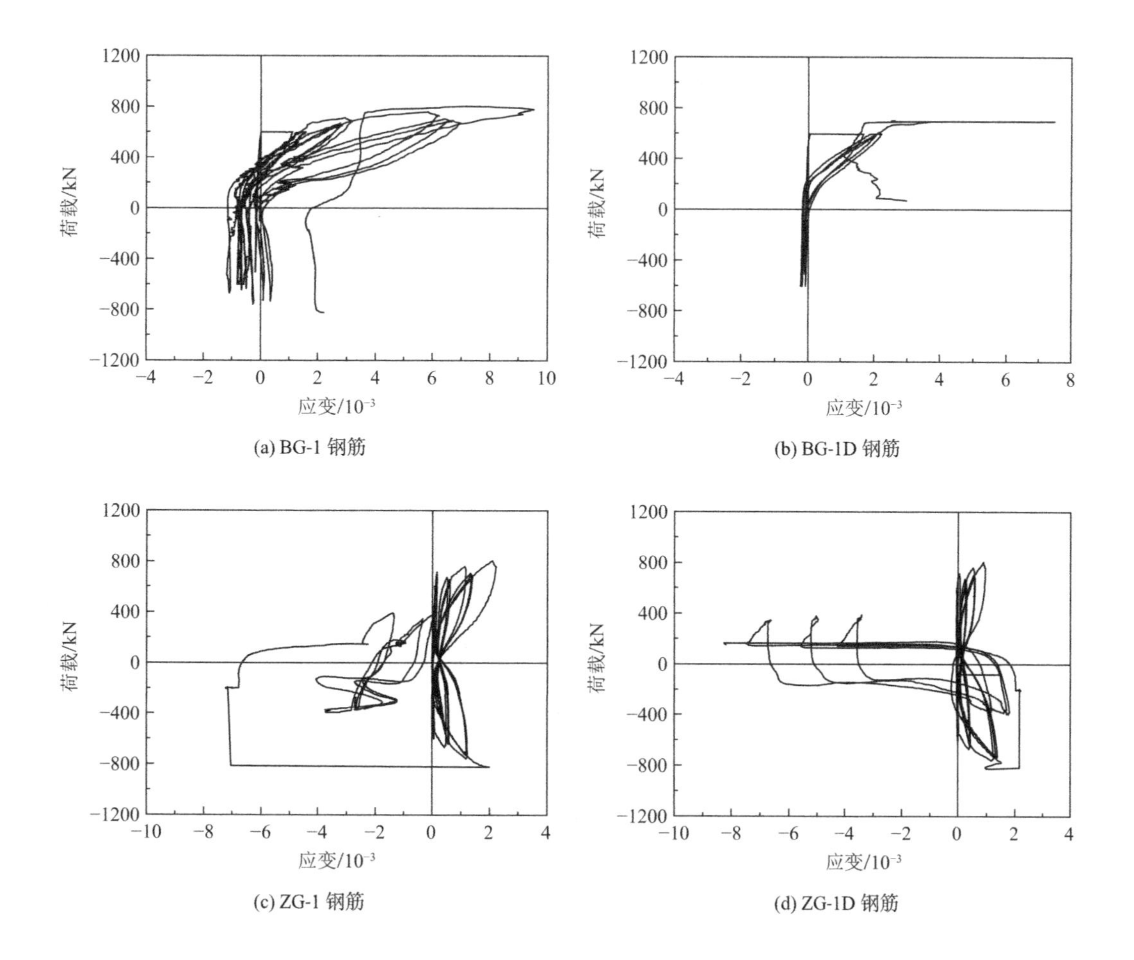

(a) BG-1 钢筋　(b) BG-1D 钢筋

(c) ZG-1 钢筋　(d) ZG-1D 钢筋

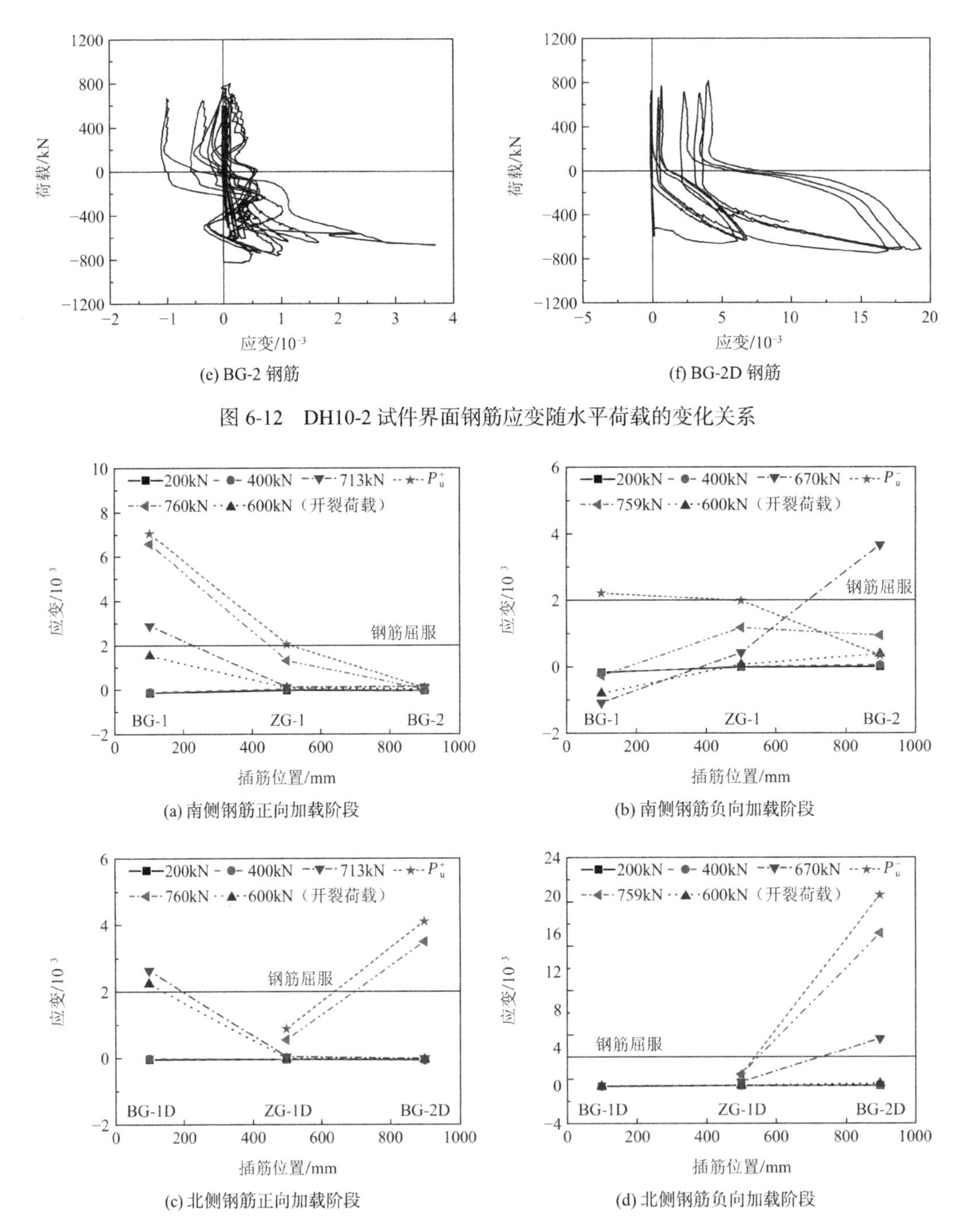

(e) BG-2 钢筋

(f) BG-2D 钢筋

图 6-12 DH10-2 试件界面钢筋应变随水平荷载的变化关系

(a) 南侧钢筋正向加载阶段

(b) 南侧钢筋负向加载阶段

(c) 北侧钢筋正向加载阶段

(d) 北侧钢筋负向加载阶段

图 6-13 DH10-2 试件界面连接钢筋在不同加载阶段的峰值荷载对应的应变变化规律

3. DH10-3 试件界面连接钢筋应变变化规律

DH10-3 试件界面钢筋的应变变化规律如图 6-14 所示，从图中可以看出界面连接钢筋在同一位置的两根钢筋应变变化规律较为一致，分布在边缘的钢筋应变在正反两个方向加载过程中不对称，而中间两根钢筋的应变在正反两个方向加载过程中较为对称，相同荷载阶段边缘钢筋的应变值比中间两根钢筋的应变值大。将界面连接钢筋在 ±200kN、±400kN、

±600kN（开裂荷载）、第 1 阶段位移加载第 1 循环峰值阶段（752kN/−694kN）、试件的峰值阶段 $\pm P_u$（773kN/−819.8kN）对应的应变值提出，绘制如图 6-15 所示。从图中可以看出，在开裂荷载之前，所有钢筋的应变值都非常小，均不超过 100με，表明在开裂之前界面钢筋的抗剪作用较小；在开裂荷载阶段钢筋应变值增加不明显，最大应变值不超过 240με；在第 1 阶段位移加载阶段钢筋应变值增加明显，在第 1 循环正向峰值阶段，BG-1D 和 BG-2 钢筋应变值超过屈服应变，负向加载阶段 BG-1D、BG-2 和 BG-2D 钢筋应变值超过屈服应变，BG-2D 钢筋应变值超过 0.01，进入强化阶段；在试件峰值荷载阶段正向峰值时界面连接钢筋 BG-1、BG-1D、BG-2 应变值超过屈服应变，负向峰值时界面连接钢筋 BG-1D、BG-2D 应变值超过屈服应变。从图中可以看出，随着荷载的增加，中间两根钢筋的应变值逐渐增大，但其最大应变值没有超过屈服应变，两侧钢筋的应变也随着荷载的增加而增大。

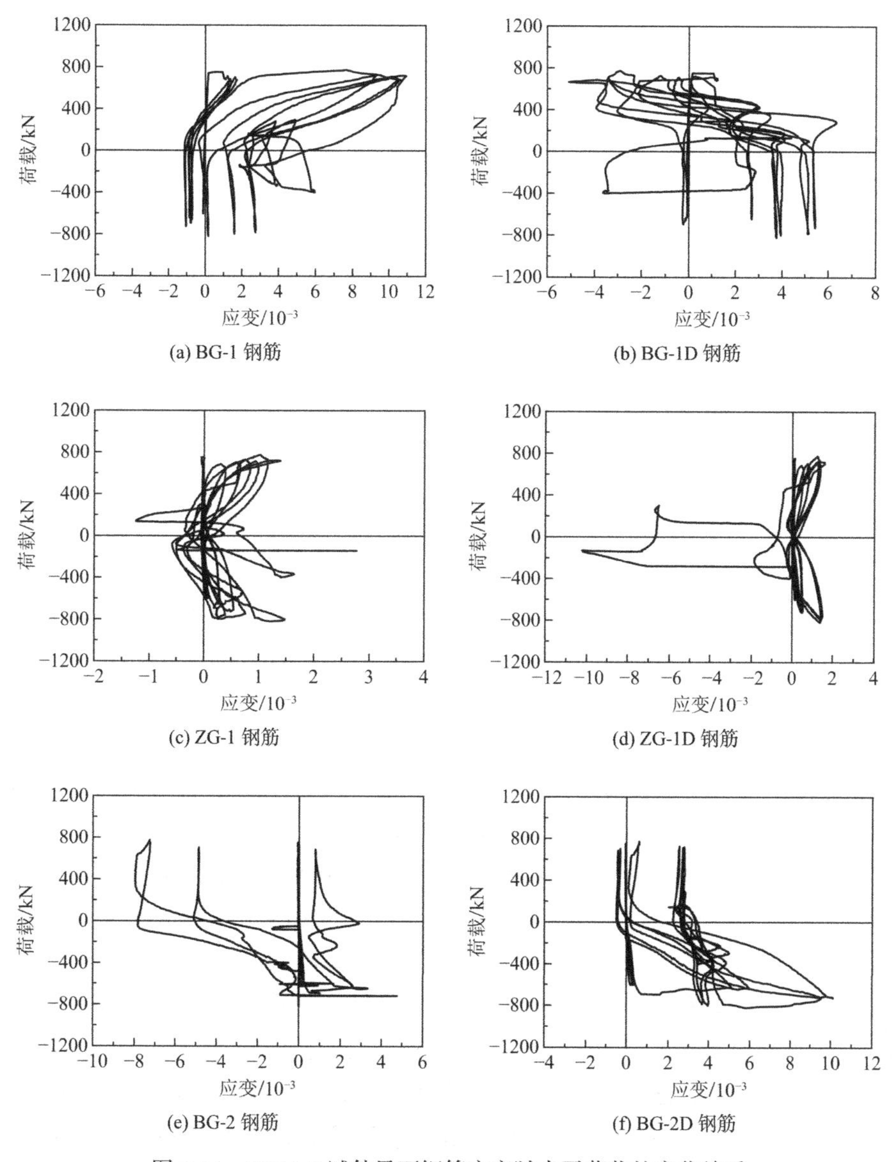

图 6-14　DH10-3 试件界面钢筋应变随水平荷载的变化关系

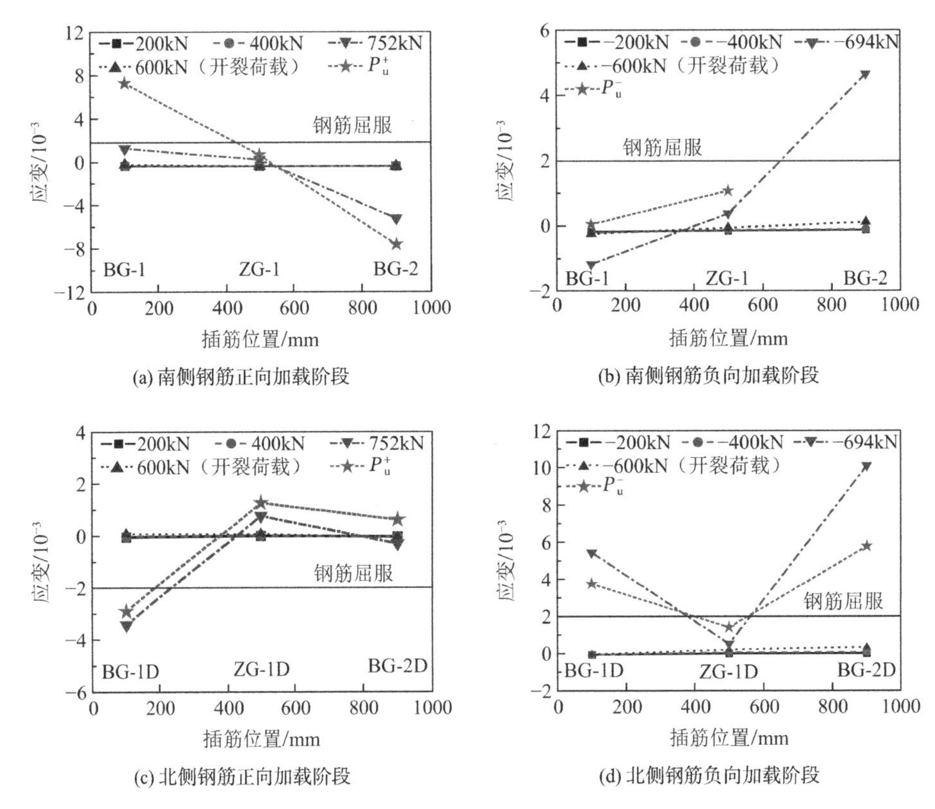

(a) 南侧钢筋正向加载阶段

(b) 南侧钢筋负向加载阶段

(c) 北侧钢筋正向加载阶段

(d) 北侧钢筋负向加载阶段

图 6-15 DH10-3 试件界面连接钢筋在不同加载阶段的峰值荷载对应的应变变化规律

4. XJ10 试件界面连接钢筋应变变化规律

XJ10 试件界面钢筋的应变变化规律如图 6-16 所示，从图中可以看出分布在边缘的钢筋应变在正反两个方向加载过程中不对称，中间钢筋的应变在正反两个方向加载过程中较为对称，相同荷载阶段边缘钢筋的应变值比中间钢筋的应变值大，其变化规律和双面叠合 DH10 试件界面钢筋应变变化规律一致。将界面连接钢筋在 ±200kN、±400kN、±600kN（开裂荷载）、第 1 阶段位移加载第 1 循环峰值阶段（731kN/−675kN）、第 1 阶段位移加载第 1 循环峰值阶段（732kN/−816kN）、试件的峰值阶段 $\pm P_u$（773kN/−819.8kN）对应的应变值提出，绘制如图 6-17 所示。从图中可以看出，在开裂荷载之前，所有钢筋的应变值都非常小，均不超过 50με，表明在开裂之前界面钢筋的抗剪作用较小；在开裂荷载阶段钢筋 BG-2 应变值增加明显；在第 1 阶段位移加载的第 1 循环正向峰值阶段，BG-1 应变值增加明显，负向加载阶段 BG-2 钢筋应变值超过屈服应变；在第 2 阶段位移加载的第 1 循环正向峰值阶段，钢筋应变值进一步增大，但没有达到屈服应变，在负向峰值阶段，BG-2 钢筋应变值超过屈服应变；在试件峰值荷载阶段正向峰值时界面连接钢筋 BG-1 和 BG-2 应变值超过屈服应变，负向峰值时界面连接钢筋 BG-2 应变值超过屈服应变。从图中可以看出，随着荷载的增加，中间钢筋的应变值逐渐增大，但最大应变值没有超过屈服应变，两侧钢筋的应变也随着荷载的增加而增大。

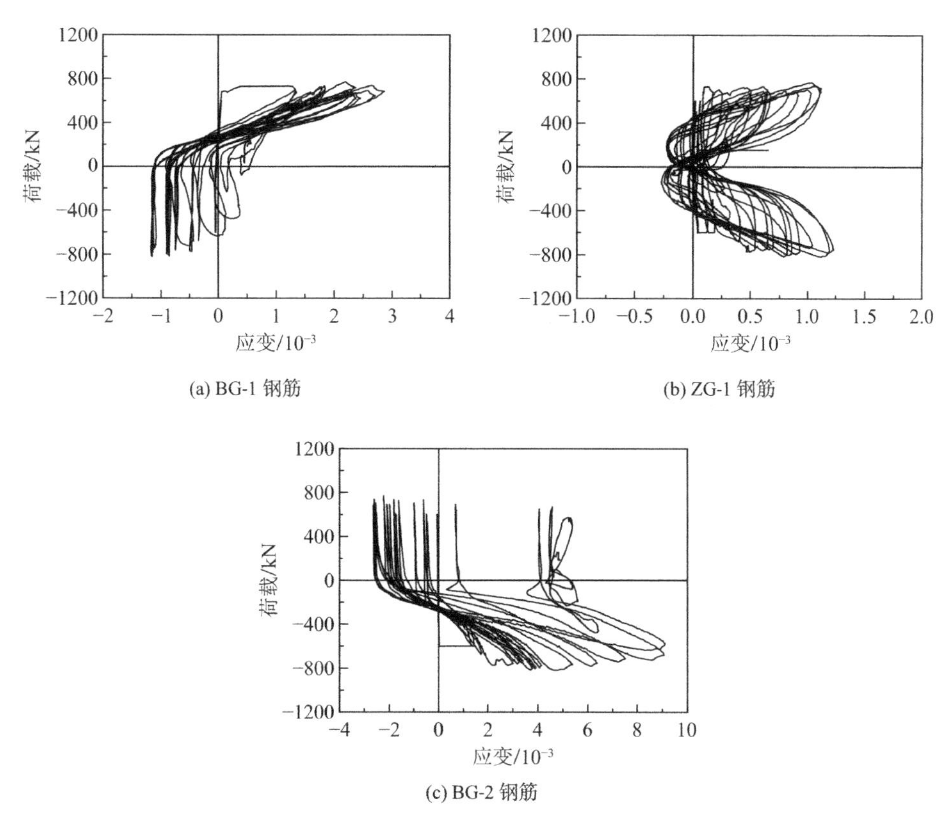

图 6-16　XJ10 试件界面钢筋应变随水平荷载的变化关系

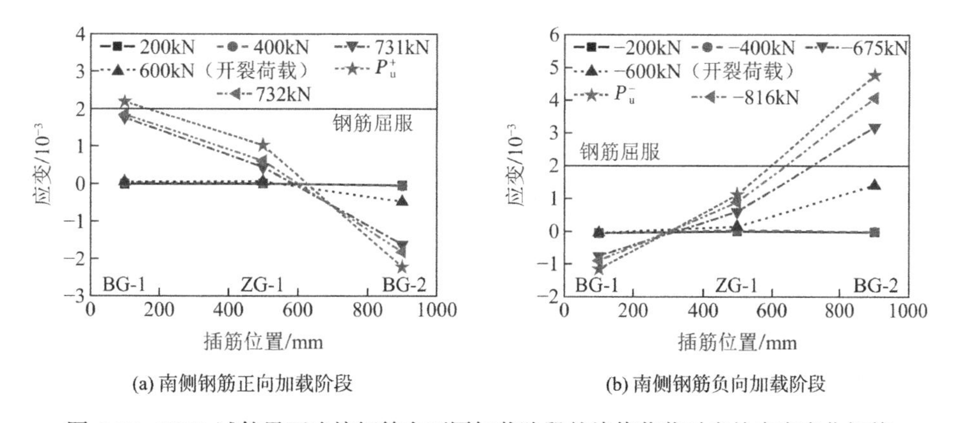

图 6-17　XJ10 试件界面连接钢筋在不同加载阶段的峰值荷载对应的应变变化规律

从上面的分析可以看出，节点连接钢筋采用 10mm 螺纹钢的双面叠合 DH10 试件和现浇 XJ10 试件界面连接钢筋应变变化规律较为一致：随着荷载的增加，中间两根钢筋的应变值逐渐增大，边缘钢筋的应变值在开裂阶段增加较为明显，随后随着位移的增大应变值也逐渐增大；峰值荷载阶段，双面叠合 DH10 试件和现浇 XJ10 试件的界面连接钢筋边缘 4 根钢筋应变值均能达到屈服，中间 2 根界面连接钢筋的应变值没有达到屈服，但应变值接近屈服应变。

6.2 基于剪切-摩擦理论的分析

根据剪切-摩擦理论将界面抗剪承载力V分成三个部分：界面粘结力V_{adh}、界面钢筋的销栓力V_{sr}和界面摩擦力V_f，如式(6-1)所示。

$$V = V_{adh} + V_{sr} + V_f \tag{6-1}$$

界面粘结力V_{adh}是新老混凝土之间的化学作用产生的，当达到最大界面粘结力时混凝土界面开始出现分离，剪应力通过机械咬合作用传递。界面的滑移使得钢筋受剪，钢筋产生销栓作用V_{sr}。随着界面法向位移增加，穿过界面的钢筋受拉直至屈服，由剪切钢筋受拉产生界面摩擦力V_{fs}，通过摩擦力传递剪切荷载。如果界面受法向压应力，法向压力同样产生界面摩擦力V_{fg}。水平连接节点的界面抗剪承载力组成示意如图 6-18 所示。首先利用应变片测得的钢筋的应变值，计算剪切钢筋受拉产生界面摩擦力V_{fs}和钢筋的销栓作用V_{sr}随水平荷载的变化规律，并根据剪切-摩擦理论计算法向压力产生界面摩擦力V_{fg}随水平荷载的变化规律，最后利用总荷载减去V_{sr}、V_{fs}和V_{fg}，得到粘结力V_{adh}随水平荷载的变化规律。

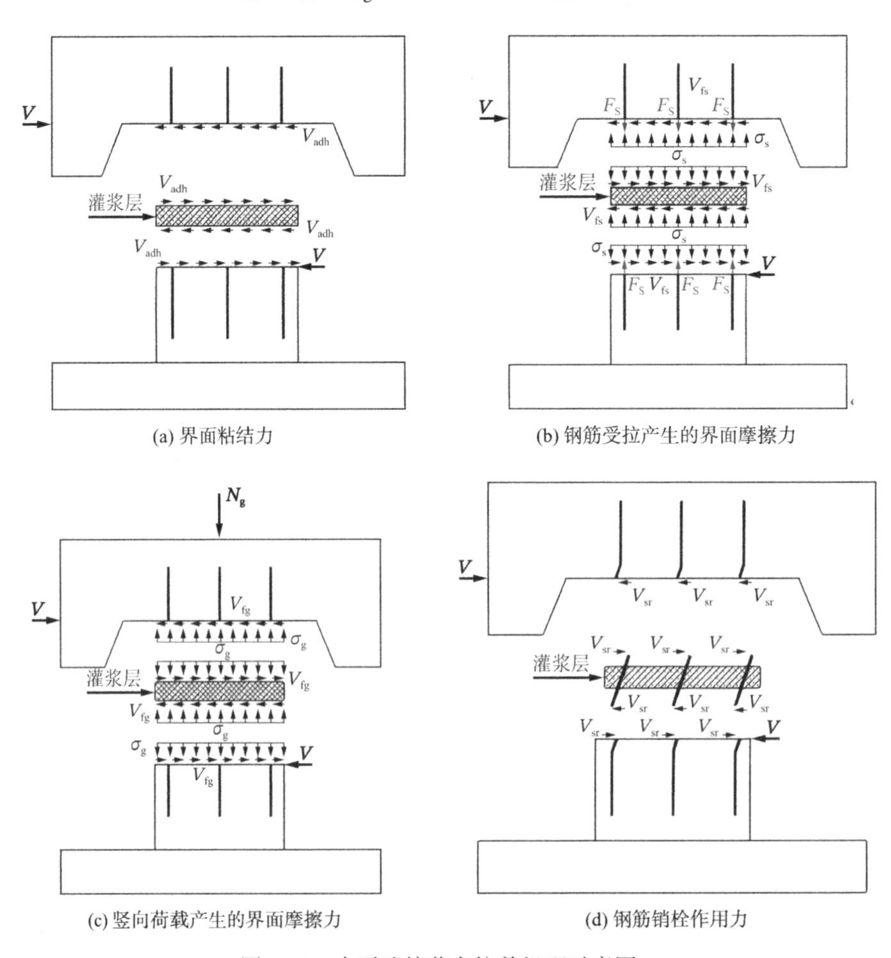

(a) 界面粘结力　(b) 钢筋受拉产生的界面摩擦力

(c) 竖向荷载产生的界面摩擦力　(d) 钢筋销栓作用力

图 6-18　水平连接节点抗剪机理示意图

6.2.1　钢筋受拉引起的界面摩擦力 V_{fs} 随水平荷载的变化规律

根据剪切摩擦理论，界面连接钢筋受拉产生的界面摩擦力V_{fs}如式(6-2)所示。

$$V_{fs} = \mu \times F_s \times \sin\alpha \tag{6-2}$$

式中：F_s为钢筋受到的拉力；μ为界面摩擦系数，参考第 3 章的相关规定，取 1.0；α为剪切钢筋和剪切面的角度（试验中$\alpha = 90°$）。从试验的情况可以看出，在极限荷载时界面连接钢筋锚固良好，钢筋受拉但没有屈服，因此钢筋提供的F_s表示为式(6-3)所示。

$$F_s = nA_s f_s \tag{6-3}$$

其中，f_s为钢筋拉应力，n为界面钢筋根数，A_s为钢筋面积。

1. DH8 试件和 XJ8 试件界面摩擦力V_{fs}随水平荷载的变化规律

以 DH8-2 试件为例，将界面连接钢筋在 ±200kN、±400kN、±600kN、±700kN、第 1 阶段位移加载 3 个循环峰值阶段（782.7kN/−766.3kN、759.5kN/−744.5kN、742.2kN/−717.8kN、)、第 2 阶段位移加载第 1 个循环峰值阶段（即试件的峰值荷载阶段 $\pm P_u$（830.8kN/−719.5kN））对应的应变值提出，根据钢筋应变值，可以得出界面钢筋拉应力f_s随水平荷载的变化规律如图 6-19 所示，从图中可以看出，只有 BG-2D 钢筋应力在峰值荷载时达到屈服，其余钢筋的应力在峰值荷载时只能达到屈服强度的 40%～50%。根据式(6-3)和式(6-2)，可以得出界面摩擦力V_{fs}随水平荷载的变化规律如图 6-20（a）所示，利用同样的方法得出 DH8-1、DH8-3 和 XJ8 试件界面摩擦力V_{fs}随水平荷载的变化规律，分别如图 6-20（b）、（c）、（d）所示。从图中可以看出水平荷载达到峰值时，双面叠合 DH8 试件界面摩擦力的大小和现浇 XJ8 试件界面摩擦力几乎一致，二者的变化规律也相同。

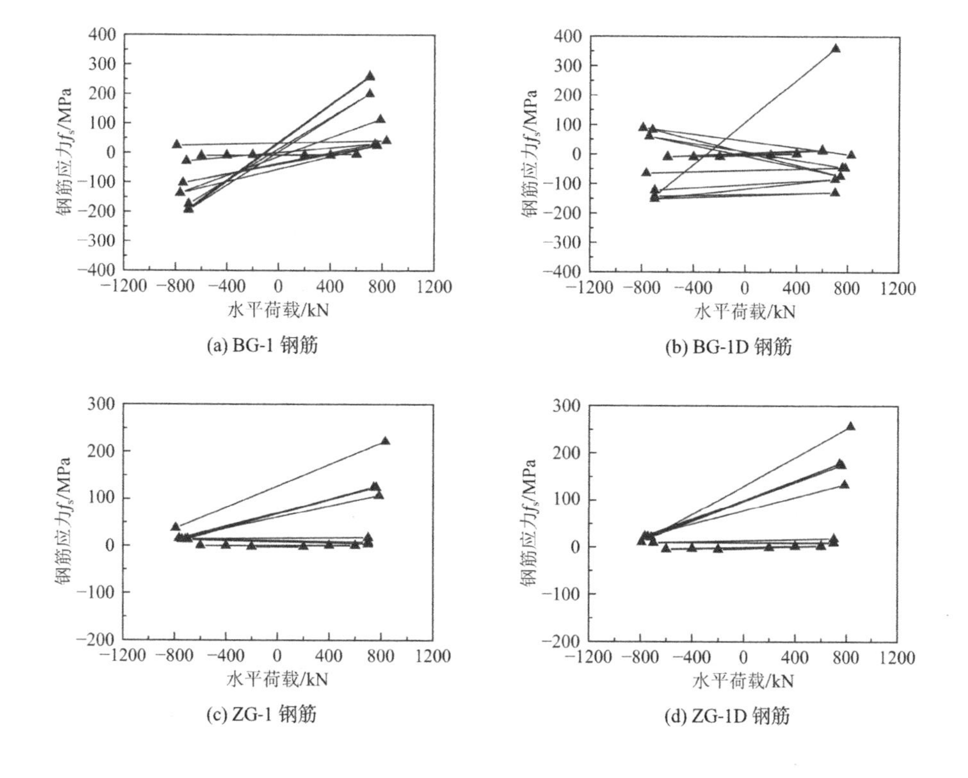

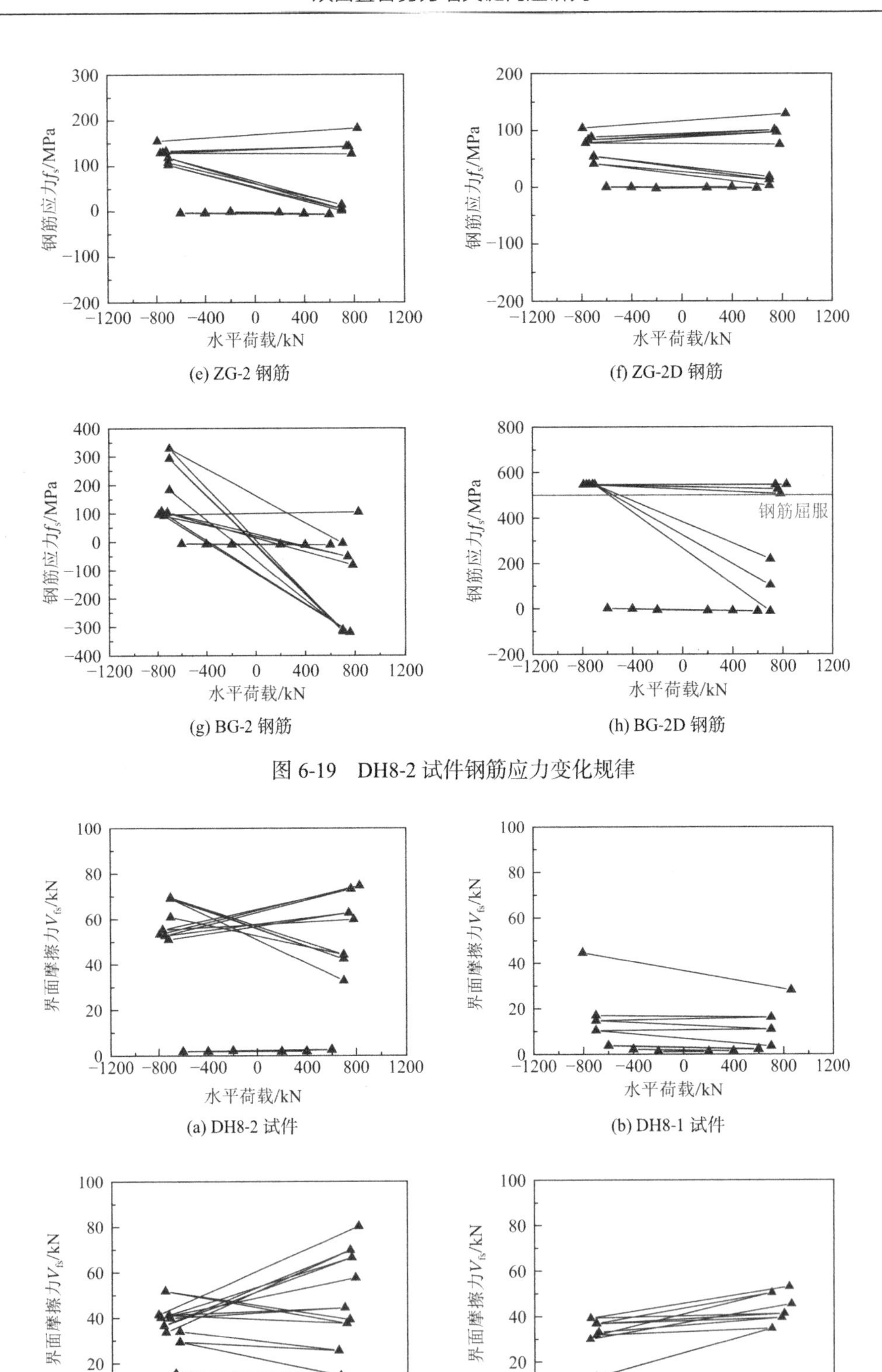

图 6-19 DH8-2 试件钢筋应力变化规律

图 6-20 DH8 和 XJ8 试件钢筋拉力产生的界面摩擦力随水平荷载的变化规律

2. DH10 试件和 XJ10 试件界面摩擦力V_{fs}随水平荷载的变化规律

以 DH10-1 试件为例，将界面连接钢筋在 ±200kN、±400kN、±600kN、第 1 阶段位移加载 3 个循环峰值阶段（632kN/−676kN、593.5kN/−653.5kN、593.3kN/−648.3kN）、第 2 阶段位移加载第 1 个循环峰值阶段（即试件的峰值阶段 $\pm P_u$（709.7kN/−725.8kN））对应的应变值提出，根据钢筋应变值，可以得出界面钢筋拉应力f_s随水平荷载的变化规律如图 6-21 所示，从图中可以看出，BG-1、BG-1D、BG-2 钢筋应力在峰值荷载时达到屈服，ZG-1 和 ZG-1D 钢筋的应力在峰值荷载时能达到屈服强度的 50%～65%。根据式(6-3)和式(6-2)，可以得出界面摩擦力V_{fs}随水平荷载的变化规律如图 6-22（a）所示，利用同样的方法得出 DH10-1、DH10-3 和 XJ10 试件界面摩擦力V_{fs}随水平荷载的变化规律，分别如图 6-22（b）、（c）、（d）所示。从图中可以看出水平荷载达到峰值时，双面叠合 DH10 试件界面摩擦力的大小和现浇 XJ10 试件界面摩擦力几乎一致，二者的变化规律也相同。

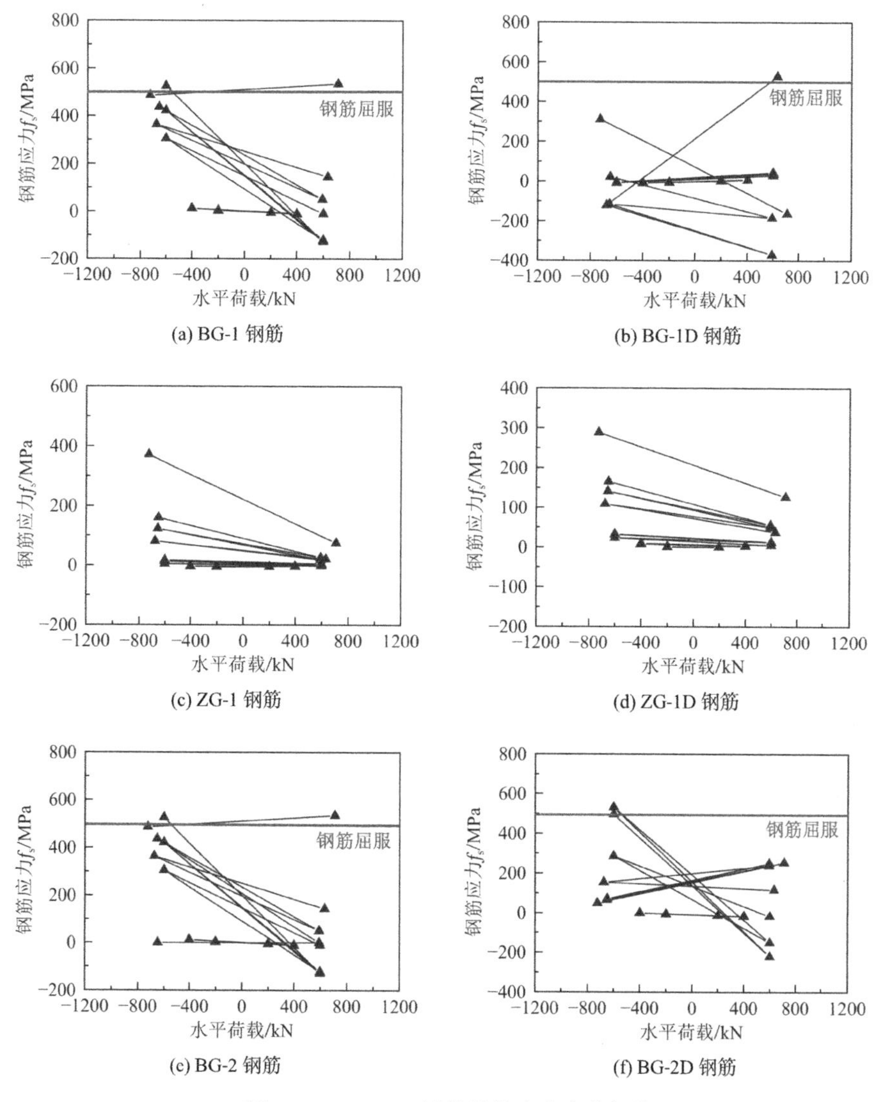

图 6-21　DH10-1 试件钢筋应力变化规律

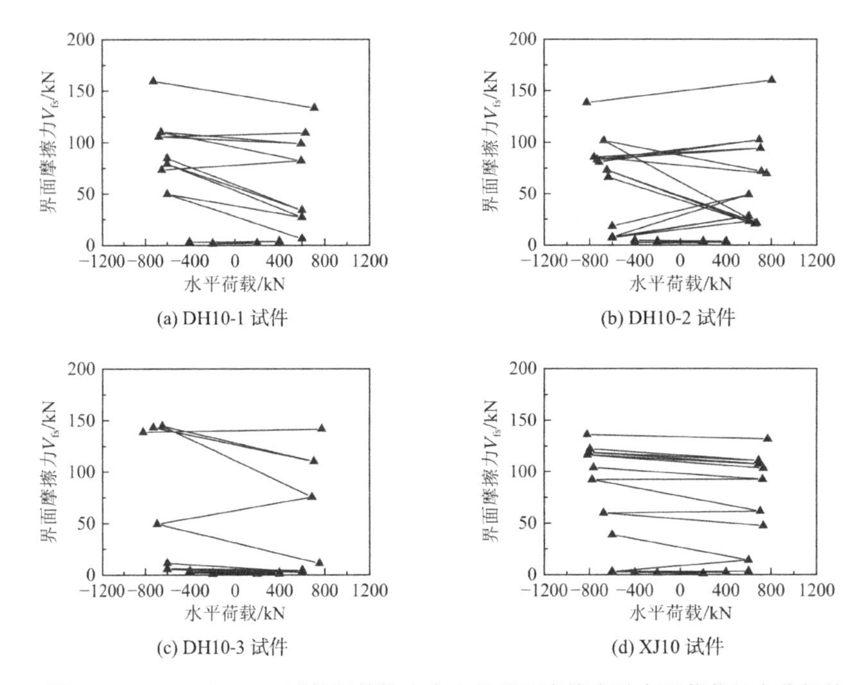

图 6-22 DH10 和 XJ10 试件钢筋拉力产生的界面摩擦力随水平荷载的变化规律

6.2.2 竖向荷载产生的界面摩擦力 V_{fg} 随水平荷载的变化规律

由于界面受法向压力N，由法向压力N产生的界面摩擦力V_{fg}和界面摩擦系数μ有关。参考第 3 章的相关规定，μ取 1.0，即$V_{fg}=N$。由于压力N是恒定的，因此V_{fg}也是恒定不变的。

6.2.3 钢筋销栓作用 V_{sr} 随水平荷载的变化规律

DH8 试件和 DH10 试件钢筋销栓作用的破坏模式以钢筋屈服和混凝土压碎的耦合破坏为主，参考第 3 章中的介绍，选用式(3-38)计算销栓作用力。

1. DH8 试件和 XJ8 试件钢筋销栓作用V_{sr}随水平荷载变化规律

根据钢筋在每次循环加载中最大荷载对应的应变值绘制钢筋销栓力随着水平荷载的变化规律，如图 6-23 所示。从图中可以看出双面叠合 DH8 试件界面连接钢筋的销栓作用的变化规律和现浇 XJ8 试件界面连接钢筋的销栓作用一致，在水平荷载达到峰值时，DH8 试件和 XJ8 试件界面钢筋的销栓作用力几乎相同。

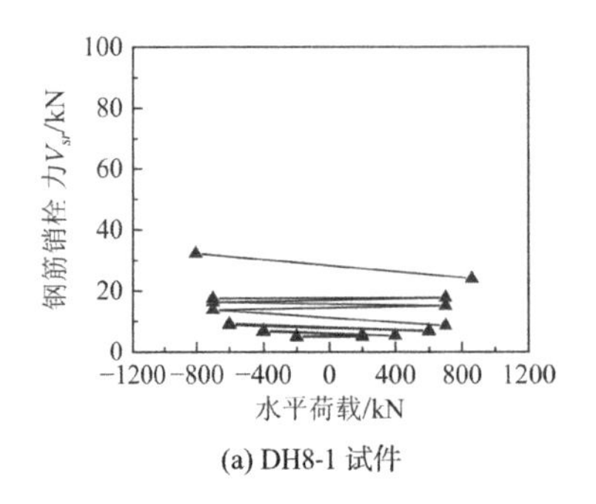

(a) DH8-1 试件

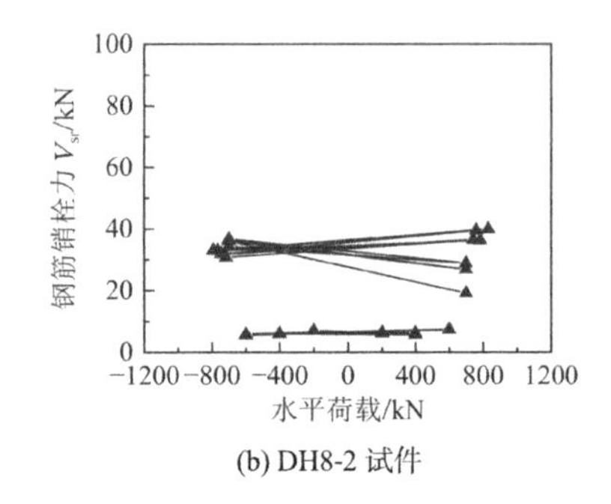

(b) DH8-2 试件

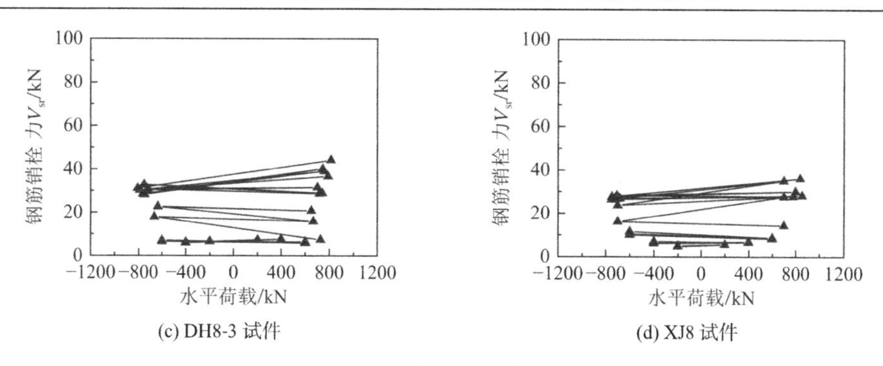

(c) DH8-3 试件　　(d) XJ8 试件

图 6-23　DH8 和 XJ8 试件钢筋销栓力随水平荷载的变化规律

2. DH10 试件和 XJ10 试件钢筋销栓作用V_{sr}随水平荷载变化规律

根据试件中钢筋在每次循环加载中最大荷载对应的应变值绘制钢筋销栓力随着水平荷载的变化规律，如图 6-24 所示。从图中可以看出双面叠合 DH10 试件界面连接钢筋的销栓作用的变化规律和现浇 XJ10 试件界面连接钢筋一致，在水平荷载达到峰值时，DH10 试件和 XJ10 试件界面钢筋的销栓作用力几乎相同。

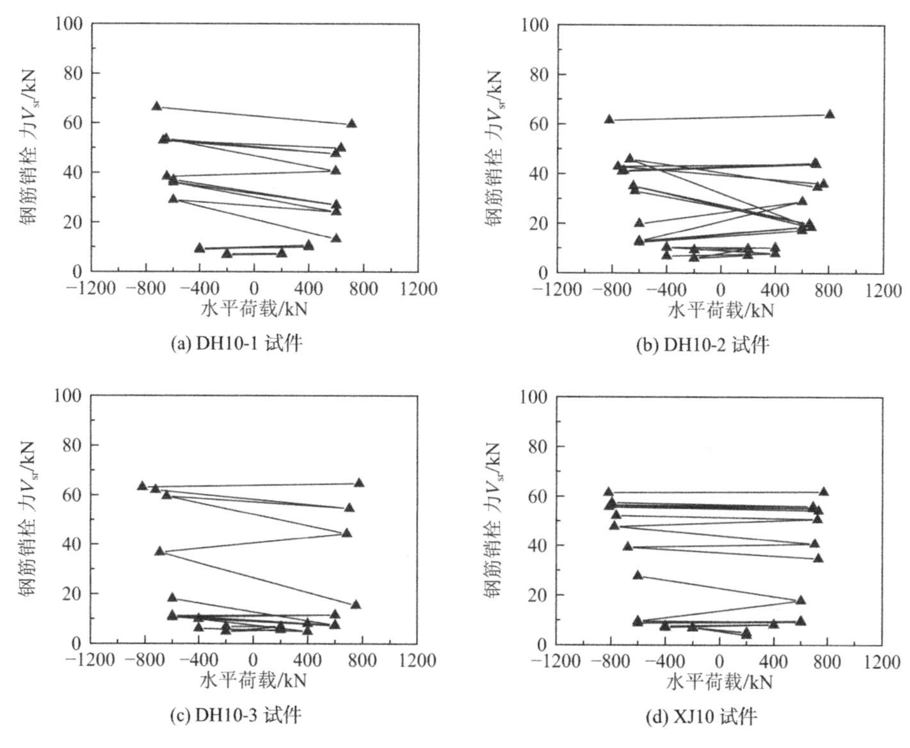

图 6-24　DH10 和 XJ10 试件钢筋销栓力随水平荷载的变化规律

6.2.4　新老混凝土界面粘结力 V_{adh} 随水平荷载的变化规律

新老混凝土界面粘结力V_{adh}可以通过界面抗剪承载力V减去钢筋销栓作用V_{sr}和界面摩擦V_f（钢筋受拉产生的界面摩擦力V_{fs}和界面受法向荷载产生的界面摩擦力V_{fg}），如式(6-4)所示。

$$V_{\mathrm{adh}} = V - \left(V_{\mathrm{sr}} + V_{\mathrm{fs}} + V_{\mathrm{fg}}\right) \tag{6-4}$$

1. DH8 试件和 XJ8 试件界面粘结力V_{adh}随水平荷载变化规律

利用公式计算 DH8 和 XJ8 试件的界面粘结力V_{adh}，其随水平荷载的变化规律如图 6-25 所示。从图中可以看出双面叠合 DH8 试件界面粘结力的变化规律和现浇 XJ8 试件界面粘结力变化规律一致，二者在水平荷载达到峰值时界面粘结力大小相差很小。

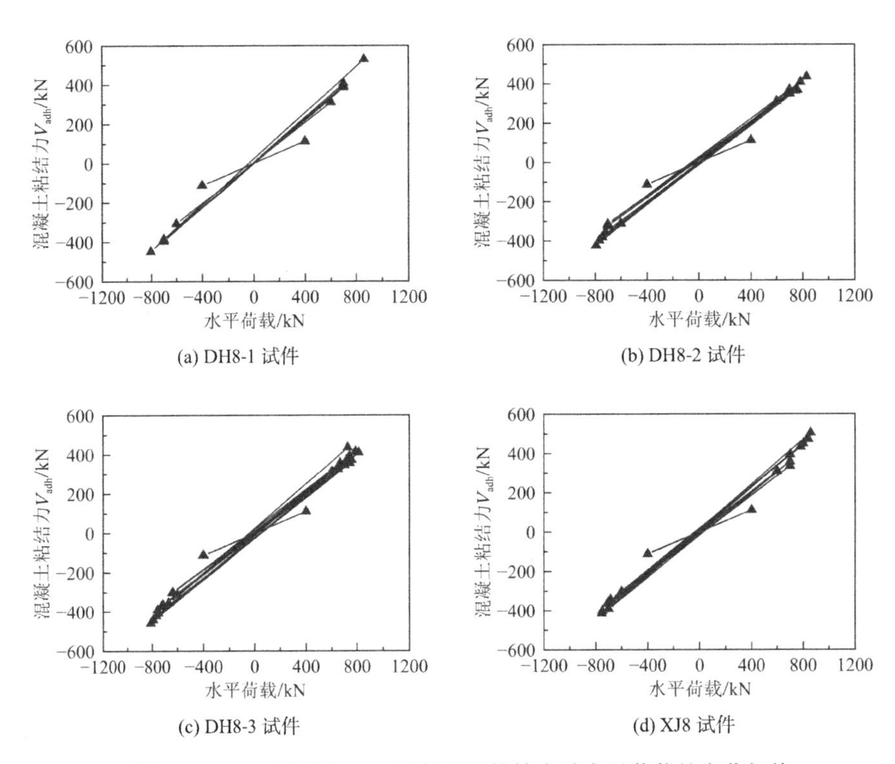

图 6-25 DH8 试件和 XJ8 试件界面粘结力随水平荷载的变化规律

2. DH10 试件和 XJ10 试件界面粘结力V_{adh}随水平荷载变化规律

利用公式计算 DH10 和 XJ10 试件的界面粘结力V_{adh}，其随水平荷载的变化规律如图 6-26 所示。从图中可以看出双面叠合 DH10 试件界面粘结力的变化规律和现浇 XJ10 试件界面粘结力变化规律一致，二者在水平荷载达到峰值时界面粘结力大小相差很小。

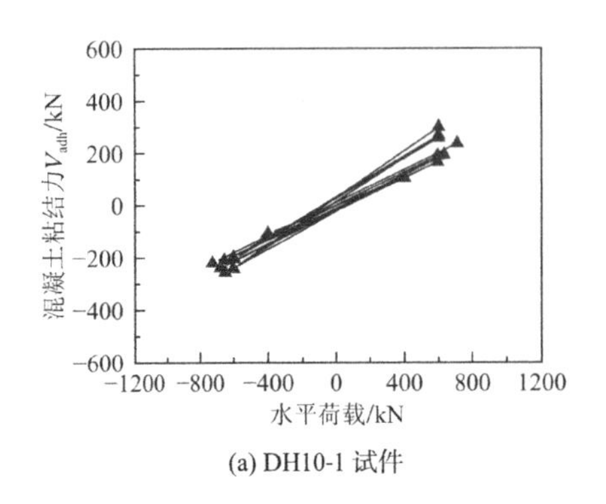

(a) DH10-1 试件

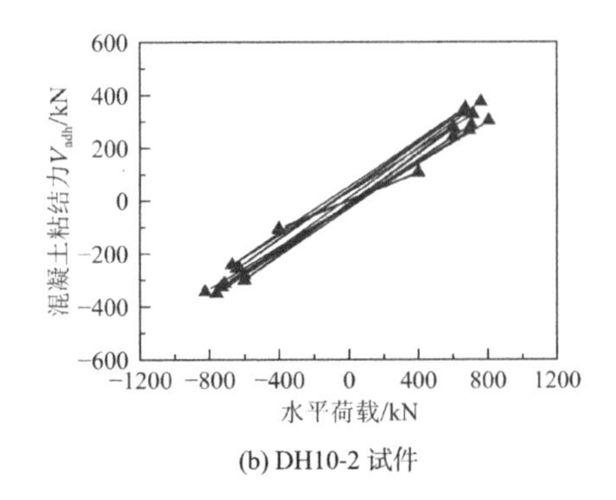

(b) DH10-2 试件

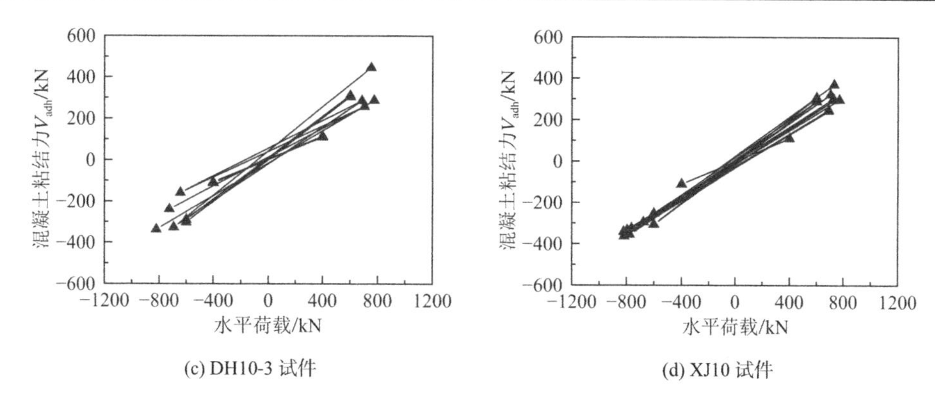

(c) DH10-3 试件　　(d) XJ10 试件

图 6-26　DH10 试件和 XJ10 试件界面粘结力随水平荷载的变化规律

6.3 双面叠合剪力墙水平连接节点抗剪承载力计算公式

6.3.1 基于剪切-摩擦理论的抗剪承载力计算公式

1. 界面钢筋应力的确定

根据 6.2 节的分析结果，界面抗剪承载力V由四个部分组成：钢筋受拉引起的界面摩擦力V_{fs}和竖向荷载产生的界面摩擦力V_{fg}、钢筋销栓力V_{sr}和界面粘结力V_{adh}。根据钢筋表面的应变片读数可知 DH8 试件界面连接钢筋受拉但没有达到屈服，DH10 试件界面连接钢筋中间两根插筋没有达到屈服。统计 DH8 试件和 DH10 试件界面连接钢筋在峰值荷载阶段的钢筋应力值，如表 6-1 和表 6-2 所示。DH8 三个重复试件峰值荷载最大相差 5%，DH10 三个重复试件峰值荷载最大相差 10%，重复试件间承载力相差较小，因此，可以判断在重复试件中相同位置的钢筋在加载过程中受力相差较小，为了避免应变片读数偏差带来的差异，相同位置的界面连接钢筋的应力值取三个重复试件中的最大值，整个界面连接钢筋的应力值取最大值的平均值作为计算界面摩擦力V_{fs}和钢筋销栓力V_{sr}的依据。DH8 试件和 DH10 试件的界面连接钢筋的应力值分别取为 $0.4f_y$和 $0.8f_y$，利用式(6-2)和式(6-4)计算的界面摩擦力$V_{fs,calc}$和钢筋销栓力$V_{sr,calc}$与试验值对比如表 6-3 所示。从表中可以看出，DH8 试件的界面摩擦力计算值和试验的最大值相等，DH10 试件的界面摩擦力计算值和试验的最大值相差 16%；DH8 试件的钢筋销栓力计算值和试验的最大值相差 6%，DH10 试件的钢筋销栓力计算值和试验的最大值相差 4%。

峰值荷载阶段 DH8 试件界面连接钢筋的应力值　　表 6-1

试件编号		BG-1	BG-1D	BZ-1	BZ-1D	BZ-2	BZ-2D	BG-2	BG-2D
DH8-1	正向	$0.22f_y$	$0.43f_y$	$0.09f_y$	$0.02f_y$	$0.05f_y$	$0.02f_y$	$0.15f_y$	
	负向	$0.27f_y$	$0.45f_y$	$0.12f_y$	$0.03f_y$	$0.19f_y$	$0.22f_y$	$0.25f_y$	
DH8-2	正向	$0.16f_y$	$0.01f_y$	$0.45f_y$	$0.52f_y$	$0.37f_y$	$0.26f_y$	$0.21f_y$	f_y
	负向	$0.13f_y$	$0.18f_y$	$0.07f_y$	$0.02f_y$	$0.31f_y$	$0.21f_y$	$0.19f_y$	f_y

续表

试件编号		BG-1	BG-1D	BZ-1	BZ-1D	BZ-2	BZ-2D	BG-2	BG-2D
DH8-3	正向	$0.50f_y$		$0.25f_y$	$0.25f_y$	$0.41f_y$	$0.20f_y$	$0.78f_y$	$0.30f_y$
	负向	$0.21f_y$		$0.28f_y$	$0.38f_y$	$0.26f_y$	$0.21f_y$	$0.03f_y$	$0.06f_y$
最大值	正向	$0.50f_y$	$0.43f_y$	$0.45f_y$	$0.52f_y$	$0.41f_y$	$0.26f_y$	$0.78f_y$	f_y
	负向	$0.27f_y$	$0.45f_y$	$0.28f_y$	$0.38f_y$	$0.37f_y$	$0.21f_y$	$0.25f_y$	f_y

峰值荷载阶段 DH10 试件界面连接钢筋的应力值　　表 6-2

试件编号		BG-1	BG-1D	BZ-1	BZ-1D	BG-2	BG-2D
DH10-1	正向	f_y	$0.33f_y$	$0.15f_y$	$0.26f_y$	f_y	$0.51f_y$
	负向	f_y	$0.63f_y$	$0.75f_y$	$0.58f_y$	$0.98f_y$	$0.10f_y$
DH10-2	正向	f_y		$0.65f_y$	$0.27f_y$	$0.03f_y$	f_y
	负向	$0.69f_y$		$0.62f_y$	$0.35f_y$	$0.10f_y$	f_y
DH10-3	正向	f_y	$0.90f_y$	$0.32f_y$	$0.39f_y$	f_y	$0.19f_y$
	负向	$0.05f_y$	f_y	$0.37f_y$	$0.44f_y$	f_y	f_y
最大值	正向	f_y	$0.90f_y$	$0.65f_y$	$0.39f_y$	f_y	f_y
	负向	f_y	f_y	$0.75f_y$	$0.58f_y$	f_y	f_y

界面摩擦力和销栓力计算结果对比　　表 6-3

试件编号		$V_{(fs,calc)}$/kN	V_{fs}/kN	$V_{(fs,calc)}/V_{fs}$	$V_{sr,calc}$/kN	V_{sr}/kN	$V_{sr,calc}/V_{sr}$
DH8-1	正向	80.0	28.1	2.85	49.1	28.5	1.72
	负向	80.0	44.6	1.79	49.1	38.2	1.29
DH8-2	正向	80.0	76.6	1.04	49.1	47.2	1.04
	负向	80.0	55.5	1.44	49.1	39.1	1.26
DH8-3	正向	80.0	80.2	1.00	49.1	52.1	0.94
	负向	80.0	41.4	1.93	49.1	36.7	1.34
DH10-1	正向	186.1	133.3	1.40	81.1	70.2	1.16
	负向	186.1	159.4	1.17	81.1	78.2	1.04
DH10-2	正向	186.1	160.1	1.16	81.1	75.5	1.07
	负向	186.1	138.4	1.34	81.1	72.6	1.12
DH10-3	正向	186.1	141.6	1.31	81.1	76.5	1.06
	负向	186.1	138.7	1.34	81.1	74.6	1.09

2. 新老混凝土界面粘结力的确定

根据 6.2.4 节的分析，试件 DH8 和 DH10 新老混凝土界面粘结力V_{adh}在峰值荷载时的值如表 6-4 所示，并取粘结力的最小值作为新老混凝土界面粘结力的值。

新老混凝土界面粘结力　表 6-4

试件编号		界面粘结力	试件编号		界面粘结力
DH8-1	正向	524.8	DH10-1	正向	226.3
	负向	−442.7		负向	−208.2
DH8-2	正向	427.1	DH10-2	正向	290.4
	负向	−416.9		负向	−333.2
DH8-3	正向	401.7	DH10-3	正向	274.9
	负向	−452.6		负向	−326.5
最小值	正向	401.7	最小值	正向	226.3
	负向	−416.9		负向	−208.2

在第 3 章的 3.1 节中收集了从 1960 年至今各国学者和各国规范中对新老混凝土叠合面抗剪强度的计算规定，其中对新老混凝土界面粘结力的规定分两类：第一类认为界面粘结力和混凝土的抗拉强度有关；第二类根据试验结果给出了不同界面粗糙度下的粘结力的值。根据第 3 章的研究，粘结力和混凝土的抗拉强度关系密切，因此在计算混凝土粘结力的时根据混凝土的抗拉强度f_t计算，由于在峰值荷载时界面有一定程度的破坏，有效截面积可以根据试验值除以混凝土的抗拉强度f_t计算，可得 DH8 和 DH10 试件的界面有效面积分别为 163900mm^2 和 85246mm^2，假定截面长度 1000mm 范围内全部有效，则 DH8 和 DH10 试件的有效宽度分别为 163.9mm 和 85.2mm，DH10 试件比 DH8 试件破坏程度严重，从试验峰值荷载时的破坏现象也可以验证，如图 6-27 所示。DH8 试件和 DH10 试件有效面积和试件水平截面面积的比值分别为 0.8 和 0.4（取小数点后一位有效数字）。因此界面粘结力的计算公式可以归结如式(6-5)和式(6-6)所示。

$$V_{adh} = 0.8 f_t A \text{（对 DH8 构件）} \tag{6-5}$$

$$V_{adh} = 0.4 f_t A \text{（对 DH10 构件）} \tag{6-6}$$

其中，A为试件水平截面面积，计算值和试验值的对比如表 6-5 所示，从表中可以看出 DH8 试件的计算值和试验的最小值相差 3%，DH10 试件的计算值和试验的最小值相差 6%。

新老混凝土界面粘结力计算值和试验值对比　表 6-5

试件编号		计算值	试验值	计算值/试验值	试件编号		计算值	试验值	计算值/试验值
DH8-1	正向	390.4	524.8	0.74	DH10-1	正向	195.2	226.3	0.86
	负向	390.4	442.7	0.88		负向	195.2	208.2	0.94
DH8-2	正向	390.4	427.1	0.91	DH10-2	正向	195.2	290.4	0.67
	负向	390.4	416.9	0.94		负向	195.2	333.2	0.59
DH8-3	正向	390.4	401.7	0.97	DH10-3	正向	195.2	274.9	0.71
	负向	390.4	452.6	0.86		负向	195.2	326.5	0.60

(a) DH8 试件

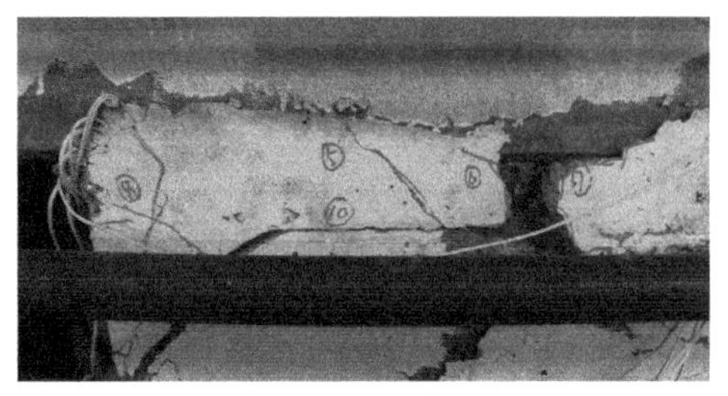
(b) DH10 试件

图 6-27 试件峰值荷载阶段界面破坏示意图

根据上述分析，基于剪切-摩擦理论可以得出 DH8 试件和 DH10 试件水平连接节点的抗剪承载力计算公式，如式(6-7)和式(6-8)所示，关于界面摩擦系数μ的取值，参考欧洲和北美规范中关于μ取值规定，针对双面叠合剪力墙水平连接节点，对界面未经处理的表面取 0.6，对界面经过刻痕处理的表面取 1.0（本书取 1.0），计算结果和试验结果（取正反两个方向的平均值）的对比如表 6-6 所示，从表中可以看出基于剪切-摩擦理论建立的计算公式和试验值吻合得很好，对 DH8 试件的计算值和试验值最大误差在 2%，对 DH10 试件的计算值和试验值最大误差在 8%。

$$V = 0.8 f_t A + \mu\left(0.4 f_y A_s + N\right) + 1.3 d^2 \sqrt{0.4 f_y f_c'} \text{（对 DH8 构件）} \quad (6\text{-}7)$$

$$V = 0.4 f_t A + \mu\left(0.8 f_y A_s + N\right) + 1.3 d^2 \sqrt{0.8 f_y f_c'} \text{（对 DH10 构件）} \quad (6\text{-}8)$$

抗剪承载力计算值和试验值对比 **表 6-6**

试件编号	计算值	试验值	计算值/试验值	试件编号	计算值	试验值	计算值/试验值
DH8-1	817.5	833.5	0.98	DH10-1	749.5	717.8	1.04
DH8-2	817.5	811.2	1.00	DH10-2	749.5	815.1	0.92
DH8-3	817.5	812.4	1.00	DH10-3	749.5	796.4	0.94
平均值	817.5	818.9	1.00	平均值	749.5	776.4	0.97

为了计算公式的便于应用，较为保守的认为 DH8 试件的界面粘结力系数为 0.4，DH10 试件钢筋平均应力为 $0.4f_y$，因此可以将公式统一表示为式(6-9)所示，计算结果和试验结果（正反方向的较小值）的对比如表 6-7 所示，对 DH8 试件的计算值和试验值最大误差在 23%，对 DH10 试件的计算值和试验值最大误差在 22%。

$$V = 0.4 f_t A + \mu\left(0.4 f_y A_s + N\right) + 1.3 d^2 \sqrt{0.4 f_y f_c'} \quad (6\text{-}9)$$

抗剪承载力计算值和试验值对比 **表 6-7**

试件编号	计算值	试验值	计算值/试验值	试件编号	计算值	试验值	计算值/试验值
DH8-1	622.3	805.5	0.77	DH10-1	627.9	709.7	0.88
DH8-2	622.3	791.5	0.79	DH10-2	627.9	806	0.78

续表

试件编号	计算值	试验值	计算值/试验值	试件编号	计算值	试验值	计算值/试验值
DH8-3	622.3	810.7	0.77	DH10-3	627.9	773	0.81
平均值	622.3	802.6	0.78	平均值	627.9	762.9	0.82

6.3.2　基于软化拉压杆模型的抗剪承载力计算公式

1. 软化拉压杆模型

相当一部分新老混凝土界面剪切试验现象表明新老混凝土界面的剪切破坏发生在界面出现对角斜裂缝之后，如图 6-28 所示。Hofbeck[96]认为最后的破坏是由于裂缝之间形成的混凝土“压杆”被压溃导致。因此假定只要达到了混凝土“压杆”的抗压强度，界面抗剪强度达到峰值。Vecchio 和 Collins[97]认为由于混凝土“压杆”的形成是以混凝土开裂为前提的，因此混凝土“压杆”的抗压强度会被削弱，因此，称为“软化”拉压杆模型。

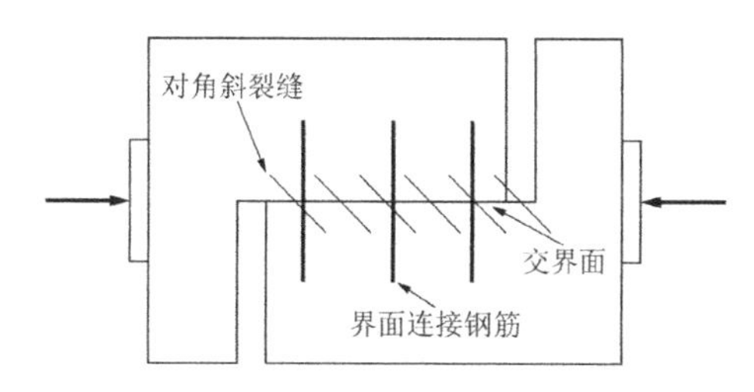

图 6-28　新老混凝土界面剪切试验

Hwang 和 Lee[98-99]提出的软化拉压杆模型包括对角、竖直和水平三个方向的受力机理组成，如图 6-29 所示。对角受力机理是由和界面呈θ角的斜压杆构成；竖向受力机理包括一个竖向拉杆和两个角度较陡峭的斜压杆；水平受力机理包括一个水平拉杆和两个角度较平缓的斜压杆组成。水平剪力V由三个受力机理构成，如式(6-10)所示。

$$V = -D\cos\theta + F_\mathrm{v}\cot\theta + F_\mathrm{h} \tag{6-10}$$

其中D为斜压杆中的压力（压力取负值），F_v和F_h分别为竖向受力机理中的竖向拉杆中拉力和水平受力机理中的水平拉杆中拉力（拉力取正值）。根据 Hwang 和 Lee 的分析，三个方向的力大小的比例可以按式(6-11)计算。

$$-D\cos\theta : F_\mathrm{v}\cot\theta : F_\mathrm{h} = R_\mathrm{d} : R_\mathrm{v} : R_\mathrm{h} \tag{6-11}$$

R_d、R_v和R_h分别为对角力、竖向力和水平力大小占水平剪力V的比例，可以按照式(6-12)-式(6-14)计算。

$$R_\mathrm{d} = \frac{(1-\gamma_\mathrm{h})(1-\gamma_\mathrm{v})}{1-\gamma_\mathrm{h}\gamma_\mathrm{v}} \tag{6-12}$$

$$R_\mathrm{v} = \frac{\gamma_\mathrm{v}(1-\gamma_\mathrm{h})}{1-\gamma_\mathrm{h}\gamma_\mathrm{v}} \tag{6-13}$$

$$R_\mathrm{h} = \frac{\gamma_\mathrm{h}(1-\gamma_\mathrm{v})}{1-\gamma_\mathrm{h}\gamma_\mathrm{v}} \tag{6-14}$$

其中γ_h和γ_v为系数，根据 Schafer[100]和 Jennewein[101]的相关研究，γ_h和γ_v的计算可以按

照式(6-15)和式(6-16)计算。

$$\gamma_{\mathrm{v}}=\frac{2\cot\theta-1}{3}\quad(0\leqslant\gamma_{\mathrm{v}}\leqslant1)\tag{6-15}$$

$$\gamma_{\mathrm{h}}=\frac{2\tan\theta-1}{3}\quad(0\leqslant\gamma_{\mathrm{h}}\leqslant1)\tag{6-16}$$

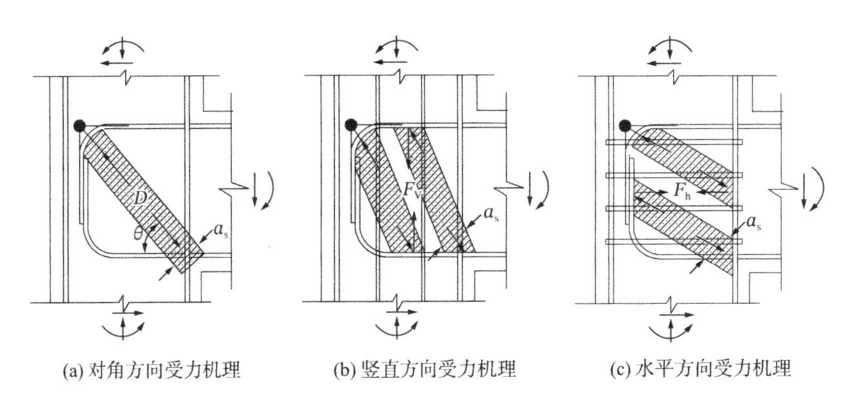

(a) 对角方向受力机理　(b) 竖直方向受力机理　(c) 水平方向受力机理

图 6-29　软化拉压杆模型受力机理示意图

2. 基于软化拉压杆模型演化的宏观模型

基于软化拉压杆模型，结合双面叠合剪力墙水平连接节点抗剪试验构造，根据界面连接钢筋的分布，将 DH8 试件分成 3 个拉压杆模型，将 DH10 试件分成 2 个拉压杆模型，提出的宏观模型如图 6-30 所示。图中上半部分是用来传递剪力的剪切单元，下半部分是基于上节提出的软化拉压杆模型。在界面产生的对角斜裂缝会使得界面分离，因此水平剪力V形成一个弯矩，将水平剪力传递给对角斜压杆。在宏观模型中，将竖直方向传递机理作为主要的传力路径，原因有两点：第一是界面连接钢筋和新老混凝土面垂直，在传力过程中作用明显，第二是竖直方向传递机理中的斜压杆能够较好地和界面的对角斜裂缝保持一致。如果竖直方向传递机理中的斜压杆和界面的角度α小于等于 45°即$\theta\leqslant\tan^{-1}(1/2)$，根据式(6-13)和式(6-16)，界面水平剪力将全部由竖向传递机理来承担。

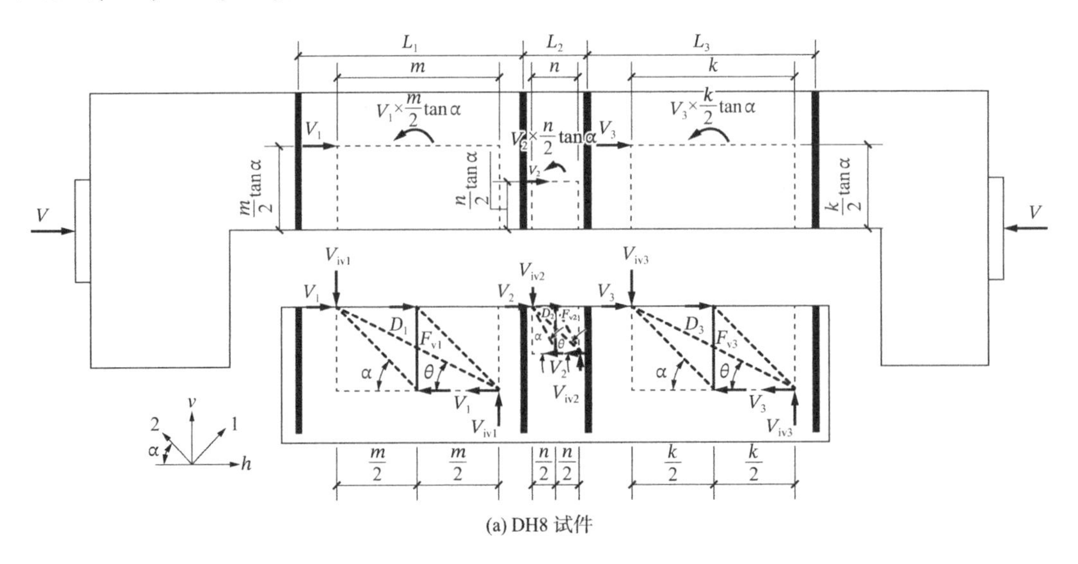

(a) DH8 试件

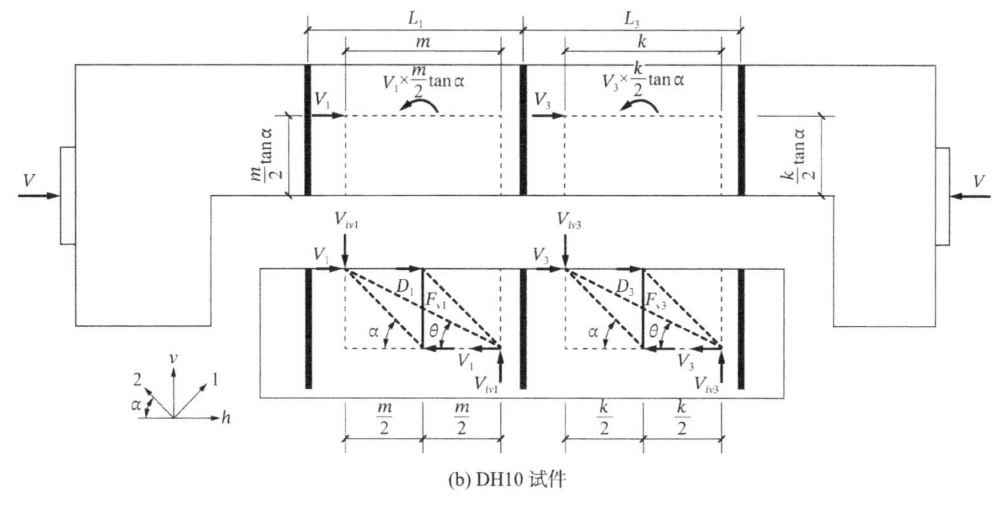

(b) DH10 试件

图 6-30　宏观模型

根据图 6-30 所示的模型，对角斜压杆的水平分力V_i和竖向分力V_{ivi}之间的关系可以表述为式(6-17)所示。

$$\frac{V_{ivi}}{V_i} = \frac{\tan\alpha}{2} = \tan\theta \tag{6-17}$$

受压杆的破坏以竖直方向传递机理中的斜压杆杆端混凝土压溃为标志，为了能够定义破坏的标准，首先需要对斜压杆的杆端面积A_{str}进行标定。A_{str}可以根据式(6-18)进行计算

$$A_{\text{str}} = a_{si} \times b_{si} \tag{6-18}$$

其中，b_{si}为第i个斜压杆截面有效宽度，关于有效宽度的取值，不同的学者给出了不同的建议：Hwang 和 Lee 分析新老混凝土界面粘结力时参考了 ACI Committee 318-95 中关于板冲切宽度的取值规定，取整个试件宽度为有效宽度；ACI-ASCE Committee 352[102]中对梁板柱节点中的有效宽度给出了定义，如图 6-31 所示。

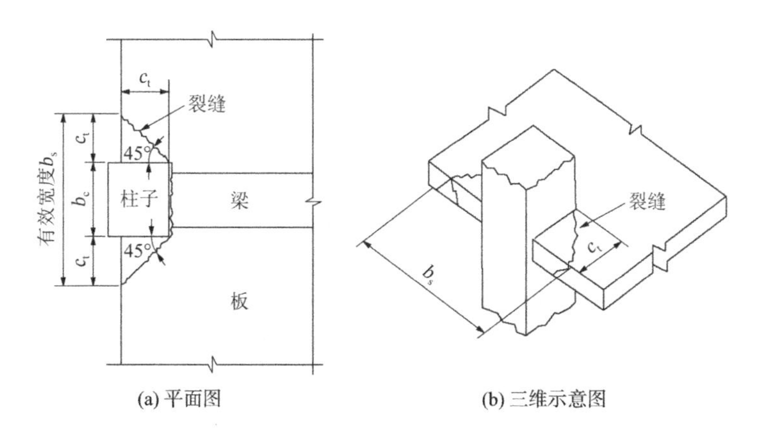

(a) 平面图　　(b) 三维示意图

图 6-31　ACI-ASCE Committee 352 有效宽度示意图

a_{si}为第i个斜压杆截面高度，可以根据 Paulay 和 Priestley[103]提出的计算界面受压区高度的公式来计算，如式(6-19)所示。

$$a_{si} = \left(0.25 - 0.85\frac{\sigma_{\text{v}}}{f_{\text{c}}'}\right)L_i \tag{6-19}$$

其中，σ_v为外部作用于界面上的竖向应力（受拉为正），L_i为界面连接钢筋之间的间距。

3. 平衡方程、本构关系和应变协调方程

（1）平衡方程

由竖直方向传递机理中的斜压杆和对角传递机理的斜压杆中的压应力的合力构成的最大压应力$\sigma_{2i,\max}$可根据平衡关系，建立如式(6-20)的平衡方程。

$$\sigma_{2i,\max}=\frac{1}{A_{\text{stri}}}\left[\frac{D_i\cos(\alpha-\theta)-F_{\text{v}i}}{\sin\alpha}\right] \tag{6-20}$$

当$\sigma_{2i,\max}$达到开裂混凝土的承载能力，界面剪切强度达到峰值。

（2）本构关系

根据 Zhang 和 Hsu 的[104]研究，开裂混凝土的本构关系可以用式(6-21)～式(6-23)表示。

$$当\frac{-\varepsilon_{2i}}{\varsigma_i\varepsilon_0}\leqslant 1时，\sigma_{2i}=-\varsigma_i f_{\text{c}}'\left[2\left(\frac{-\varepsilon_{2i}}{\varsigma_i\varepsilon_0}\right)-\left(\frac{-\varepsilon_{2i}}{\varsigma_i\varepsilon_0}\right)^2\right] \tag{6-21}$$

$$当\frac{-\varepsilon_{2i}}{\varsigma_i\varepsilon_0}>1时，\sigma_{2i}=-\varsigma_i f_{\text{c}}'\left[1-\left(\frac{-\varepsilon_{2i}/\varsigma_i\varepsilon_0-1}{2/\varsigma_i-1}\right)^2\right] \tag{6-22}$$

$$\varsigma_i=\frac{5.8}{\sqrt{f_{\text{c}}'}}\frac{1}{\sqrt{1+400\varepsilon_{1i}}}\leqslant\frac{0.9}{\sqrt{1+400\varepsilon_{1i}}} \tag{6-23}$$

其中σ_{2i}为第i个区域 2 轴方向的混凝土的平均主应力（以受拉为正），ς_i为对应的软化系数，ε_{1i}和ε_{2i}分别为 1 轴和 2 轴方向的平均主应变（以受拉为正），ε_0为混凝土达到抗压强度f_{c}'时对应的应变，可以按照 Foster 和 Gilbert[105]提出的公式计算，如式(6-24)所示。

$$\varepsilon_0=0.002+0.001\left(\frac{f_{\text{c}}'-20}{80}\right) \tag{6-24}$$

竖向拉杆的力$F_{\text{v}i}$可以根据钢筋的本构关系，按照式(6-25)确定。

$$F_{\text{v}i}=A_{\text{tv}i}E_{\text{s}}\varepsilon_{\text{s}i}\leqslant F_{\text{yv}i} \tag{6-25}$$

其中$A_{\text{tv}i}$为第i个区域穿过界面的竖向钢筋的总面积，根据 Hwang 和 Lee 的研究假定在拉压杆区域中心的钢筋的面积全部有效，分布在区域周边的钢筋面积一半有效，E_{s}为钢筋弹性模量，$\varepsilon_{\text{s}i}$为竖向钢筋拉应变，$F_{\text{yv}i}$为界面钢筋均达到屈服时计算所得的竖向拉力。

（3）应变协调方程

假定两个垂直方向的应变之和为不变量，即如式(6-26)所示的相等关系。

$$\varepsilon_{1i}+\varepsilon_{2i}=\varepsilon_{hi}+\varepsilon_{vi} \tag{6-26}$$

其中ε_{hi}和ε_{vi}分别为h轴和v轴方向的平均主应变（以受拉为正），在计算时ε_{hi}取穿过界面的水平钢筋的应变，ε_{vi}取穿过界面的竖向钢筋的应变。

式(6-26)通常用来估计主拉应变ε_{1i}的大小，从式(6-23)可知，主拉应变的大小决定了软化系数的值。为了避免在以界面钢筋屈服为主要破坏模式的情况下过高的计算软化系数，Vecchio 和 Collins 提出了给主拉应变ε_{1i}设置一个限值，通过限定ε_{vi}不超过钢筋的屈服应变来实现。

4. 基于软化拉压杆模型分析试验结果

基于上述分析可以得出界面抗剪承载力的公式，如式(6-27)所示。

$$V=\frac{\varsigma_i f_{\text{c}}'A_{\text{stri}}+(F_{\text{v}i}/\sin\alpha)}{\cos(\alpha-\theta)}\cos\theta+F_{\text{v}i}\cot\theta \tag{6-27}$$

在计算时，参考 Hwang 和 Yu 等[106]人的研究，斜压杆和界面的角度α取第一条斜裂缝和界面的夹角，f_c'为混凝土圆柱体抗压强度，取 27.3MPa，a_{s1}、a_{s2}和a_{s3}根据式(6-19)计算分别为 117.5mm、29.3mm 和 117.5mm，b_s取灌浆层截面宽度 200mm，σ_v为 1.4MPa。利用软化拉压杆模型对各个试件进行计算的结果如表 6-8 所示。

基于软化拉压杆模型的计算结果　　表 6-8

试件编号		F_{v1}/kN	F_{v2}/kN	F_{v3}/kN	ς_1	ς_2	ς_3	α/°	V_{calc}/kN	V_{test}/kN	$\frac{V_{calc}}{V_{test}}$
DH8-1	正向	9.5	2.2	4.6	0.72	0.85	0.72	24	1090.3	861.4	1.27
	负向	10.8	7.0	11.5	0.72	0.79	0.72	30	−1066.3	−805.5	1.32
DH8-2	正向	14.1	19.9	24.2	0.70	0.78	0.67	31	1072.1	830.8	1.29
	负向	5.1	7.7	22.7	0.82	0.78	0.67	32	−1122.3	−791.5	1.42
DH8-3	正向	18.8	13.9	21.3	0.70	0.72	0.67	28	1074.0	814	1.32
	负向	13.6	14.1	7.1	0.74	0.73	0.78	33	−1098.0	−810.7	1.35
DH10-1	正向	35.7	—	38.8	0.67	—	0.67	40	877.3	709.7	1.24
	负向	58.6	—	47.0	0.67	—	0.67	35	−945.2	−725.8	1.30
DH10-2	正向	59.6	—	38.4	0.67	—	0.67	40	915.8	806	1.14
	负向	45.7	—	42.4	0.67	—	0.67	38	−921.6	−824.2	1.12
DH10-3	正向	52.4	—	38.4	0.67	—	0.67	40	909.5	773	1.18
	负向	36.0	—	56.3	0.67	—	0.67	38	−925.7	−819.8	1.13

从表中可以看出，计算值较试验值偏大，其原因是b_s的取值偏大，根据试验现象，峰值荷载时上部墙体预制层底部和灌浆层顶部出现裂缝，因此荷载传递至灌浆层时主要是由中间现浇层传递至灌浆层，因此有效宽度取中间现浇层和灌浆层界面宽度的平均值，如图 6-32 所示。b_s取 150mm，对各个试件进行计算的结果如表 6-9 所示。从表中可以看出，软化拉压杆模型对 DH8 试件的计算值和试验值最大误差在 6%，对 DH10 试件的计算值和试验值最大误差在 14%，计算结果和试验值吻合得较好。

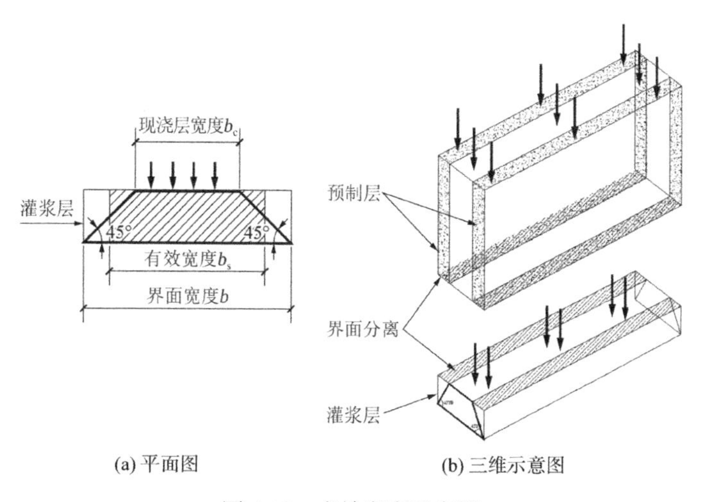

(a) 平面图　　(b) 三维示意图

图 6-32　有效宽度示意图

基于软化拉压杆模型的计算结果-修正有效宽度 表 6-9

试件编号		F_{v1}/kN	F_{v2}/kN	F_{v3}/kN	ς_1	ς_2	ς_3	α/°	V_{calc}/kN	V_{test}/kN	$\frac{V_{calc}}{V_{test}}$
DH8-1	正向	9.5	2.2	4.6	0.72	0.85	0.72	24	815.8	861.4	0.95
	负向	10.8	7.0	11.5	0.72	0.79	0.72	30	−798.8	−805.5	0.99
DH8-2	正向	14.1	19.9	24.2	0.70	0.78	0.67	31	815.3	830.8	0.98
	负向	5.1	7.7	22.7	0.82	0.78	0.67	32	−837.9	−791.5	1.06
DH8-3	正向	18.8	13.9	21.3	0.70	0.72	0.67	28	819.1	814	1.01
	负向	13.6	14.1	7.1	0.74	0.73	0.78	33	−821.5	−810.7	1.01
DH10-1	正向	35.7	—	38.8	0.67	—	0.67	40	674.4	709.7	0.95
	负向	58.6	—	47.0	0.67	—	0.67	35	−739.2	−725.8	1.02
DH10-2	正向	59.6	—	38.4	0.67	—	0.67	40	708.4	806	0.87
	负向	45.7	—	42.4	0.67	—	0.67	38	−712.8	−824.2	0.86
DH10-3	正向	52.4	—	38.4	0.67	—	0.67	40	702.1	773	0.91
	负向	36.0	—	56.3	0.67	—	0.67	38	−716.9	−819.8	0.87

6.4 本章小结

利用布置在界面连接钢筋表面的电阻应变片测得的应变值，分析了界面连接钢筋的应变随水平荷载的变化规律，通过剪切-摩擦理论将双面叠合剪力墙水平连接节点的抗剪承载力拆分为界面粘结力V_{adh}、界面钢筋的销栓力V_{sr}和界面摩擦力V_f（界面摩擦力包括界面连接钢筋受拉产生界面摩擦力V_{fs}，和法向压力产生界面摩擦力V_{fg}），逐个分析界面抗剪承载力组成部分随水平荷载的变化规律，建立了基于剪切-摩擦理论的双面叠合剪力墙水平连接节点抗剪承载力计算公式；软化拉压杆模型能够较好地解释界面发生剪切破坏的同时，在对角拉伸裂缝靠近界面附近区域的混凝土被压溃现象，基于软化拉压杆模型，结合试验构造，提出了演化的宏观模型，建立了基于软化拉压杆模型的双面叠合剪力墙水平连接节点抗剪承载力计算公式，并对软化拉压杆模型中对角斜拉杆的有效宽度进行了讨论，根据试验现象提出了适合的有效宽度取值，理论模型的计算值和试验值吻合较好。

第 7 章

双面叠合剪力墙水平节点竖向连接钢筋粘结滑移性能试验

双面叠合剪力墙水平节点是影响墙体抗震性能的关键因素，水平节点主要依靠竖向连接钢筋与后浇混凝土间协同作用传递水平及竖向荷载并协调变形，双面叠合剪力墙抗震性能试验发现由于水平节点竖向连接钢筋的粘结滑移效应，侧向荷载作用下墙体水平节点位置首先发生开裂，而目前针对双面叠合剪力墙的研究主要集中于墙体抗震性能，而针对双面叠合剪力墙水平节点竖向连接钢筋粘结滑移性能关注较少。为此，设计并制作了 27 个双面叠合试件以及 3 个全现浇试件并进行拉拔试验，通过改变现浇层厚度、钢筋直径、混凝土强度及锚固长度，针对竖向连接钢筋与现浇层混凝土间的粘结滑移性能进行研究，通过分析各因素对竖向连接钢筋粘结强度的影响规律，采用数值拟合的方法建立了竖向连接钢筋极限粘结强度计算公式。提出粘结-滑移本构关系描述竖向连接钢筋与现浇层混凝土间的粘结滑移行为。

7.1 试件设计及试验概况

7.1.1 试件设计及制作

依据双面叠合剪力墙结构形式设计了 9 组双面叠合拉拔试件及 1 组全现浇试件。采用钢筋开槽内贴应变片的方法研究双面叠合剪力墙水平节点竖向连接钢筋的界面粘结滑移性能，首先对钢筋进行线切割随后进行开槽加工，槽口尺寸为 5mm × 2.5mm，钢筋合拢后尺寸为 5mm × 5mm。同时设置了 1 组全现浇试件以及 1 组未配置桁架筋的叠合试件用于与双面叠合试件对比。双面叠合试件由通过桁架钢筋连接的两侧预制层及中部现浇层组成，竖向连接钢筋置于试件中心位置，试件构造及尺寸如图 7-1 所示。参照《混凝土结构试验方法标准》GB/T 50152—2012 本次试验所有试件高度均为 300mm，基准试件截面尺寸为 200mm × 200mm，每组试件包括 3 个相同试件，试件分组及主要设计参数如表 7-1 所示，具体说明如下：

（1）现浇层厚度。规范规定双面叠合试件预制层厚度不得低于 50mm，因此将双面叠合试件预制层厚度设计为 50mm，现浇层厚度分别取 100mm、120mm、150mm。

（2）钢筋直径。本次试验所用钢筋直径包括 20mm、22mm、25mm。

（3）混凝土保护层厚度。试件截面尺寸包括 200mm × 200mm、220mm × 220mm、250mm × 250mm，因此对于采用直径 20mm 钢筋的基准试件，相应保护层厚度分别为 90mm、100mm、115mm。

（4）粘结长度。试件粘结长度变化范围包括 5d、7.5d、10d，其中d为钢筋直径。

参照《混凝土结构试验方法标准》GB/T 50152—2012 进行试件的设计制作。本次试验分别设置双面叠合试件、双面叠合未配置桁架筋试件、全现浇试件，其中对双面叠合试件中的竖向连接钢筋进行了切割开槽处理（图 7-2、图 7-3）。在试验准备阶段首先将钢筋对称线切割为两部分并进行开槽处理，随后在钢筋槽内粘贴应变片，在试件粘结长度范围内应变片每隔 40mm 布置 1 片，在两半钢筋内交错布置，钢筋合拢后应变片间距为 20mm。应变片导线全部经由设置在钢筋自由端的黄蜡管引出，以保护导线。随后在钢筋槽内灌注环氧树脂以保护应变片并起到防水绝缘效果，两半钢筋由环氧树脂粘结合拢后通过夹具固定并在加载端附件点焊处理维持钢筋受力的整体性。在试件浇筑过程中应注意以下事项：①试件浇筑过程中通过在模板中心开孔保证连接钢筋严格对中，钢筋加载端预留长度为 300mm，自由端预留 30mm。②通过在钢筋两端设置 PVC 套管形成无粘结段，两端采用环氧树脂封堵，防止混凝土流入影响其锚固长度并减轻加载过程中由于试件边界受压而产生的粘结作用增强现象。③浇筑过程中先浇筑试件一侧预制层，标准养护 3d 后浇筑另一侧预制层，两侧预制层初凝后对表面进行凿毛处理，使两侧预制层与中部现浇层紧密结合，保证叠合面粘结可靠。④每次浇筑完成后应对混凝土进行充分振捣，保证内部材料均匀分布，降低离散现象。双面叠合试件中部现浇层部分应采用细石混凝土填充浇筑。⑤两侧预制层浇筑完成后养护 3d 进行试件现浇层浇筑同时浇筑全现浇试件，浇筑完成后 7d 拆除模具，对整体试件标准养护 28d 后进行试验。

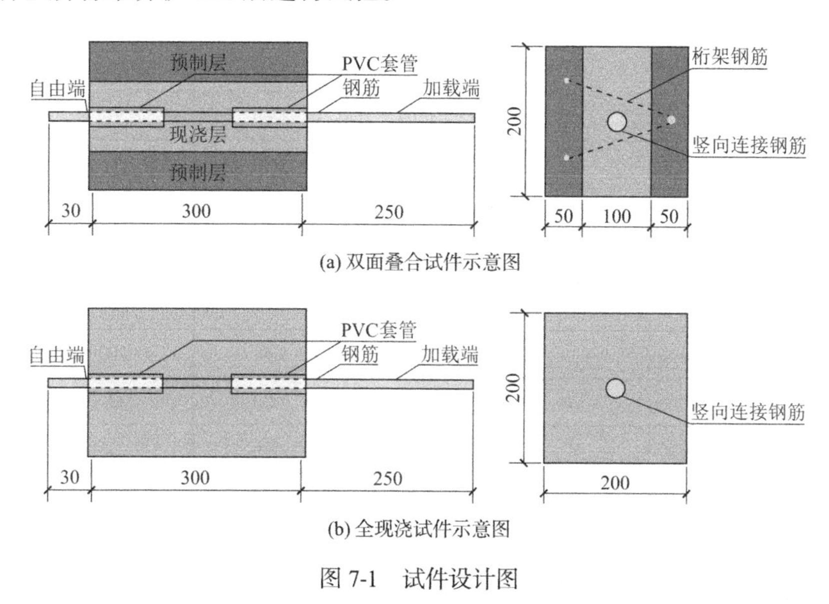

(a) 双面叠合试件示意图

(b) 全现浇试件示意图

图 7-1　试件设计图

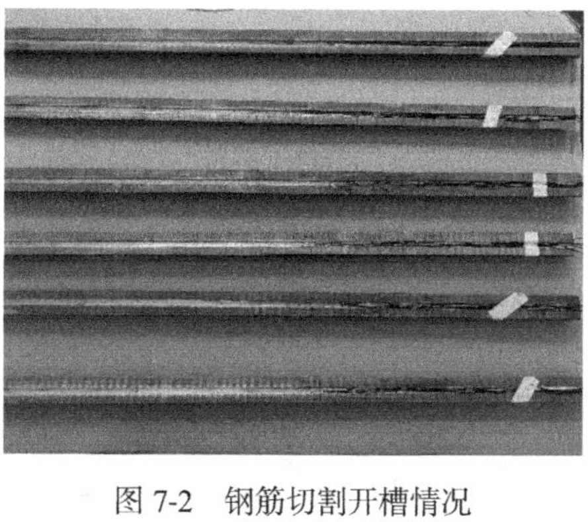

图 7-2　钢筋切割开槽情况

图 7-3 试件制作过程

试件主要参数 **表 7-1**

分组	试件尺寸 /mm	预制层厚度 /mm	现浇层厚度 /mm	混凝土强度 等级	直径 /mm	锚固长度 /mm
AⅠ-1	200×200×300	50	100	C30	20	100
AⅠ-2	200×200×300	50	100	C30	20	100
AⅠ-3	200×200×300	50	100	C30	20	100
AⅡ-1	220×220×300	50	120	C30	20	100
AⅡ-2	220×220×300	50	120	C30	20	100
AⅡ-3	220×220×300	50	120	C30	20	100
AⅢ-1	250×250×300	50	150	C30	20	100
AⅢ-2	250×250×300	50	150	C30	20	100
AⅢ-3	250×250×300	50	150	C30	20	100
QⅠ-1	200×200×300	全现浇试件		C30	20	100
QⅠ-2	200×200×300	全现浇试件		C30	20	100
QⅠ-3	200×200×300	全现浇试件		C30	20	100
BⅠ-1	200×200×300	50	100	C30	22	110
BⅠ-2	200×200×300	50	100	C30	22	110
BⅠ-3	200×200×300	50	100	C30	22	110
BⅡ-1	200×200×300	50	100	C30	25	125
BⅡ-2	200×200×300	50	100	C30	25	125
BⅡ-3	200×200×300	50	100	C30	22	125
CⅠ-1	200×200×300	50	100	C35	20	100
CⅠ-2	200×200×300	50	100	C35	20	100
CⅠ-3	200×200×300	50	100	C35	20	100
CⅡ-1	200×200×300	50	100	C40	20	100
CⅡ-2	200×200×300	50	100	C40	20	100
CⅡ-3	200×200×300	50	100	C40	20	100
DⅠ-1	200×200×300	50	100	C30	20	150
DⅠ-2	200×200×300	50	100	C30	20	150

续表

分组	试件尺寸/mm	预制层厚度/mm	现浇层厚度/mm	混凝土强度等级	直径/mm	锚固长度/mm
DⅠ-3	200 × 200 × 300	50	100	C30	20	150
DⅡ-1	200 × 200 × 300	50	100	C30	20	200
DⅡ-2	200 × 200 × 300	50	100	C30	20	200
DⅡ-3	200 × 200 × 300	50	100	C30	20	200

7.1.2　材料性能

竖向连接钢筋及桁架筋均采用 HRB400 级，并预留标准材性试件，根据《金属材料 拉伸试验 第 1 部分：室温试验方法》GB/T 288.1—2021 测得钢筋强度列于表 7-2。

钢筋材料强度　表 7-2

钢筋规格/mm	屈服强度/MPa	抗拉强度/MPa	弹性模量/MPa
8	416	615	2.02 × 105
10	435	611	2.03 × 105
20	415	546	2.01 × 105
22	460	573	2.06 × 105
25	465	597	2.07 × 105

每组试件预制层及现浇层采用同种强度等级混凝土，分别为 C30、C35、C40，每次浇筑后预留 2 组试块，每组 3 个混凝土立方体试件尺寸为 150mm × 150mm × 150mm，与试件同条件养护后按照《混凝土物理力学性能试验方法标准》GB/T 50081—2019 测得试块抗压强度列于表 7-3。

混凝土试块抗压强度　表 7-3

混凝土强度等级	预制层 1/MPa	预制层 2/MPa	现浇层/MPa
C30	50.04	49.75	47.6
C35	56.42	55.31	53.74
C40	62.18	60.17	59.38

7.1.3　加载装置及测点布置

采用 100t 电液伺服万能试验机通过位移控制加载，加载装置如图 7-4 所示。试验中试件加载端钢筋由试验机下夹具加紧并保持不动，加载系统控制试验机上横梁向上移动并通过反力装置将荷载施加于试件加载端表面，反力装置具有足够大的刚度，因此认为试件与反力装置同步上移。正式加载前先进行预加载，对试件施加 2kN 左右的拉力然后卸载至 0，以保证试件和反力架紧密接触。预加载完成后，以 2mm/s 的加载速率进行单调连续加载。

为了比较精确地找到特征点并保证后续处理数据时力和位移相互对应，应保证试验加载系统、力和应变采集系统、位移采集系统同步开始采集，采集频率保持一致。试验过程中在钢筋自由端、加载端分别通过钢引板对称设置2个位移计，量测自由端及加载端钢筋滑移，并通过在试件上表面设置位移计量测加载过程中试件变形，测点布置如图7-5所示。试验过程中产生的荷载、位移、应变均通过采集仪同频同时采集。试件加载图如图7-6所示。钢筋应变片布置情况如图7-7所示。

图7-4 加载装置示意图

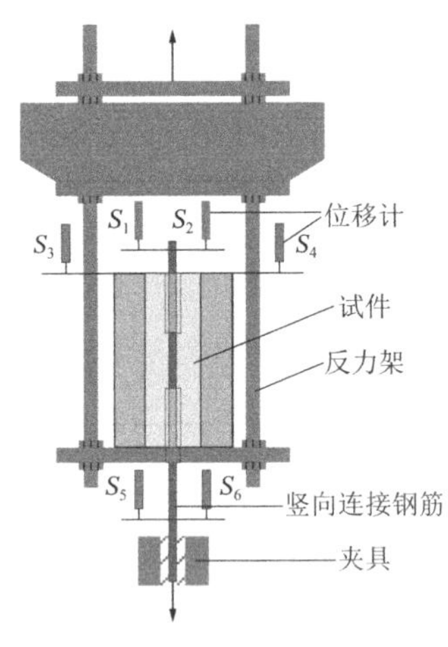

图7-5 测点布置图

图7-6 试件加载图

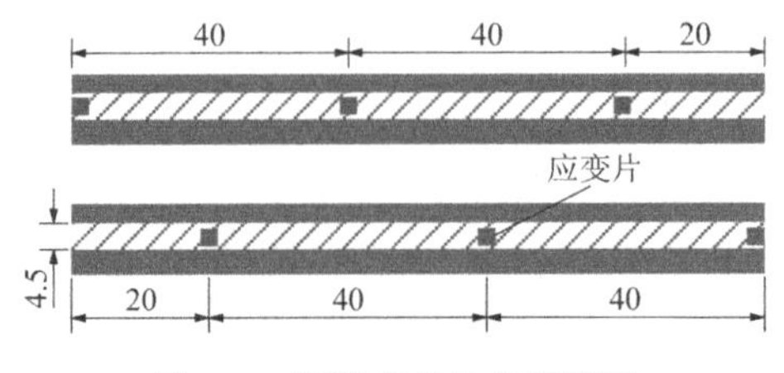

图7-7 钢筋应变片布置情况

7.2 试验现象及结果分析

7.2.1 试验现象及破坏模式

试件的破坏形态包括钢筋拔出、钢筋拉断两种。当试件内钢筋的粘结长度较短或保护层厚度偏大时，试件发生拔出破坏。破坏发生后试件表面无明显裂缝，粘结区段混凝土在钢筋受力后形成肋前破碎区，钢筋拔出过程中混凝土受到挤压和摩擦作用，拔出钢筋肋间充满混凝土。当粘结长度较长时发生钢筋拉断破坏，此时粘结界面承载力高于钢筋屈服荷载，钢筋屈服后加载端滑移主要来自于钢筋伸长量，随着荷载增大，钢筋进入颈缩阶段随后发生拉断破坏，在此过程中自由端始终未发生明显滑移。

除D组外试件全部发生拔出破坏。加载过程中钢筋的横肋会对肋间混凝土产生斜向的挤压力和摩擦力，这对力沿钢筋纵向的分力与钢筋及混凝土间的摩阻力共同构成了粘结作用力，沿钢筋径向的分力会对握裹层混凝土产生环向拉应力，随后握裹层开裂。本次试验试件由于保护层较厚且叠合试件中预制层及桁架筋能够对周围混凝土产生约束作用，从而阻止裂缝向外发展，故而叠合试件表面未产生明显裂缝。但对于发生拔出破坏试件，随着荷载增加，出现混凝土破碎脱落现象并在加载端出现锥形破坏，试件预制层及现浇层均无明显现象。表7-4列出了所有试件试验结果及对应的破坏模式。发生拔出破坏及拉断破坏试件形态如图7-8所示，发生拔出破坏双面叠合试件表面无明显现象，如图7-9所示。

（1）钢筋拔出破坏。当连接钢筋锚固长度较短时，随着拉拔力的增大，当其超过粘结界面的承载力时，双面叠合试件粘结界面破坏失效，竖向连接钢筋从混凝土试件中被拔出。加载过程中，作用于竖向连接钢筋的荷载由钢筋混凝土界面的粘结作用抵抗，随着荷载的增加，钢筋横肋对肋间混凝土产生斜向挤压力，同时连接钢筋与周围混凝土产生摩擦力，斜向挤压力的轴向分力与摩擦力共同组成的界面粘结作用。斜向挤压力的径向分力使外围混凝土受拉。破坏模式是首先在肋间混凝土凹槽处产生拉裂缝，裂缝开展，由于钢筋与周围混凝土的约束作用，裂缝开展放缓，钢筋约束了混凝土的径向变形，在裂缝形成后，肋间混凝土将受到钢筋的径向压力的作用，同时在轴向界面剪力的作用下，肋间混凝土发生剪压破坏。除D组外试件均发生钢筋拔出破坏，由于保护层厚度较大且双面叠合试件中预制层及桁架钢筋的存在，试件表面未出现明显裂缝，部分试件钢筋拔出时加载端混凝土出现锥形破坏。

（2）钢筋屈服后拉断破坏。钢筋混凝土粘结界面承载力随试件锚固长度、保护层厚度、混凝土强度等级、配箍率的增加而增大。当连接钢筋锚固充分时粘结界面承载力较高，当拉拔荷载超过钢筋屈服荷载时，试件发生钢筋屈服破坏，当锚固长度进一步增大时，连接钢筋被拉断。试验中D组试件连接钢筋即发生屈服破坏或拉断破坏，此时加载端位移计量测的滑移值主要由钢筋的伸长量引起，自由端位移计量测数值很小，未发生明显滑移。

(a) 拔出破坏

(b) 拉断破坏

(c) 试件加载端表面锥形破坏

图 7-8 典型试件破坏形态

图 7-9 双面叠合试件表面形态

双面叠合剪力墙竖向连接钢筋在整个粘结长度范围内平均粘结应力τ的表达式如下：

$$\tau=\frac{F}{\pi d l_{\mathrm{a}}} \tag{7-1}$$

其中，τ/MPa 为粘结强度；F/kN 为钢筋的拉拔力；d/mm 为钢筋直径；l_{a}/mm 为连接钢筋粘结长度。

试件试验结果及破坏形态 **表 7-4**

试件编号	混凝土强度/MPa	预制层厚度 $c1$/mm	现浇层厚度 $c2$/mm	钢筋直径 d/mm	锚固长度 l_{a}/mm	F_{u}/kN	τ_{u}/MPa	平均值/MPa	破坏形态
AⅠ-1	C30/C30	50	100	20	100	117.06	18.64	19.21	拔出破坏
AⅠ-2	C30/C30	50	100	20	100	121.25	19.31		拔出破坏
AⅠ-3	C30/C30	50	100	20	100	123.55	19.67		拔出破坏
AⅡ-1	C30/C30	50	120	20	100	120.135	19.13	20.17	拔出破坏

续表

试件编号	混凝土强度/MPa	预制层厚度 $c1$/mm	现浇层厚度 $c2$/mm	钢筋直径 d/mm	锚固长度 l_a/mm	F_u/kN	τ_u/MPa	平均值/MPa	破坏形态
AⅡ-2	C30/C30	50	120	20	100	126.8	20.19		拔出破坏
AⅡ-3	C30/C30	50	120	20	100	133.12	21.20		拔出破坏
AⅢ-1	C30/C30	50	120	20	100	105.24	16.76		拔出破坏
AⅢ-2	C30/C30	50	120	20	100	123.91	19.73	20.39	拔出破坏
AⅢ-3	C30/C30	50	120	20	100	132.18	21.05		拔出破坏
QⅠ-1	C30/C30	50	100	20	100	98.6	15.70	15.70	拔出破坏
BⅠ-1	C30/C30	50	100	22	110	137.76	18.13		拔出破坏
BⅠ-2	C30/C30	50	100	22	110	141.6	18.64	18.1	拔出破坏
BⅠ-3	C30/C30	50	100	22	110	133.2	17.53		拔出破坏
BⅡ-1	C30/C30	50	100	25	125	142.24	14.50		拔出破坏
BⅡ-2	C30/C30	50	100	25	125	118.34	12.06	14.24	拔出破坏
BⅡ-3	C30/C30	50	100	22	125	158.655	16.17		拔出破坏
CⅠ-1	C35/C35	50	100	20	100	140.41	22.36		拔出破坏
CⅠ-2	C35/C35	50	100	20	100	143.09	22.79	22.62	拔出破坏
CⅠ-3	C35/C35	50	100	20	100	141.53	22.54		拔出破坏
CⅡ-1	C40/C40	50	100	20	100	157.08	25.01		拔出破坏
CⅡ-2	C40/C40	50	100	20	100	135.53	21.58	24.62	拔出破坏
CⅡ-3	C40/C40	50	100	20	100	152.14	24.23		拔出破坏
DⅠ-1	C30/C30	50	100	20	150	133.95	14.22		拔出破坏
DⅠ-2	C30/C30	50	100	20	150	145.45	15.44	15.00	拔出破坏
DⅠ-3	C30/C30	50	100	20	150	144.61	15.35		拔出破坏
DⅡ-1	C30/C30	50	100	20	200	166.83	13.28		拉断破坏
DⅡ-2	C30/C30	50	100	20	200	158.9	12.65	12.83	拔出破坏
DⅡ-3	C30/C30	50	100	20	200	157.9	12.57		拉断破坏

7.2.2 荷载-位移曲线

根据发生粘结滑移破坏时竖向连接钢筋是否屈服，拔出破坏包括屈服前拔出和屈服后拔出两类。部分试件由于发生钢筋屈服后拔出破坏，当荷载超过钢筋屈服荷载后，加载端钢筋屈服，加载端滑移由于包含了钢筋变形量而大幅增加，导致曲线上升段表现出高度非线性特征。布置在连接钢筋粘结区段应变片的应变值显示仅靠近加载端一侧连接钢筋屈服，自由端一侧钢筋未屈服。

发生拔出破坏试件荷载-位移曲线各阶段破坏形态如图。加载初期，荷载-位移曲线呈线性增长，此阶段钢筋未发生滑移，位移增量来自于加载端钢筋伸长量，试件无明显现象。随着荷载增加，粘结界面混凝土出现裂缝，粘结应力遭到破坏，加载端首先出现滑移并向自由端缓慢传递。荷载-位移曲线发展至峰值点。此时随着曲线到达峰值点，粘结界面及加载端钢筋周围出现混凝土碎屑脱落。随后曲线进入下降段，连接钢筋整个粘结界面发生剪切破坏，钢筋加载端及自由端同步滑移，钢筋被缓慢拔出。当拉拔荷载下降至峰值荷载的30%左右时，荷载-位移曲线趋于稳定，此时自由端钢筋已经基本被拉至试件内部，连接钢筋未屈服，试件表面无明显裂缝。

图 7-10 显示了发生拔出破坏试件的加载端荷载-位移曲线和相应的破坏模式。在加载的初始阶段，荷载-位移曲线呈线性增长，在这一阶段，试件中没有明显的现象，荷载-位移曲线的位移增量来自加载端钢筋的变形伸长。随着荷载的增加，钢筋的横肋持续挤压肋前混凝土，粘结界面处的混凝土出现裂缝。界面粘结作用被破坏，钢筋的加载端开始滑移。当荷载-位移曲线达到峰值点时，钢筋的自由端开始滑移，粘结界面处和钢筋加载端周围的混凝土碎屑脱落。随后，曲线进入下降段，竖向连接钢筋的整个粘结界面受到剪切破坏。钢筋的加载端和自由端同步滑移，钢筋被缓慢拔出。当拉拔荷载降至峰值荷载的 30%左右时，荷载-位移曲线趋于稳定，钢筋自由端基本滑向试件内部，试件表面没有明显裂缝。钢筋拔出的过程伴随着粘结界面处混凝土的破碎，通过观察发现钢筋拔出后，钢筋肋间充满了混凝土碎屑，这表明竖向连接钢筋与界面混凝土之间的粘结是可靠的。由于双面叠合试件覆盖层厚度较大，同时预制层及桁架钢筋对周围混凝土提供了约束作用，因此，试件表面未出现明显裂缝。部分试件在加载过程中出现混凝土碎屑脱落，加载端混凝土在钢筋拔出时出现锥形破坏。

发生拔出破坏试件自由端荷载-位移曲线如图 7-11 所示，可见拔出破坏试件自由端荷载-位移曲线走势与 B 组试件中荷载-位移曲线基本一致，不同之处在于自由端荷载-位移曲线峰值点对应的位移值较小。主要原因是自由端荷载-位移曲线基本不受试验中钢筋伸长及加载装置间存在空隙的影响，因此自由端荷载-位移曲线更能反映试件的真实受力状态及钢筋拔出过程，后续分析中将从自由端荷载-位移曲线出发建立试件平均粘结应力-滑移曲线。试件自由端荷载-位移曲线包括微滑移段、滑移段、劈裂段和下降段、残余段 5 个阶段，对应试件受力状态。加载初期试件处于弹性状态，曲线呈近似线性发展，此时连接钢筋粘结作用由表面化学胶着力提供，自由端未发生滑移，处于微滑移段。随着荷载增加，曲线呈线性上升，此时粘结作用由滑移段钢筋的摩阻力和机械咬合力提供，处于微滑移段。第 3 阶段为劈裂段，对于峰值荷载小于屈服荷载试件，当荷载增加至峰值荷载的 80%左右时滑移量加速增长，曲线出现非线性段并达到极限荷载，此时粘结段钢筋周围混凝土开裂，微裂缝由加载端传递至自由端，但由于预制层的存在使得试件保护层厚度较大，内裂缝并未发展至试件表面。对于峰值荷载大于屈服荷载试件，达到屈服荷载后曲线出现明显转折，滑移量迅速增长而荷载提升缓慢，试件内部亦出现微裂缝的扩展。曲线达到峰值点后，荷载开始下降，滑移量有较大增长，连接钢筋肋间混凝土逐渐被压碎，钢筋逐渐被拔出且肋间填充有混凝土碎屑。曲线达到残余段时，钢筋肋间混凝土被压碎，界面粘结作用逐渐丧失，但由于摩擦力和残余机械咬合力的存在，随着连接钢筋被拔出，曲线表现为荷载缓慢减小并存在微小起伏波动，滑移量增长较快。

图 7-12 显示了钢筋拉断破坏试件加载端荷载-位移曲线和相应的破坏形态。荷载-位移曲线可分为两段，分别对应试件的弹性状态和竖向连接钢筋在拉力作用下屈服后的状态。在钢筋屈服之前，荷载-位移曲线呈线性上升趋势，这一阶段加载端出现较小位移，试件处于弹性状态。达到屈服荷载后，曲线出现明显转折，加载端位移迅速增大而荷载增长缓慢，加载端钢筋发生较大塑性变形随后截面出现明显颈缩，直至钢筋被拉断瞬间荷载迅速降低

至峰值荷载的 50%以下。图 7-13 为钢筋拉断破坏试件自由端荷载-位移曲线及对应破坏形态。可知自由端荷载-位移曲线仅存在上升段，钢筋拉断瞬间自由端仅发生微小滑移，试件表面无明显裂缝。DⅡ组试件竖向连接钢筋具有足够的粘结锚固刚度以及较高的界面粘结作用，试件 DⅡ-1 和 DⅡ-3 表现为钢筋拉断破坏，此时加载端位移计量测值主要是由钢筋的伸长引起的，自由端位移测量值非常小，没有明显的滑移。DⅡ-2 试件在屈服后出现拔出破坏。此时，试件处于由拔出破坏到竖向连接钢筋拉断破坏的临界状态。

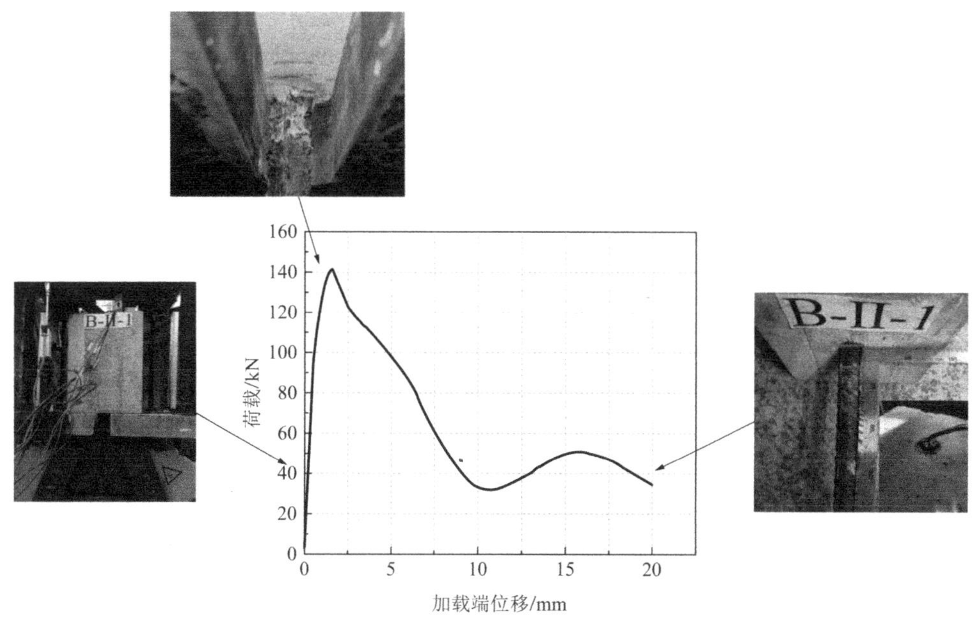

图 7-10　拔出破坏试件加载端荷载-位移曲线

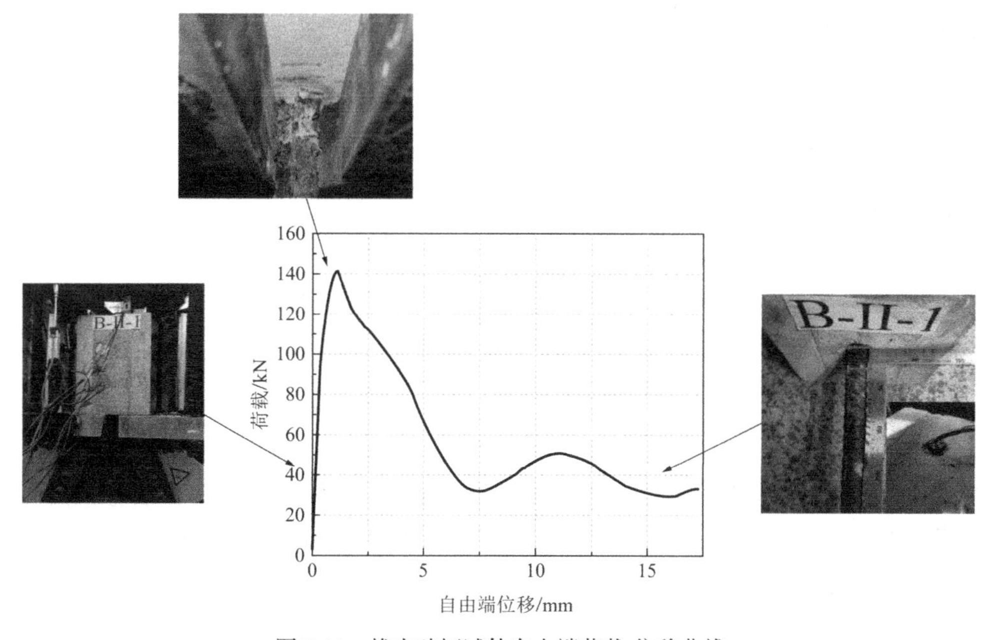

图 7-11　拔出破坏试件自由端荷载-位移曲线

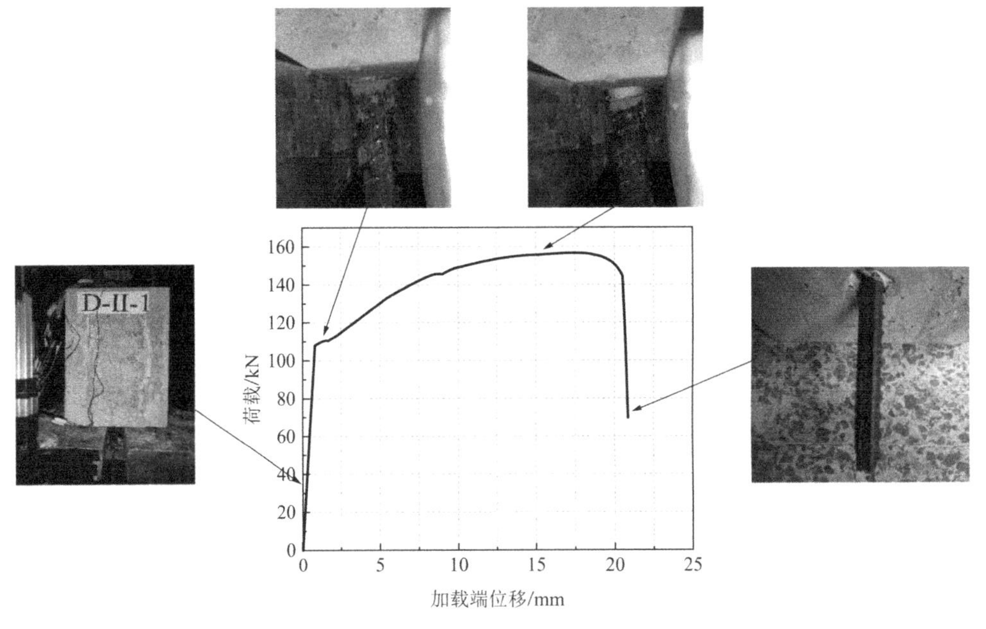

图 7-12　拉断破坏试件加载端荷载-位移曲线

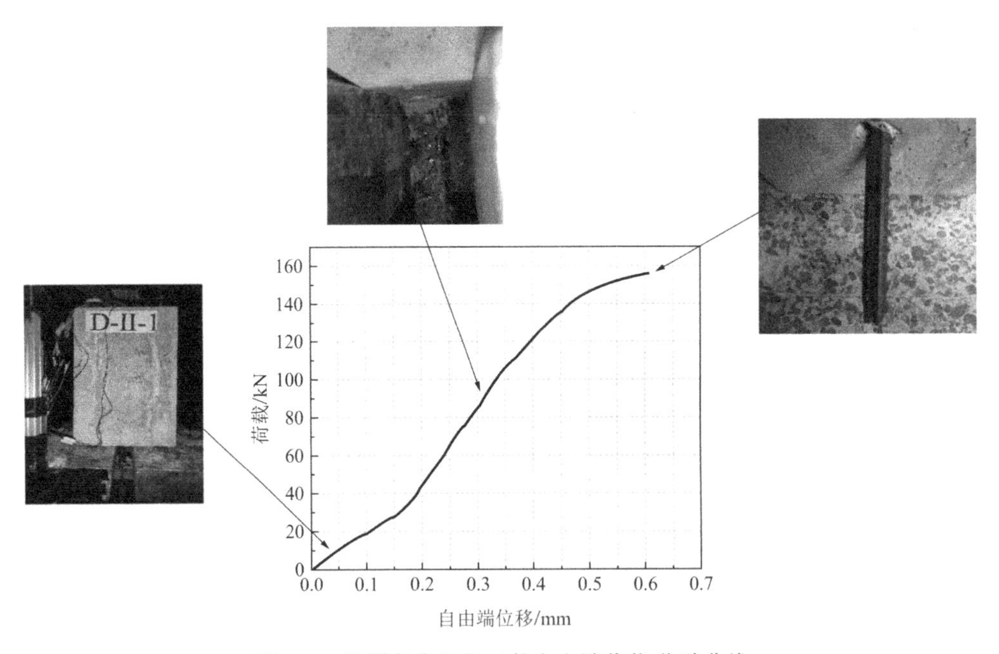

图 7-13　钢筋拉断破坏试件自由端荷载-位移曲线

当锚固长度小于10d时，试件发生拔出破坏。AⅠ、AⅡ、AⅢ、CⅠ、CⅡ、DⅠ分组中试件加载端钢筋首先屈服，试件发生屈服后拔出破坏。试件荷载-位移曲线存在两个“拐点”。荷载-位移曲线先上升，随后在钢筋屈服后出现第一个“拐点”，此后试件能够继续承担荷载。当荷载增加至峰值点，荷载-位移曲线出现第二个“拐点”，钢筋从混凝土中被拔出，试件破坏，荷载-位移曲线随之下降。B组试件中钢筋直径较大，试件发生拔出破坏时连接钢筋未屈服，试件始终处于弹性状态。荷载-位移曲线在达到峰值点后发生拔出破坏，随着位移增加，荷载逐渐下降，最终荷载-位移曲线趋于平缓，残余荷载约为峰值荷载的 30%。

当试件发生拔出破坏时，部分试件荷载-位移曲线荷载上升至峰值荷载时，并没有直接开始下降，而是在峰值荷载位置上下波动，荷载-位移曲线呈现一段“平台期”，近似于钢筋材性试验中的屈服阶段，此时钢筋横肋持续挤压肋间混凝土，但肋间混凝土并没有被立即剪断，同时钢筋接近屈服荷载。因此荷载维持在峰值处波动，荷载到达峰值荷载处时滑移量开始明显变大，并且是斜率不断增长的非线性的变化。当滑移继续增长，肋间混凝土无法继续抵抗拉拔作用，发生剪切破坏，荷载开始下降。钢筋在拔出过程中受到混凝土内部咬合力和摩阻力的作用，钢筋肋逐渐受到破坏，接触面逐渐变得光滑，粘结力进一步减弱，滑移量呈指数趋势逐渐加大。拔出和拉断破坏试件加载端以及自由端荷载-位移曲线见图 7-14～图 7-17。

AⅠ组试件包括加载端荷载-位移曲线以及自由端荷载-位移曲线，加载端荷载-位移曲线表现为三段形式，包括上升段、转折段以及下降段，分别对应试件处于弹性状态、加载端竖向连接钢筋屈服后状态、竖向连接钢筋拔出后状态。AⅡ组试件首先出现加载端竖向连接钢筋屈服，随后竖向连接钢筋被拔出，竖向连接钢筋自由端未屈服，表现为拔出破坏特征，荷载-位移曲线包括上升段及下降段。由于混凝土材料自身存在的离散性，AⅢ组中试件分别表现为竖向连接钢筋屈服前的拔出破坏以及竖向连接钢筋屈服后的拔出破坏。BⅠ组试件分别表现为竖向连接钢筋的屈服前拔出及屈服后拔出，相比 A 组试件，B 组竖向连接钢筋直径较大，对应界面粘结强度较低，从而组内试件部分表现为钢筋屈服前拔出破坏。BⅡ组试件竖向连接钢筋直径为 25mm，钢筋具有更高的屈服荷载，因此所有试件均表现为拔出破坏，竖向连接钢筋未发生屈服，破坏后试件仍处于弹性状态。相比各组试件，C 组试件混凝土强度得到提高，因此竖向连接钢筋界面粘结强度得以提升，试验中竖向连接钢筋首先屈服，随后从试件中被拔出。D 组试件竖向连接钢筋粘结长度分别为 $7.5d$、$10d$，粘结长度增大使得试验中竖向连接钢筋从混凝土试件中被拔出需要提供更大荷载，此过程中出现拉拔荷载超过竖向连接钢筋对应的屈服荷载和极限荷载，最终试件表现为钢筋屈服后拔出破坏、钢筋拉断破坏。

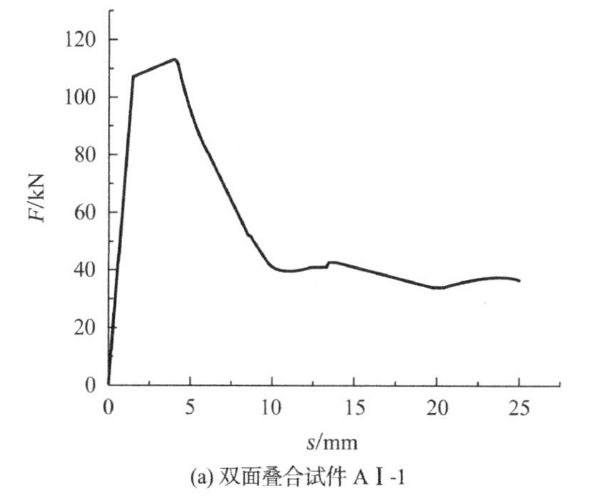

(a) 双面叠合试件 AⅠ-1

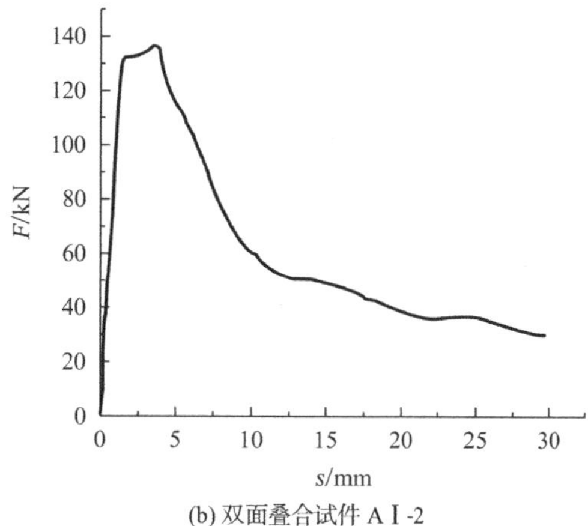

(b) 双面叠合试件 AⅠ-2

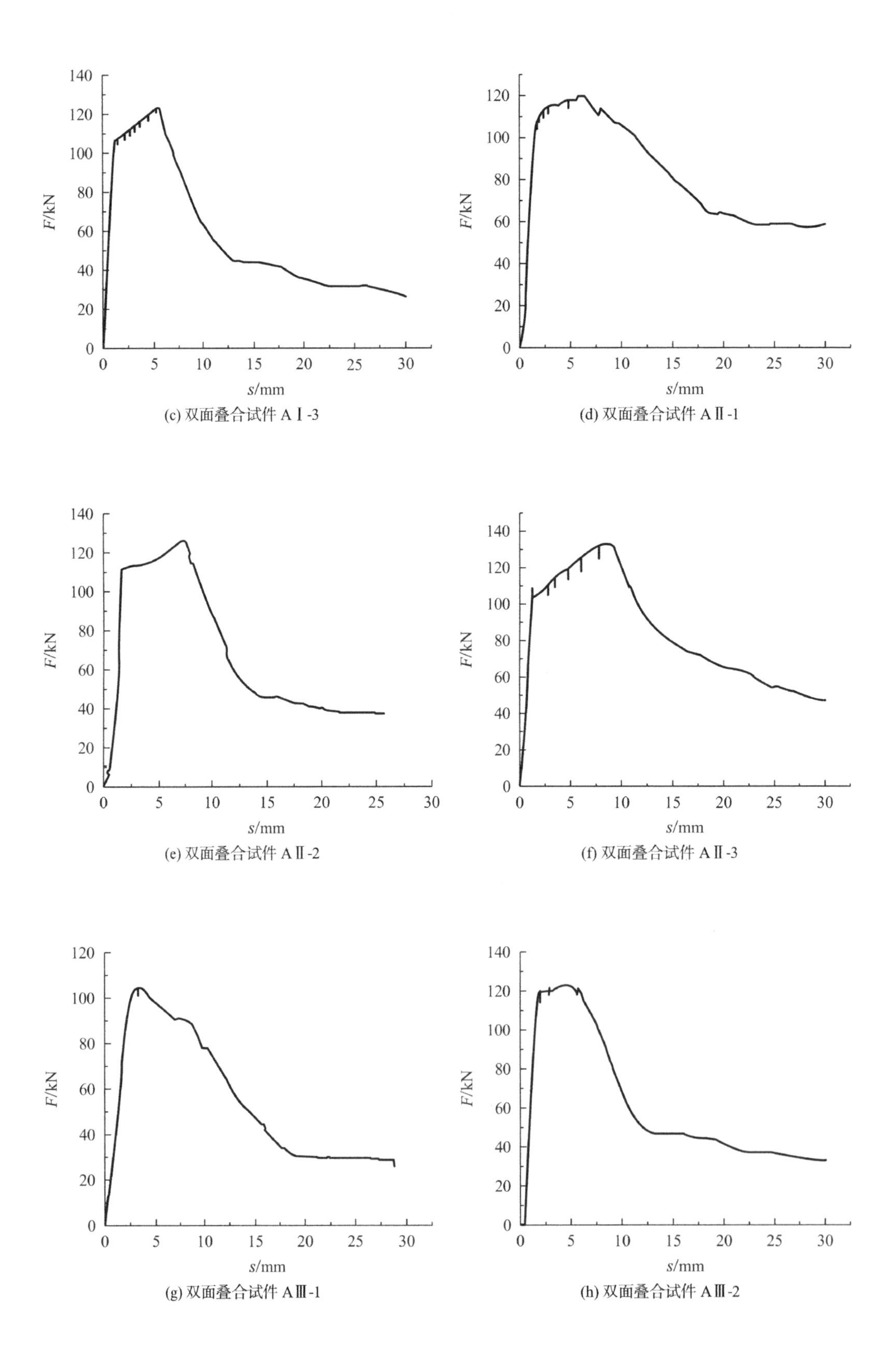

(c) 双面叠合试件 AⅠ-3

(d) 双面叠合试件 AⅡ-1

(e) 双面叠合试件 AⅡ-2

(f) 双面叠合试件 AⅡ-3

(g) 双面叠合试件 AⅢ-1

(h) 双面叠合试件 AⅢ-2

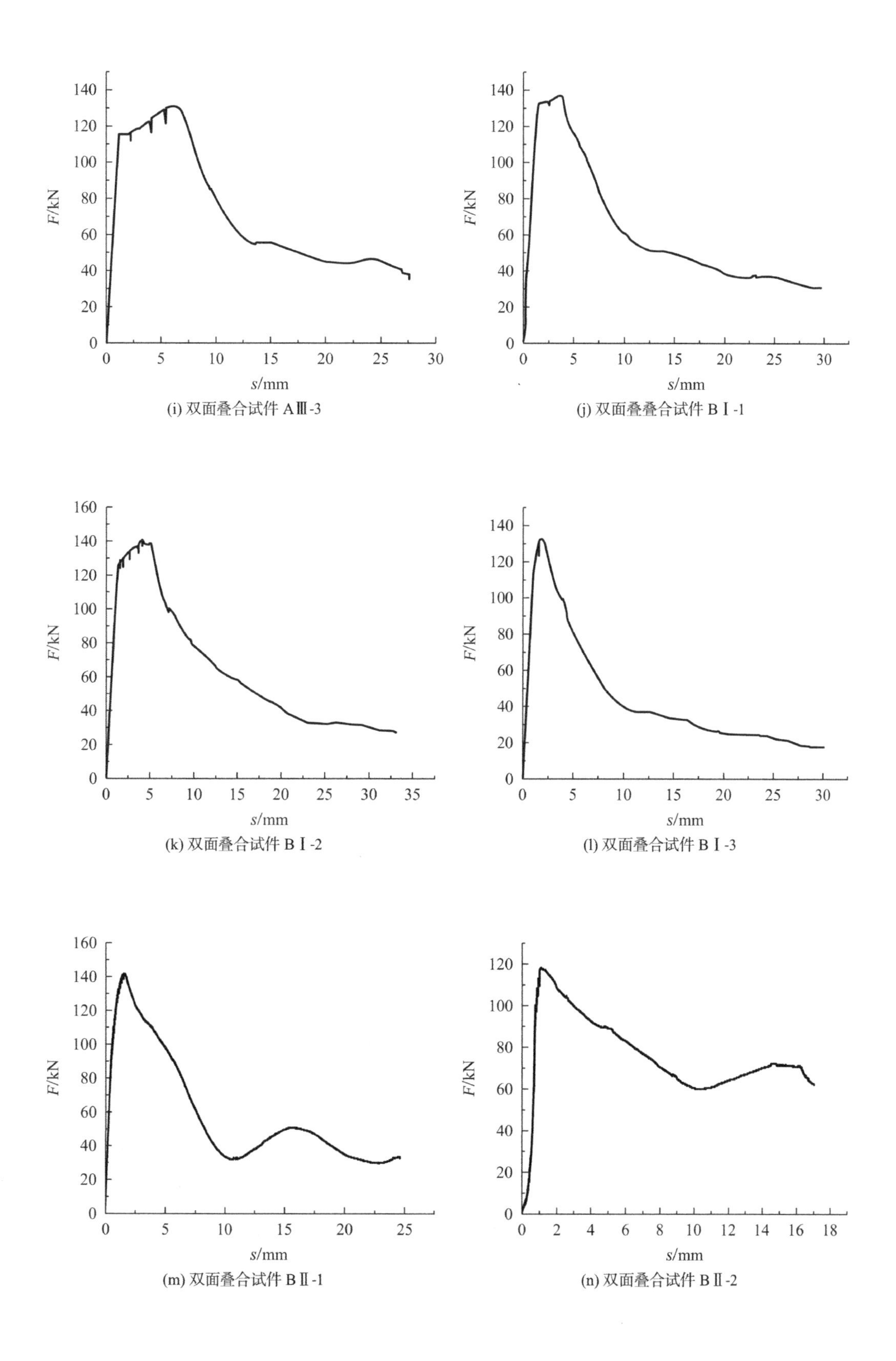

(i) 双面叠合试件 AⅢ-3

(j) 双面叠叠合试件 BⅠ-1

(k) 双面叠合试件 BⅠ-2

(l) 双面叠合试件 BⅠ-3

(m) 双面叠合试件 BⅡ-1

(n) 双面叠合试件 BⅡ-2

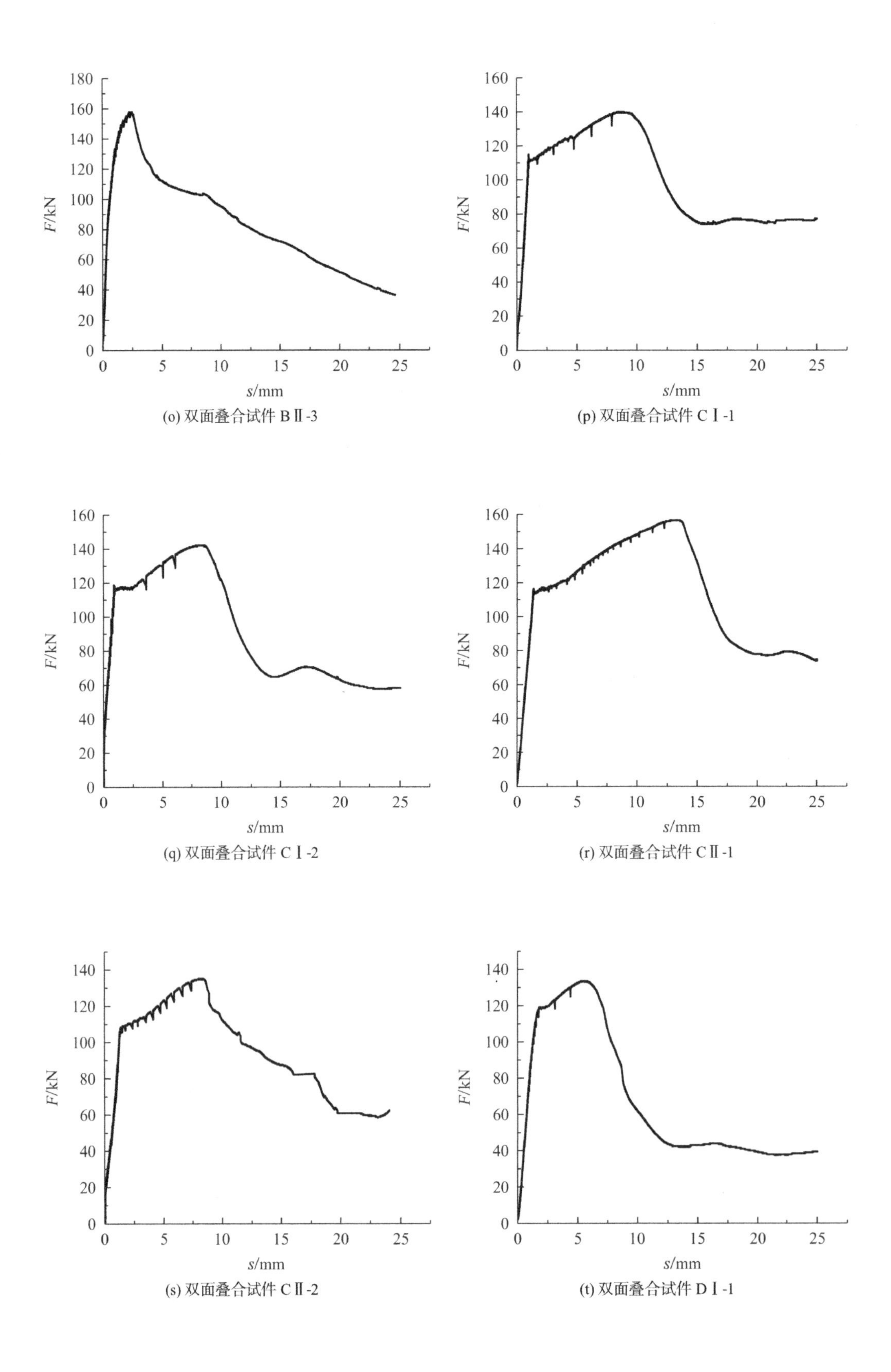

(o) 双面叠合试件 BⅡ-3

(p) 双面叠合试件 CⅠ-1

(q) 双面叠合试件 CⅠ-2

(r) 双面叠合试件 CⅡ-1

(s) 双面叠合试件 CⅡ-2

(t) 双面叠合试件 DⅠ-1

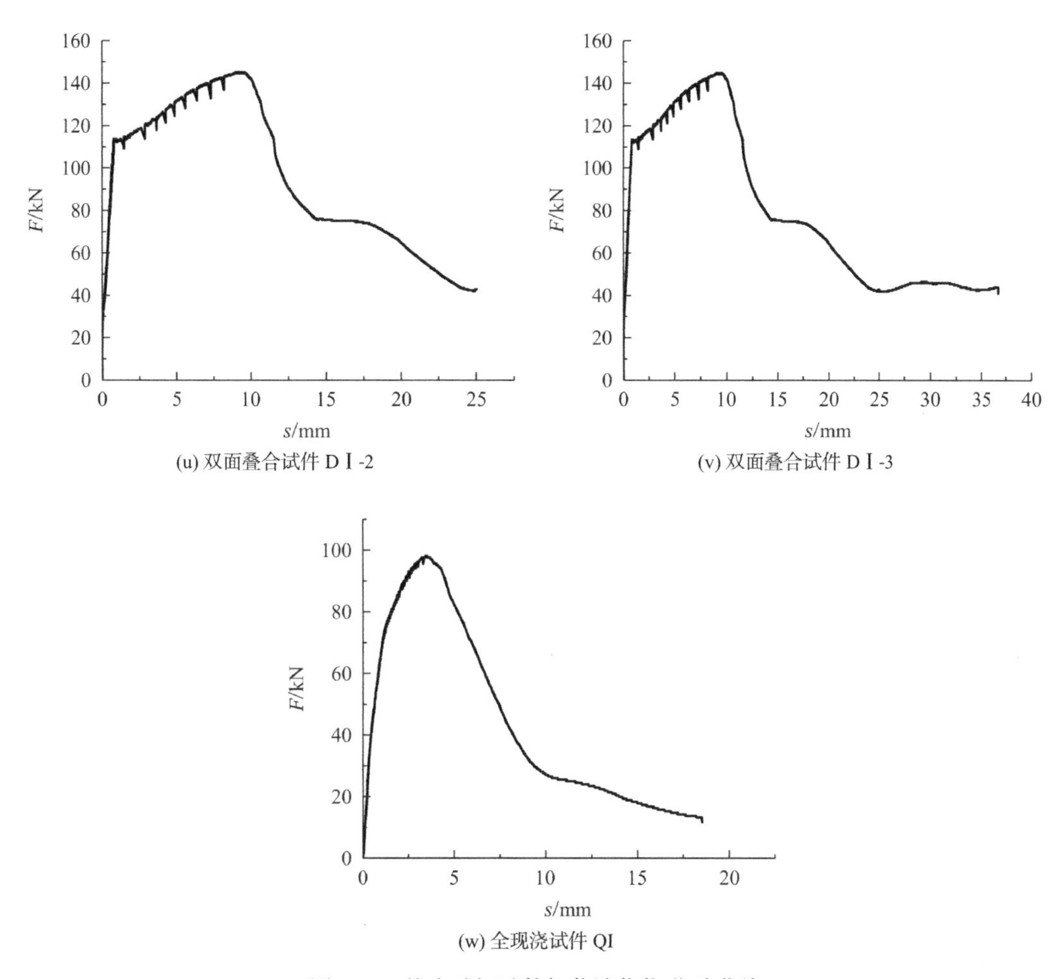

(u) 双面叠合试件 DⅠ-2

(v) 双面叠合试件 DⅠ-3

(w) 全现浇试件 QI

图 7-14　拔出破坏试件加载端荷载-位移曲线

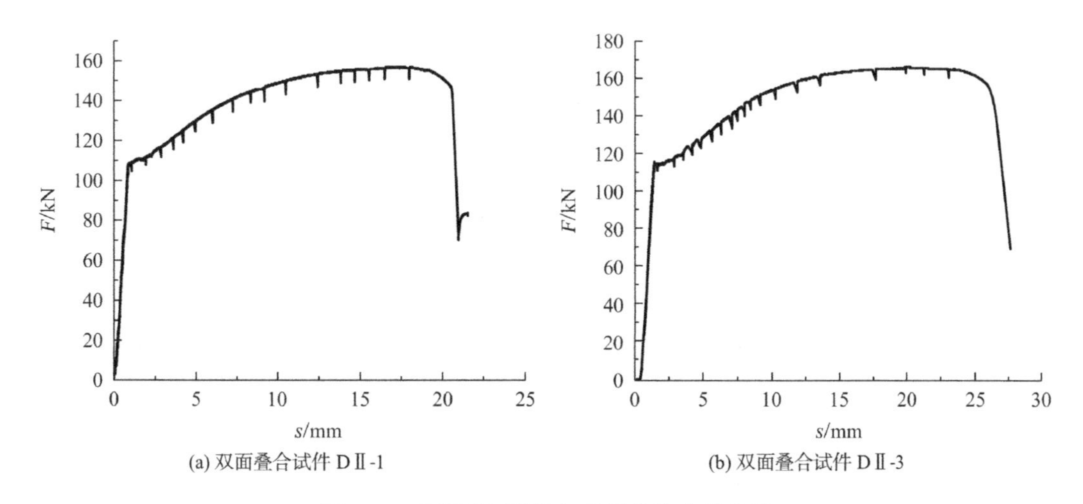

(a) 双面叠合试件 DⅡ-1

(b) 双面叠合试件 DⅡ-3

图 7-15　拉断破坏试件加载端荷载-位移曲线

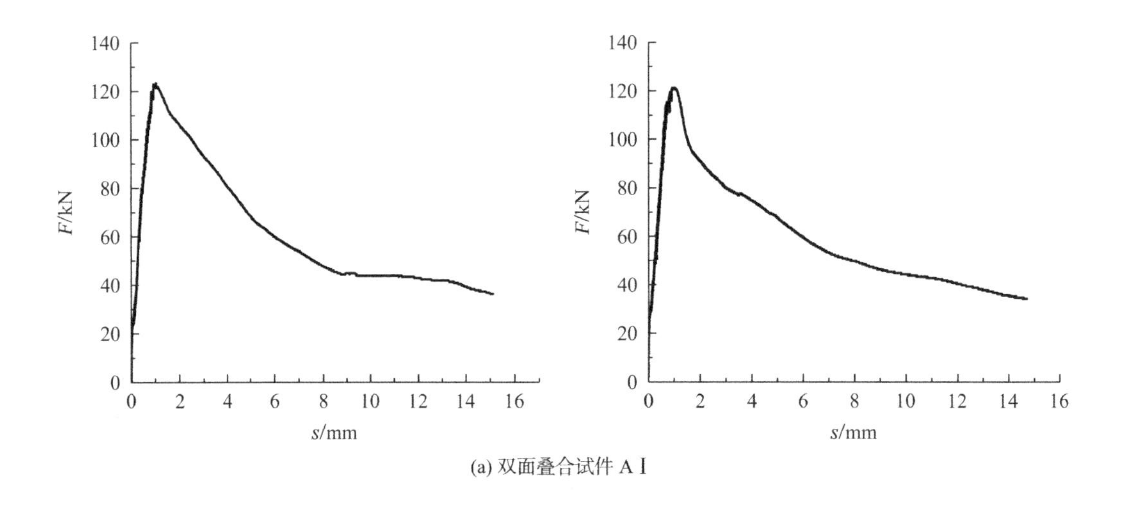

(a) 双面叠合试件 AⅠ

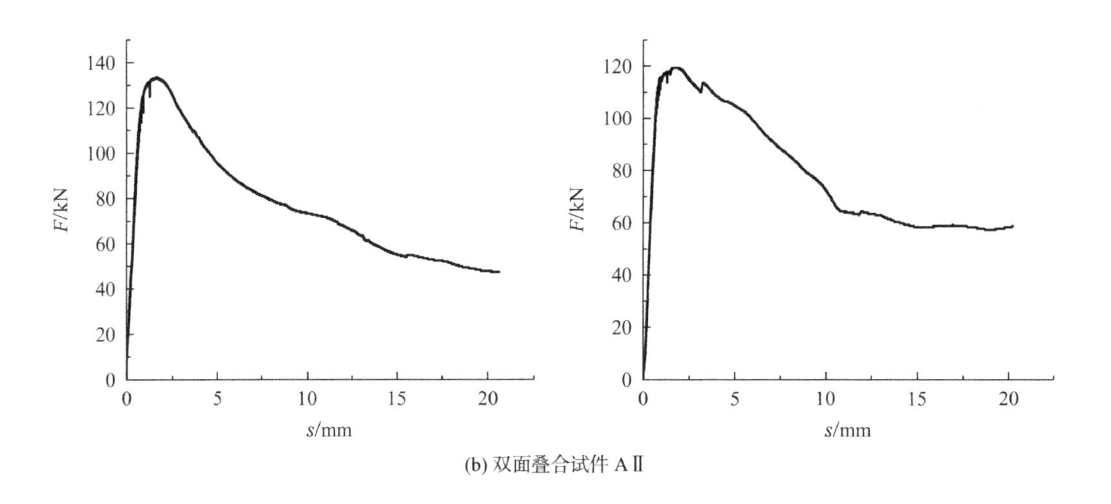

(b) 双面叠合试件 AⅡ

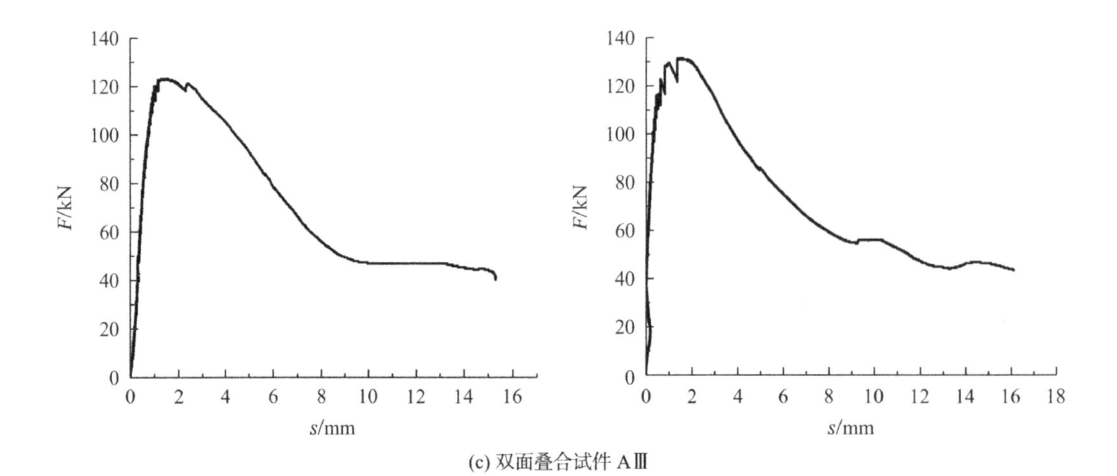

(c) 双面叠合试件 AⅢ

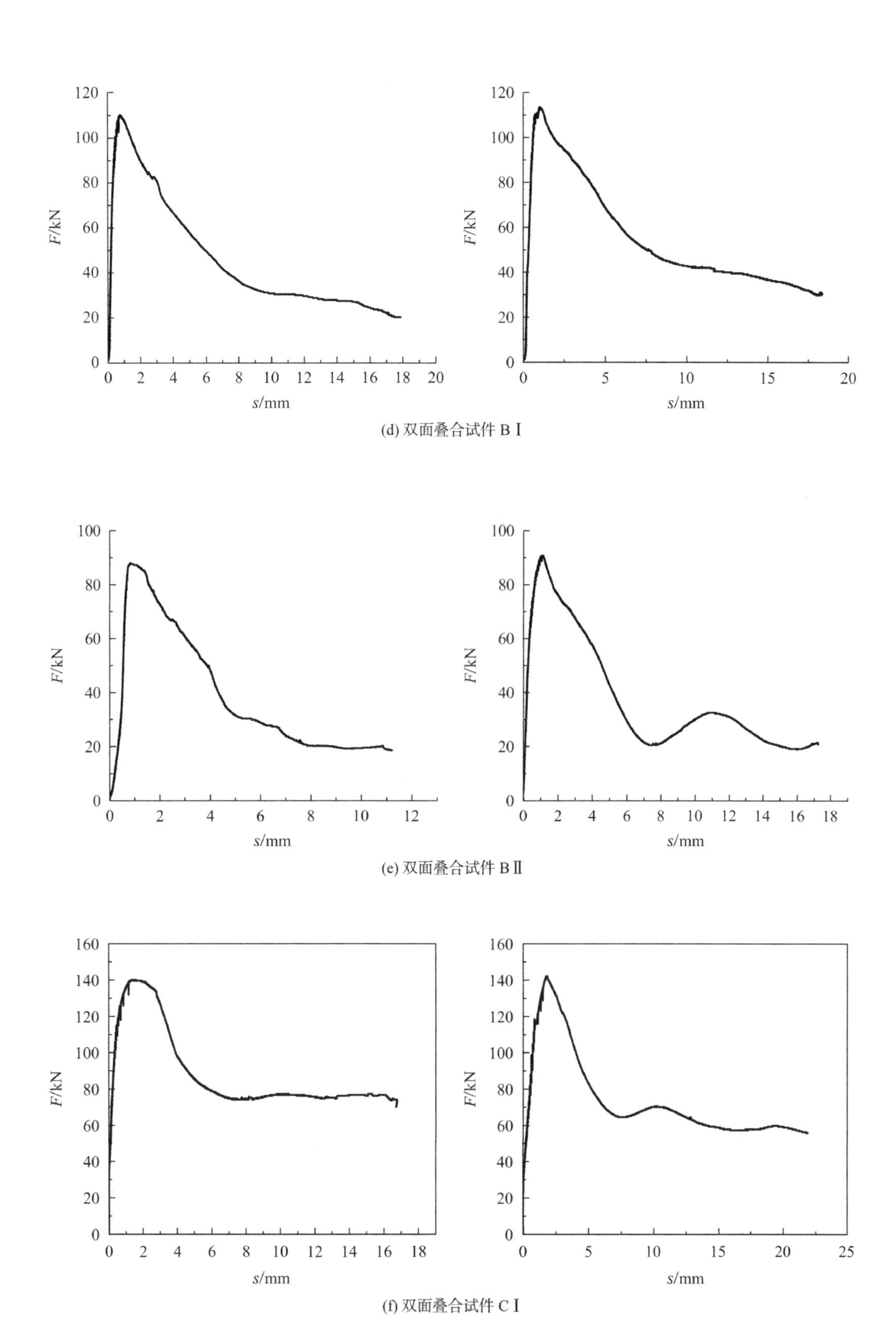
F/kN
s/mm
(d) 双面叠合试件 BⅠ
(e) 双面叠合试件 BⅡ
(f) 双面叠合试件 CⅠ

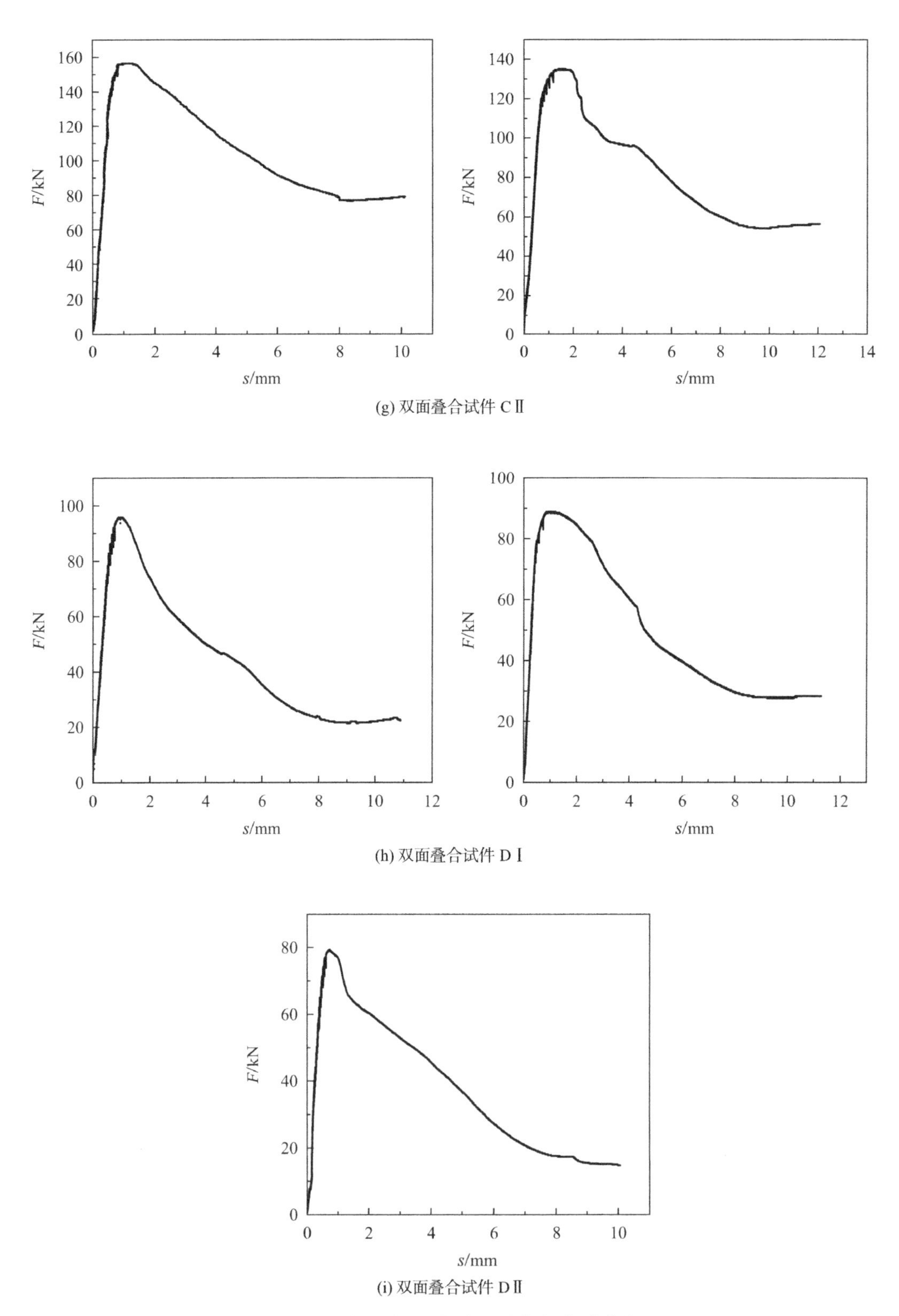

(g) 双面叠合试件 CⅡ

(h) 双面叠合试件 DⅠ

(i) 双面叠合试件 DⅡ

图 7-16 拔出破坏试件自由端荷载-位移曲线

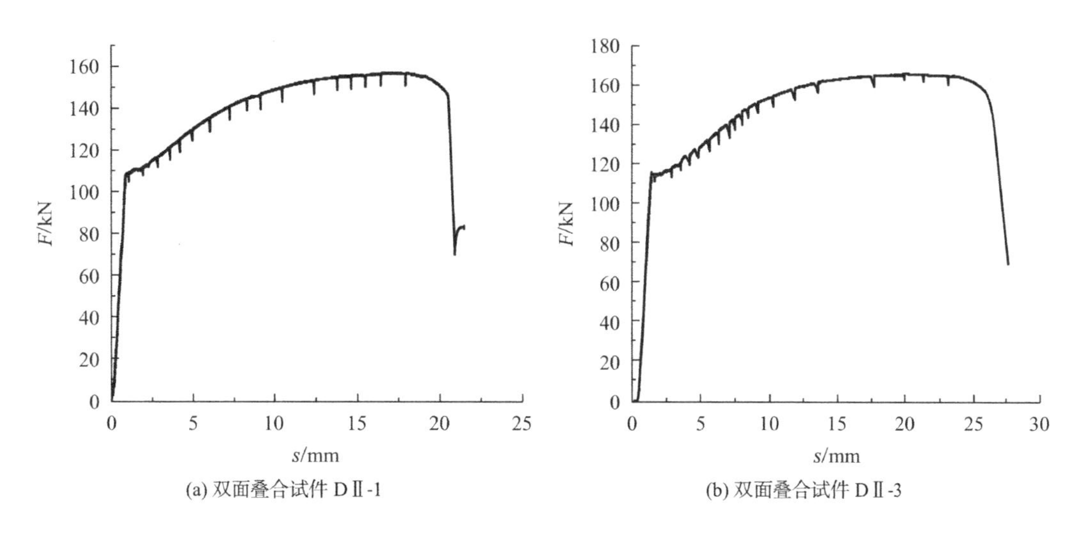

图 7-17　拉断破坏试件自由端荷载-位移曲线

7.2.3　粘结强度影响因素分析

主要考虑混凝土强度、现浇层厚度、钢筋直径、粘结长度等因素对竖向连接钢筋界面粘结强度的影响，建立各因素对粘结强度影响关系曲线。试验中双面叠合试件中竖向连接钢筋通过试验机提供的极限拔出荷载计算得到平均粘结应力，分析各组参数变化时竖向连接钢筋平均粘结应力。

1. 混凝土强度等级对粘结强度影响

混凝土强度等级对粘结强度的影响如图 7-18 所示，当现浇层混凝土强度等级由 C30 提升至 C35、C40 时，极限粘结强度提高了 17.8%、28.2%。竖向连接钢筋受力后粘结区段钢筋横肋会对肋间混凝土产生挤压作用，随着混凝土强度的提高，肋间混凝土承受的挤压作用逐渐增大，延迟了竖向连接钢筋肋前混凝土破碎区的出现，粘结界面的机械咬合作用增强，同时混凝土强度提高能够延缓钢筋拔出过程中裂缝的产生和扩展，粘结强度随之提高。当混凝土强度为 C30 时，连接钢筋屈服后很快发生滑移破坏，因此部分试件荷载-位移曲线无明显屈服台阶。当混凝土强度增加至 C40 时，连接钢筋屈服后荷载-位移曲线经历了较长的位移增长阶段，连接钢筋进入强化后才发生拔出破坏，此时连接钢筋锚固长度得到充分利用，再提高混凝土强度，试件可能发生拉断破坏。

2. 现浇层厚度对粘结强度影响

现浇层厚度对粘结强度的影响如图 7-19 所示。对于双面叠合试件，当现浇层厚度分别为 100mm、120mm、150mm 时，相应竖向连接钢筋外侧保护层厚度分别为 90mm、100mm、115mm。相比现浇层厚度为 100mm 试件，现浇层厚度 120mm、150mm 试件极限粘结强度分别提高了 4.98%、6.14%。双面叠合试件现浇层两侧预制层的存在相当于增大了竖向连接钢筋的保护层厚度，c/d越大，径向裂缝的发展路径越长，混凝土更不容易发生劈裂破坏，从而增强了混凝土抵抗环向拉应力的能力，试件极限粘结强度越高。基准试件 AⅠ组相对保护层厚度$c/d=4.5$，当相对保护层厚度c/d超过 5 后，增加现浇层厚度对竖向连接钢筋粘结性能的提升效果不明显。

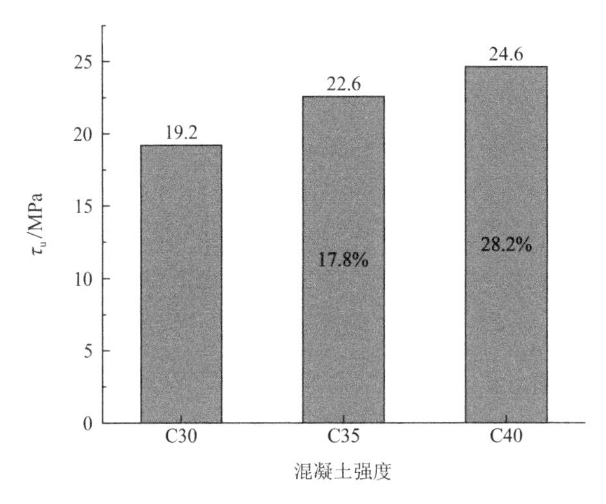

图 7-18 混凝土强度对极限粘结强度影响

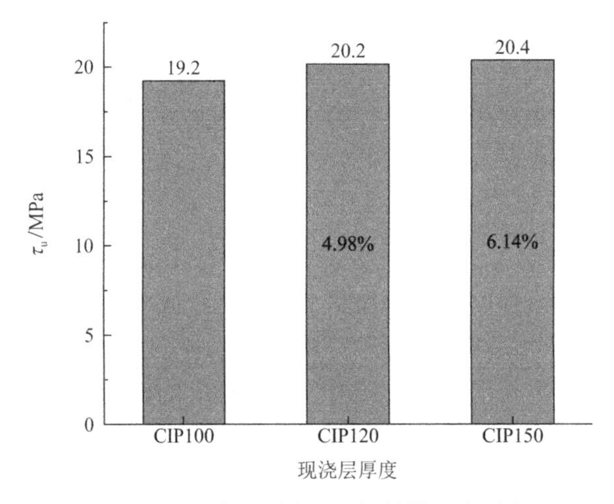

图 7-19 现浇层厚度对极限粘结强度影响

3. 钢筋直径对粘结强度影响

钢筋直径对粘结强度的影响如图 7-20 所示，随着直径增加，试件极限粘结强度明显降低。设置直径 20mm、22mm、25mm 连接钢筋试件均发生粘结滑移破坏，钢筋被拔出，相应的极限粘结强度分别为 19.21MPa、18.1MPa、15.33MPa。与直径 20mm 试件相比，直径 22mm、25mm 试件限荷载分别提高了 10.4%、17.9%，极限粘结强度则分别降低了 5.78%、20.19%。竖向连接钢筋与现浇层混凝土间的粘结面积随钢筋直径的增加而增大，连接钢筋在现浇层中的粘结刚度随之增大，试件极限荷载增大，峰值滑移减小。增大直径后，钢筋相对肋面积变化不大但相对肋高降低，竖向连接钢筋相对粘结面积减小，极限粘结强度降低。

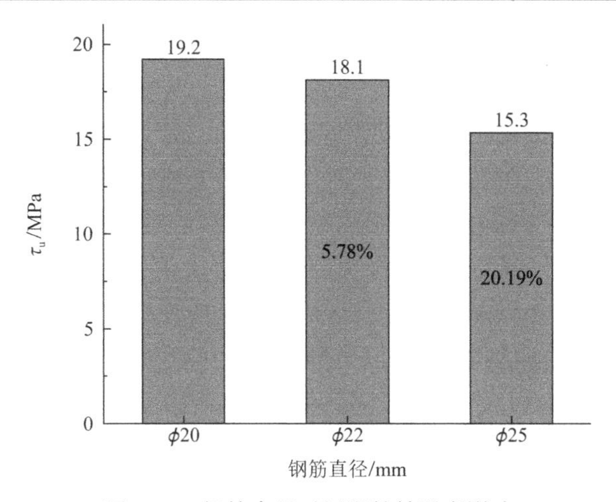

图 7-20　钢筋直径对极限粘结强度影响

4. 粘结长度对粘结强度影响

当粘结长度为 $5d$、$7.5d$时，试件发生拔出破坏，粘结长度为 $10d$时，试件分别表现为拔出破坏、拉断破坏。粘结长度从 $5d$增加至 $7.5d$、$10d$，试件极限荷载提高了 20.22%、31.29%，极限粘结强度分别降低了 21.88%、33.33%。竖向连接钢筋粘结面积随着粘结长度的增长而增加，试件所能承受的极限荷载随之增加，但由于粘结区段上应力分布不均匀，随着粘结长度的增长，粘结区段上高应力区较小，平均粘结应力降低，试件在粘结应力最大位置破坏，极限粘结强度随之降低。粘结长度对极限粘结强度影响见图 7-21。

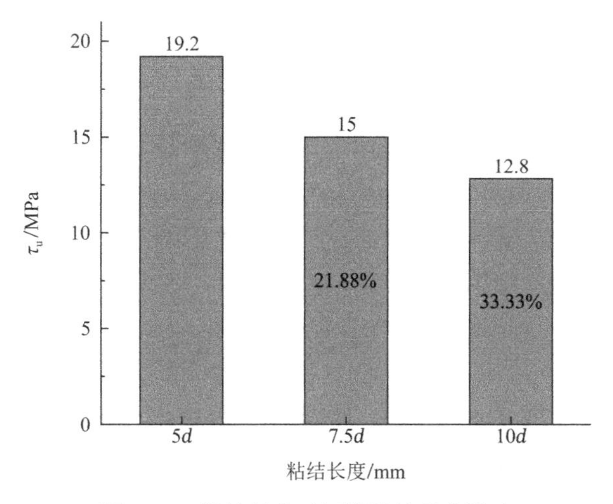

图 7-21　粘结长度对极限粘结强度影响

7.3 极限粘结强度计算方法研究

7.3.1 现有极限粘结强度计算公式

极限粘结强度对于保证混凝土结构的安全性至关重要，各国学者已对此开展了广泛研究。由于钢筋及混凝土界面极限粘结强度受众多因素影响，已有研究中考虑钢筋种类及直径、钢筋粘结长度、混凝土种类及强度、保护层厚度、配筋率等主要因素对粘结强度的影响并在此基础上建立了极限粘结强度计算公式。目前，建立极限粘结强度计算公式的方法主要包括两种：考虑粘结强度影响因素，通过对试验数据拟合得到粘结强度计算公式；通过理论推导建立粘结强度计算公式。

已有研究多采用对试验数据进行回归拟合的方法建立极限粘结强度计算公式，公式中主要考虑相对粘结长度l_a/d、相对保护层厚度c/d、配箍率ρ_{sv}以及混凝土强度的影响，其中混凝土强度主要考虑混凝土抗拉强度f_t以及混凝土抗压强度f_{cu}的影响。

辛丽婷[107]进行了叠合板式剪力墙连接钢筋的粘结锚固性能试验并建立了连接钢筋的极限粘结强度计算公式，主要考虑了相对粘结长度、相对保护层厚度、配箍率以及混凝土抗拉强度的影响。

$$\tau_u = \left(0.8 + 2.6\frac{d}{l_a}\right)\left(2.69 + 0.63\frac{c}{d} + 20\rho_{sv}\right)f_t \tag{7-2}$$

徐有邻[108]在大量试验基础上提出了月牙纹热轧带肋钢筋的极限粘结强度表达式，考虑了相对保护层厚度、配箍率以及混凝土抗拉强度的影响，尽管考虑的影响因素较为全面但公式计算结果偏于保守，不利于粘结强度的发挥。

$$\tau_u = \left(0.82 + 0.9\frac{d}{l_a}\right)\left(1.6 + 0.7\frac{c}{d} + 20\rho_{sv}\right)f_t \tag{7-3}$$

牛旭宁[109]通过进行 600MPa 钢筋及混凝土的粘结性能试验建立了粘结强度计算公式，此公式对高强度等级的钢筋与混凝土间粘结强度预测效果较好，并不适用于双面叠合试件竖向连接钢筋粘结强度预测。

$$\tau_u = \left(0.75 + 4.00\frac{d}{l_a}\right)\left(1.81 + 0.34\frac{c}{d} + 57.31\rho_{sv}\right)f_t \tag{7-4}$$

澳大利亚混凝土结构规范 AS—3600 中主要考虑相对保护层厚度、混凝土抗压强度对粘结强度的影响，其中采用混凝土抗压强度的平方根来表征混凝土强度对粘结强度的影响，并在此基础上建立了极限粘结强度公式。此公式考虑影响因素较为单一，粘结强度计算值偏低，无法准确描述竖向连接钢筋的极限粘结强度。

$$\tau_u = 0.265 \times \left(\frac{c}{d} + 0.5\right)\sqrt{f_{cu}} \tag{7-5}$$

美国混凝土结构设计规范 ACI 318—05 中主要考虑相对保护层厚度、相对锚固长度、混凝土抗压强度对粘结强度的影响。

$$\tau_u = 0.083 \times \left(1.2 + 3\frac{c}{d} + 50\frac{d}{l_a}\right)\sqrt{f_{cu}} \tag{7-6}$$

国内规范《钢结构设计标准》GB 50017—2017 中考虑了相对锚固长度、保护层厚度、混凝土强度对粘结强度的影响。与国外规范不同之处在于，国内规范以混凝土抗拉强度表征混凝土强度对粘结强度的影响，并通过加入箍筋对试件提供约束作用以避免试件发生劈裂破坏，因此需要考虑配箍率对粘结强度的影响。

$$\tau_u = \left(0.82 + 0.9\frac{d}{l_a}\right)\left(1.6 + 0.7\frac{c}{d} + 20\rho_{sv}\right)f_t \tag{7-7}$$

其中，d为钢筋直径，l_a为锚固长度，ρ_{sv}为配箍率，f_t为混凝土抗拉强度，f_{cu}为混凝土抗压强度。

已有粘结强度计算公式一般只用于预测特定钢筋及混凝土间粘结强度预测，但无法准确描述竖向连接钢筋极限粘结强度。考虑影响因素较为单一，且主要针对一次性浇筑成型试件，无法准确反映预制层以及叠合面对竖向连接钢筋粘结强度的提升效果，因此有必要建立竖向连接钢筋粘结强度计算公式。

通过对试验结果分析可知，双面叠合试件竖向连接钢筋极限粘结强度主要与混凝土强度等级、保护层厚度、钢筋直径、粘结长度、配箍率等因素有关，考虑上述影响因素并进行回归分析建立极限粘结强度计算公式（图 7-22）。

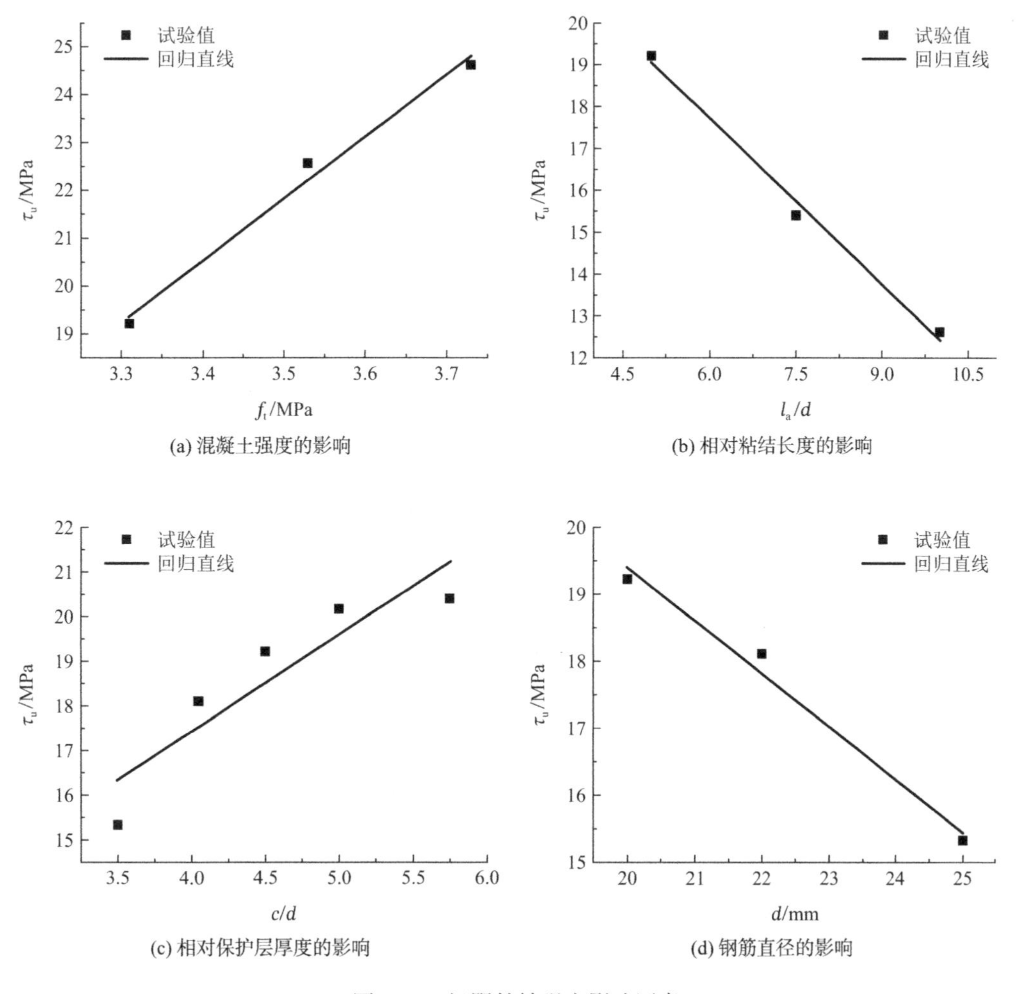

(a) 混凝土强度的影响　(b) 相对粘结长度的影响

(c) 相对保护层厚度的影响　(d) 钢筋直径的影响

图 7-22　极限粘结强度影响因素

通过上述分析可得混凝土强度、相对保护层厚度、相对粘结长度、钢筋直径均与极限粘结强度呈线性关系。结合试验结果，考虑上述影响因素作用下粘结强度的变化规律，参考徐有邻提出的月牙纹钢筋与普通混凝土的极限粘结强度计算公式，对各因素进行回归分析建立双面叠合剪力墙水平节点竖向连接钢筋界面粘结强度计算公式：

$$\tau_u = \left(0.39 + 4.89\frac{d}{l_a}\right)\left(2.72 + 0.56\frac{c}{d}\right)f_t \tag{7-8}$$

其中，d为钢筋直径，l_a为锚固长度，ρ_{sv}为配箍率，f_t为混凝土抗拉强度，f_{cu}为混凝土抗压强度。

7.3.2 双面叠合试件极限粘结强度计算公式

通过试验中极限荷载可计算得到极限粘结强度τ_{u0}利用式(7-2)、式(7-3)、式(7-4)、式(7-8)分别计算试验设计参数下的极限粘结强度τ_{u1}、τ_{u2}、τ_{u3}、τ_{u4}，计算结果见表 7-5。

粘结强度试验值和公式计算值比较（单位：MPa） 表 7-5

试件编号	极限粘结强度实测值及预测值					τ_{u1}/τ_{u0}	τ_{u2}/τ_{u0}	τ_{u3}/τ_{u0}	τ_{u4}/τ_{u0}
	τ_{u0}	τ_{u1}	τ_{u2}	τ_{u3}	τ_{u4}				
AⅠ	18.64	19.51	18.99	15.85	17.67	1.05	1.02	0.85	0.95
AⅡ	19.13	20.55	20.06	17.01	18.54	1.07	1.05	0.89	0.97
AⅢ	21.05	22.11	21.68	18.74	19.85	1.05	1.03	0.89	0.94
BⅠ	18.13	18.57	18.01	14.80	16.88	1.02	0.99	0.82	0.93
BⅡ	14.50	17.44	16.84	13.53	15.93	1.20	1.16	0.93	1.10
CⅠ	22.36	20.86	20.67	16.90	18.89	0.93	0.92	0.76	0.84
CⅡ	24.23	22.04	21.54	17.86	19.96	0.91	0.89	0.74	0.82
DⅠ	15.35	15.03	16.49	14.90	14.63	0.98	1.07	0.97	0.95
DⅡ	13.28	12.79	18.99	15.85	13.11	0.96	1.43	1.19	0.99
均值						1.02	1.06	0.89	0.94
离散系数						0.09	0.15	0.15	0.08

由上表可知极限粘结强度计算值与试验值比值τ_{u1}/τ_{u0}所得均值为 1.02，离散系数为 0.09，相比式(7-2)～式(7-4)，拟合得到的计算式(7-8)与试验结果拟合效果较好，可以作为竖向连接钢筋粘结强度计算公式。

由式(7-5)计算值与试验值偏差介于 25%～50%，式(7-6)计算值与试验值偏差介于 10%～25%，式(7-7)计算值与试验值最为接近但仍存在较大偏差。通过规范公式计算得到的极限粘结强度较试验值偏低，计算结果偏于保守，因此，应提出适用于双面叠合剪力墙水平节点竖向连接钢筋的粘结强度计算公式。

7.4 钢筋混凝土粘结滑移性能研究

7.4.1 粘结应力-滑移（τ-s）曲线

对于发生拔出破坏试件，一般采用自由端粘结-滑移曲线描述各组试件粘结滑移性能。

为建立双面叠合试件竖向连接钢筋粘结应力-滑移曲线，采用自由端位移数据描述竖向连接钢筋滑移情况，粘结应力采用试验中荷载数据计算得到。各组试件平均粘结应力-滑移曲线如图 7-23 所示，试件均发生钢筋拔出破坏并且试件曲线呈现相似规律：随着滑移量的增加，粘结应力先增加最后下降并趋于稳定。可将 τ-s 曲线归纳为微滑移段、滑移段、劈裂段和下降段、残余段 5 个阶段。

加载初期，试件处于弹性状态，各组试件粘结应力在达到峰值粘结应力的 80%前增长迅速，而这一阶段相对滑移量较小。随着拉拔荷载增加，粘结应力呈现非线性发展至峰值点，在此过程中由于粘结界面化学胶着力失效、机械咬合力不断被拉拔荷载克服，相对滑移略有增长。曲线达到峰值应力后，竖向连接钢筋界面粘结应力逐渐下降，这一阶段相对滑移迅速增长，最终竖向连接钢筋肋前混凝土被挤压破碎，粘结界面机械咬合力丧失，剩余粘结应力由残存的机械咬合力和摩擦力提供，曲线呈现稳定残余段。加载初期界面粘结作用主要依靠化学胶着力及机械咬合力，随着荷载增加，化学胶着力首先失效，连接钢筋肋前混凝土受到斜向挤压作用，其纵向分力与摩阻力共同构成粘结强度，径向分力对周围混凝土产生环向拉应力，在环向拉应力作用下粘结区段产生内裂缝，钢筋握裹层首先开裂，随后裂缝向外围混凝土延伸，此时τ-s曲线迅速发展，滑移量增长，粘结应力达到极限粘结强度。随后肋前混凝土持续受到挤压作用直至被全部压碎，τ-s曲线进入下降段，粘结应力主要由摩阻力及残余的机械咬合力提供，随后曲线趋于稳定。

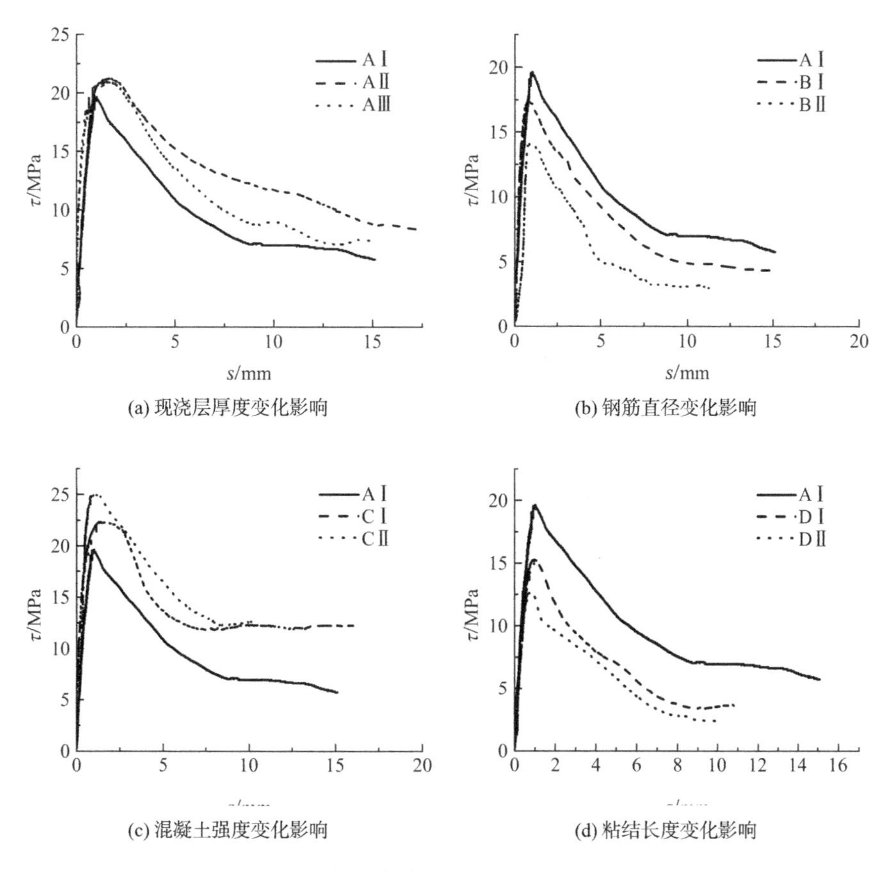

(a) 现浇层厚度变化影响　(b) 钢筋直径变化影响

(c) 混凝土强度变化影响　(d) 粘结长度变化影响

图 7-23　各因素作用下粘结应力-滑移曲线

7.4.2 粘结应力及相对滑移分布规律

在竖向连接钢筋凹槽内布置应变片，量测得到各级荷载作用下竖向连接钢筋应变沿粘结长度的分布情况，将钢筋应变沿粘结长度的分布绘制如图 7-24 所示。各级荷载作用下各组双面叠合试件竖向连接钢筋应变沿粘结长度分布规律基本一致，钢筋应变沿锚固长度自加载端至自由端递减，相较于加载端一侧，靠近自由端应变递减趋缓。当现浇层厚度、钢筋直径、混凝土强度、粘结长度等因素变化时，由于竖向连接钢筋界面粘结强度及作用于加载端荷载值随之发生变化，各级荷载下竖向连接钢筋应变数值随之变化。

由 AⅠ、AⅡ、AⅢ组双面叠合试件竖向连接钢筋应变分布可知，随着现浇层厚度的增加，各级荷载下竖向连接钢筋应变表现为先增大随后减小趋势，当现浇层厚度为 120mm 时，各级荷载作用下 AⅡ组试件竖向连接钢筋应变大于相应 AⅠ组及 AⅢ组。对于 AⅠ、BⅠ及 BII组试件，随着竖向连接钢筋直径增加，界面粘结强度降低，作用于加载端荷载减小，各级荷载下竖向连接钢筋应变随之减小，因此随着钢筋直径增加，竖向连接钢筋应变呈现减小趋势。相比 AⅠ组试件 CⅠ、CII组试件混凝土强度等级提高，竖向连接钢筋界面粘结强度随之提高，加载过程中需要对竖向连接钢筋提供更大荷载。作用于竖向连接钢筋的拔出荷载随之增大，各级荷载下竖向连接钢筋应变沿粘结长度分布明显增大，因此，随着混凝土强度的提高，各级荷载下双面叠合剪力墙竖向连接钢筋应变呈现增大趋势。相比 AⅠ组试件，DⅠ、DII组试件增大了竖向连接钢筋粘结长度，竖向连接钢筋与双面叠合试件间的粘结面积随之增大，双面叠合试件在作用于竖向连接钢筋较大的拔出荷载作用，表现为屈服后拔出破坏、拉断破坏，在竖向连接钢筋破坏前，DⅠ、DII组试件各级荷载下竖向连接钢筋应变与 AⅠ组试件接近，因此竖向连接钢筋粘结长度对应变分布趋势影响不大。

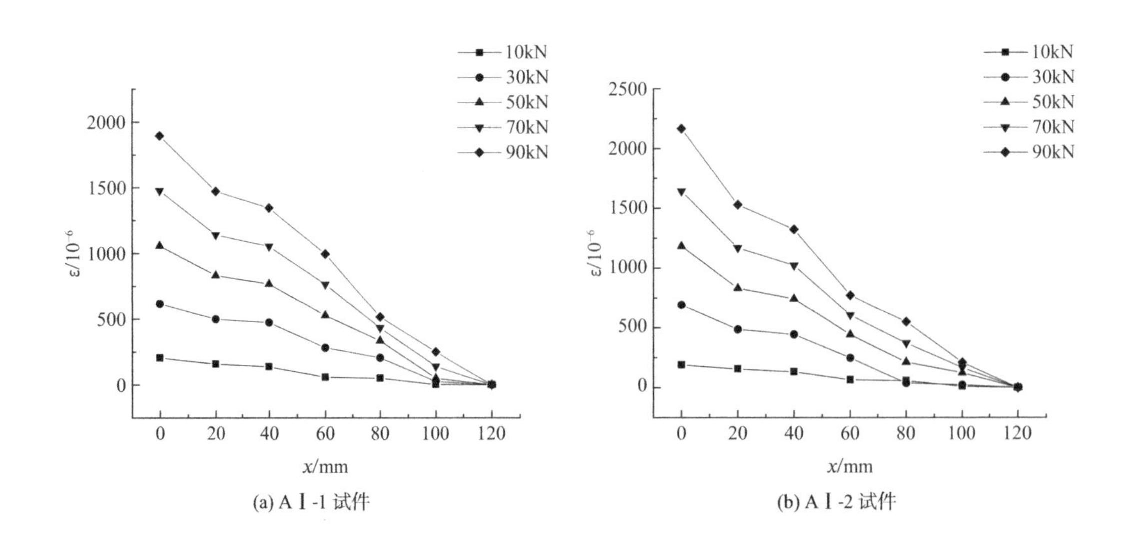

(a) AⅠ-1 试件　　(b) AⅠ-2 试件

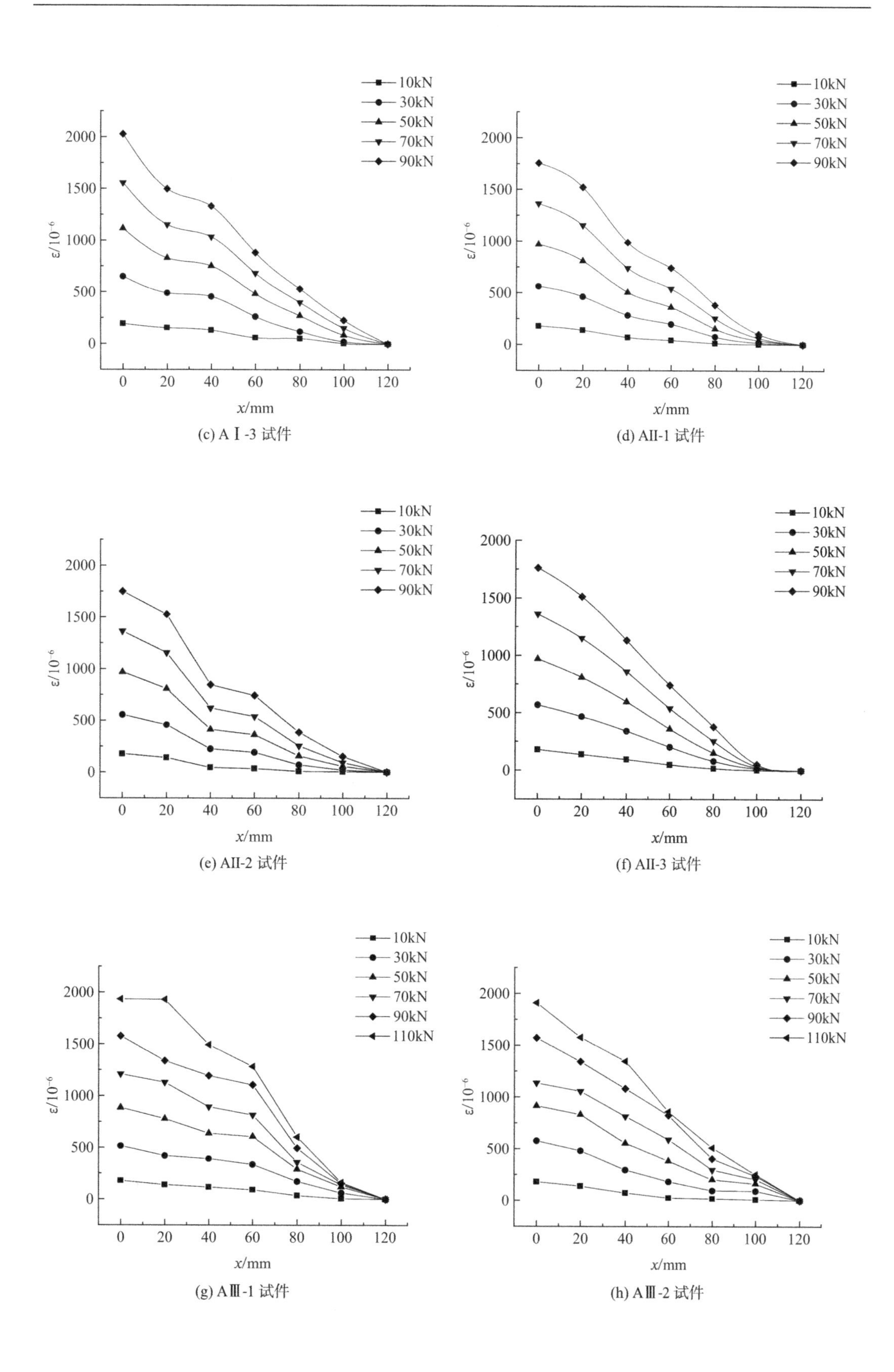

(c) AⅠ-3 试件

(d) AII-1 试件

(e) AII-2 试件

(f) AII-3 试件

(g) AⅢ-1 试件

(h) AⅢ-2 试件

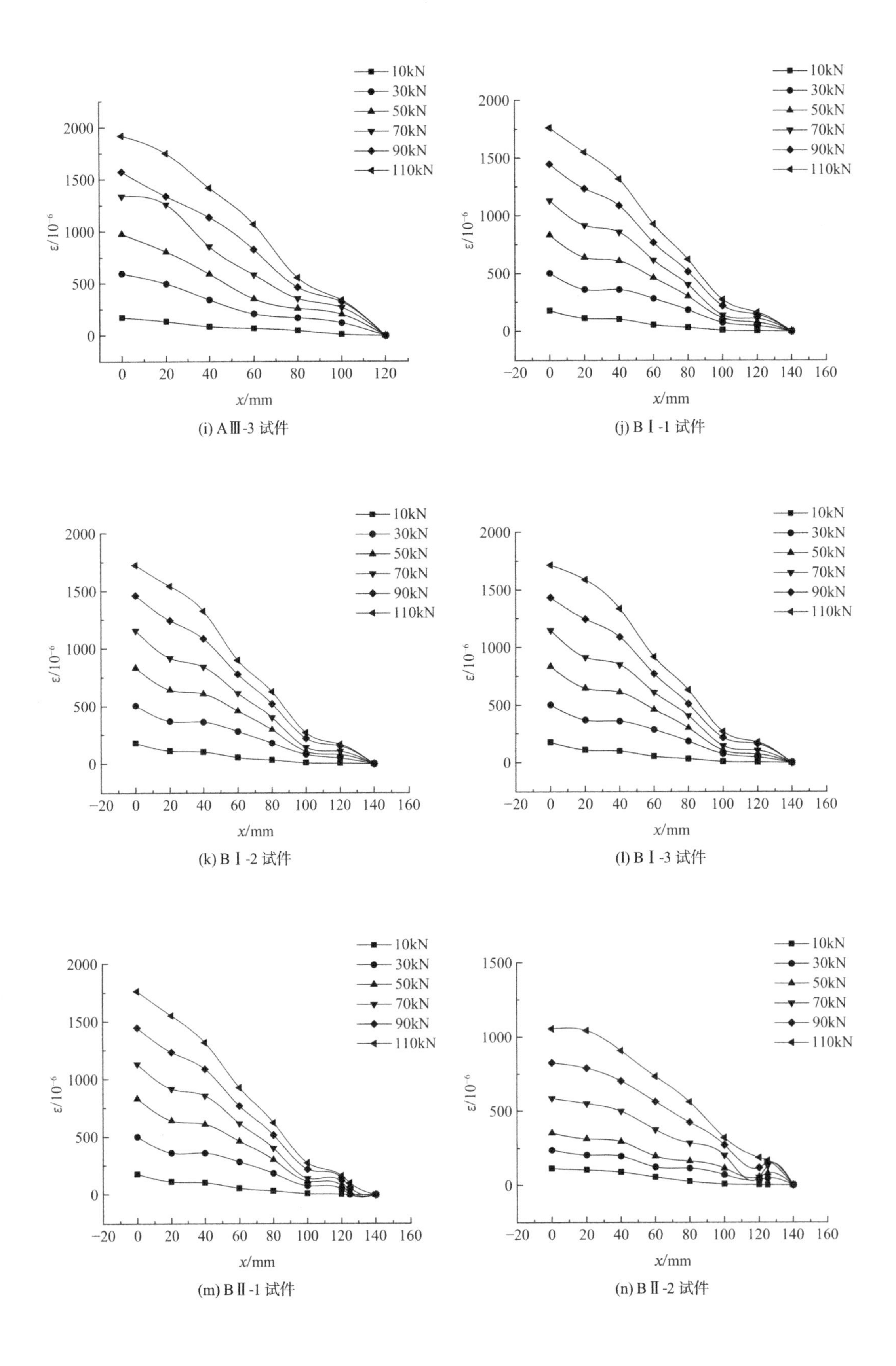

(i) AⅢ-3 试件

(j) BⅠ-1 试件

(k) BⅠ-2 试件

(l) BⅠ-3 试件

(m) BⅡ-1 试件

(n) BⅡ-2 试件

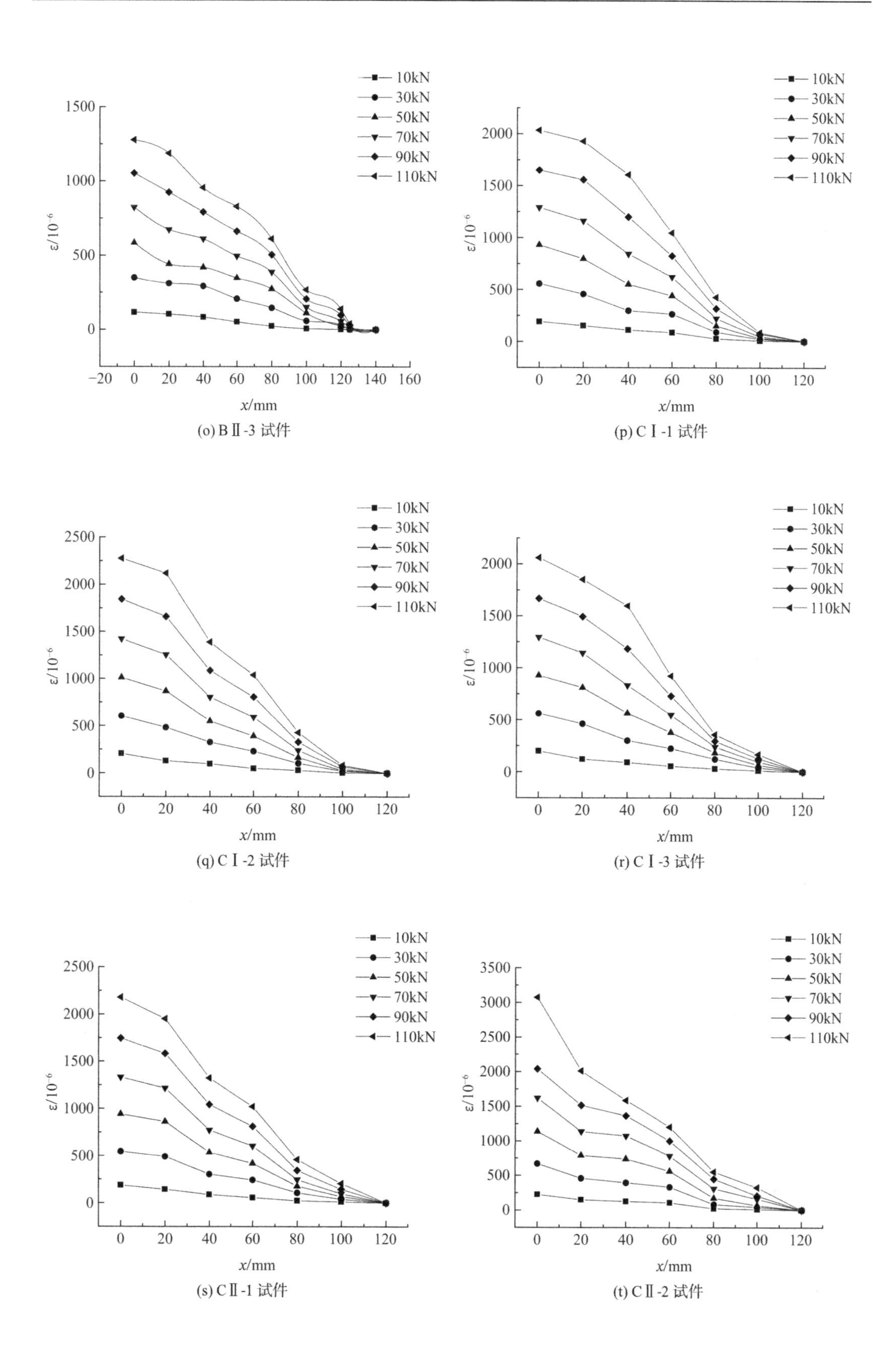

(o) BⅡ-3 试件

(p) CⅠ-1 试件

(q) CⅠ-2 试件

(r) CⅠ-3 试件

(s) CⅡ-1 试件

(t) CⅡ-2 试件

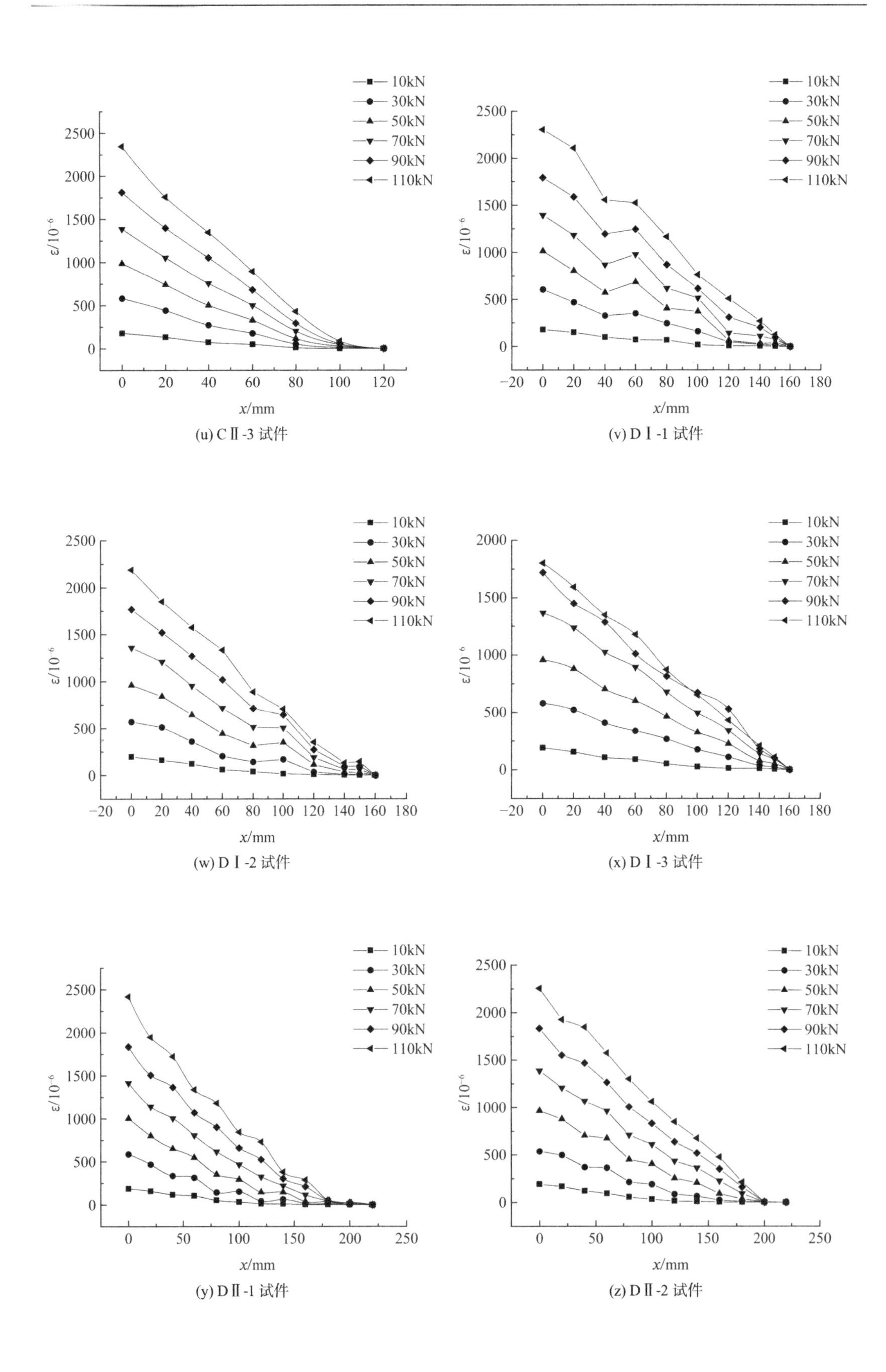

(u) CⅡ-3 试件

(v) DⅠ-1 试件

(w) DⅠ-2 试件

(x) DⅠ-3 试件

(y) DⅡ-1 试件

(z) DⅡ-2 试件

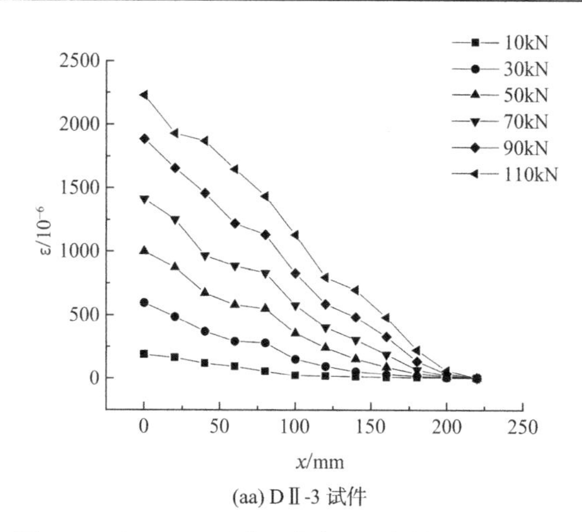

(aa) DⅡ-3 试件

图 7-24　各组双面叠合试件应变沿粘结长度分布规律

在上述分析中建立了竖向连接钢筋应变沿粘结长度分布规律，采用竖向连接钢筋应变数据计算粘结应力分布情况，建立竖向连接钢筋粘结应力分布规律。将竖向连接钢筋等分为n个小区间，每个区间长度为h，将实测得到的钢筋应变在相邻区间按泰勒公式展开，随后通过解对角矩阵方程得到粘结应力分布曲线。

由粘结应力分布图可知粘结区段边界位置粘结应力为 0，靠近粘结区段边界位置粘结应力变化幅度最大。当荷载较小时，区段内粘结应力分布较均匀，随着拉拔荷载增大，粘结应力先上升后下降，分布不均匀现象愈加明显。

粘结长度为 5d试件粘结应力分布如图 7-25 所示，对于粘结长度为 5d试件，AⅠ-BⅡ5 组试件现浇层厚度及钢筋直径发生了变化，相对保护层厚度随之改变。当c/d由 3.5（BⅡ）增加至 5.75（AⅢ），粘结应力整体明显增大，各组试件粘结应力峰值集中于 0.6l_a附近，峰值点粘结应力明显高于由极限荷载计算得到的平均粘结应力，进一步表明粘结应力在粘结区段的不均匀分布特性。相比 A、B 组试件，C 组混凝土强度得到提升，各级荷载作用下粘结区段中部应力分布更加均匀。混凝土强度提高后，粘结区段上应力峰值向加载端移动，峰值粘结应力靠近 0.4l_a位置处。

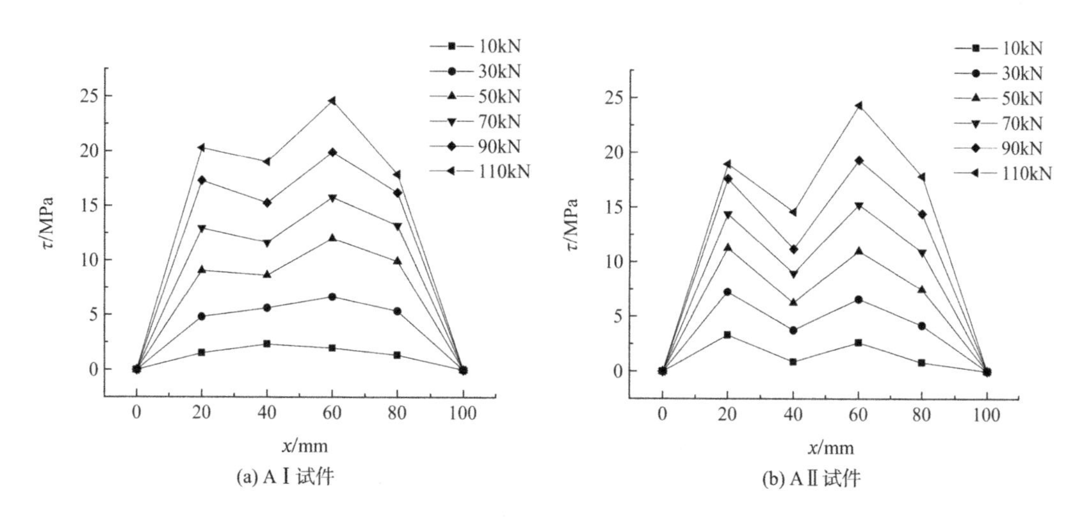

(a) AⅠ试件　　(b) AⅡ试件

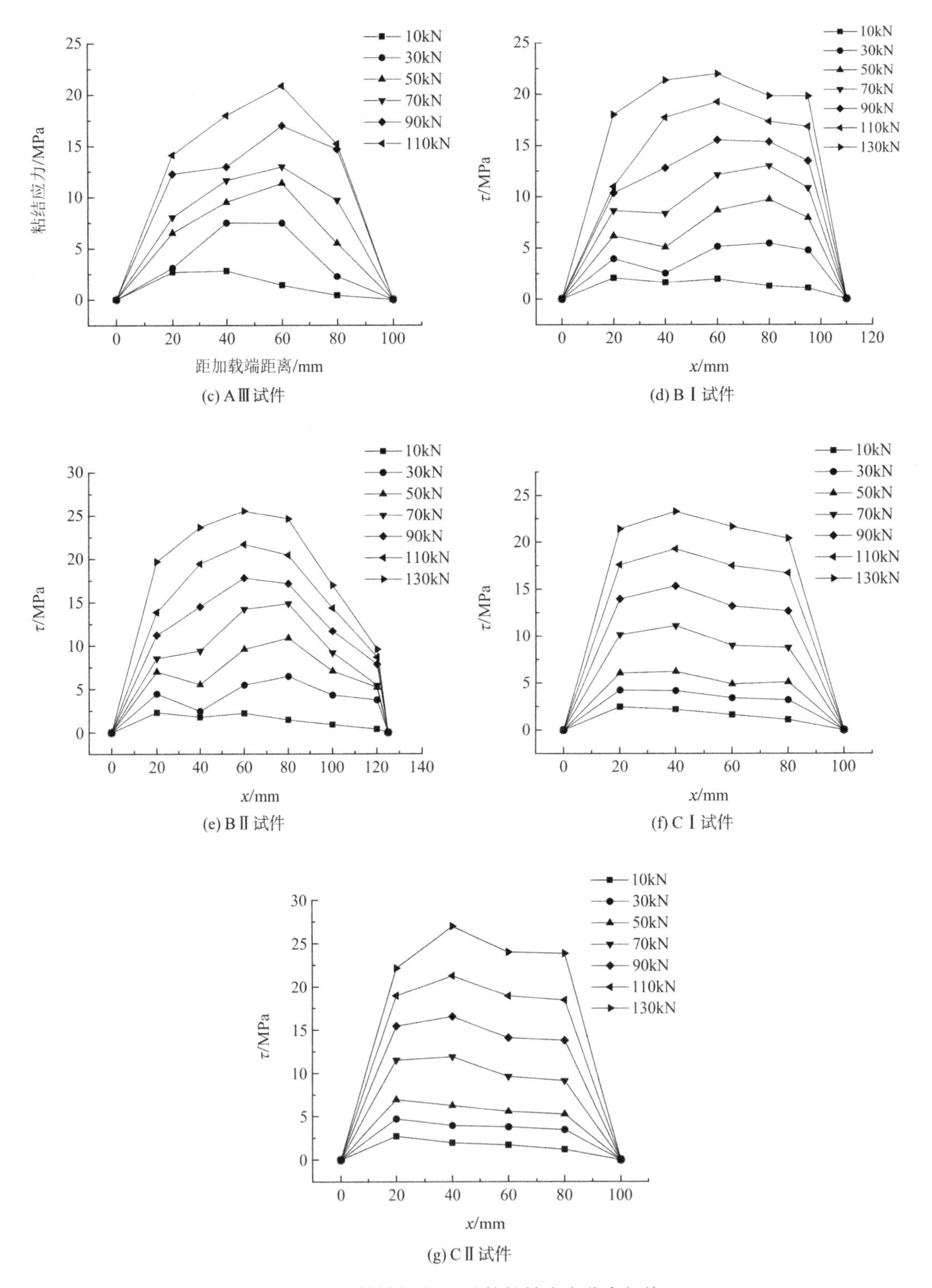

图 7-25 粘结长度 5*d*试件粘结应力分布规律

粘结长度为 7.5*d*、10*d*试件粘结应力分布如图 7-26，各级荷载作用下粘结应力趋于不均匀分布，高应力区主要集中于加载端附近，粘结应力峰值位于 0.2～0.4l_a区段，随后粘结

应力沿粘结长度逐渐减小。

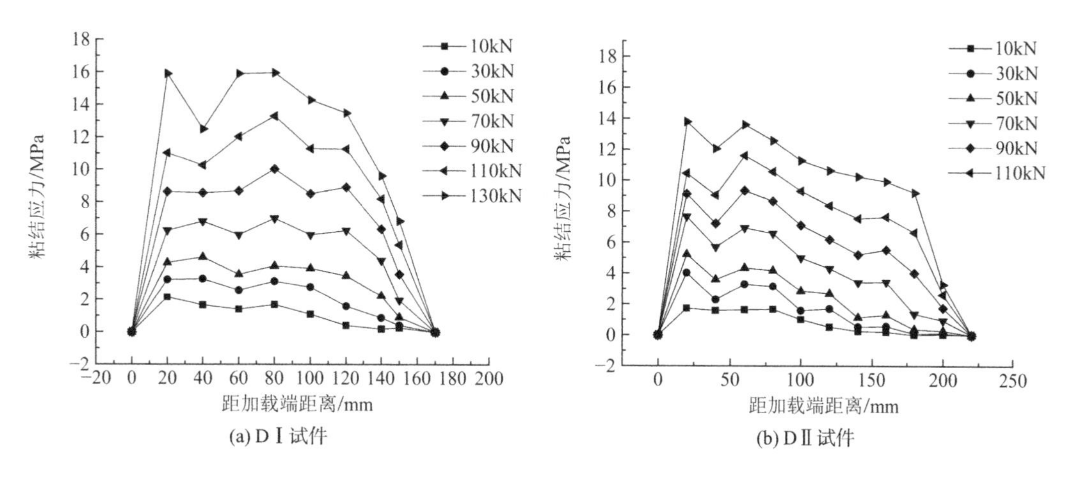

(a) DⅠ试件　　(b) DⅡ试件

图 7-26　粘结长度 7.5d、10d试件粘结应力分布规律

通过在各组试件竖向连接钢筋凹槽内粘贴布置应变片得到应变数据反映竖向连接钢筋变形情况，对钢筋混凝土微段隔离体进行受力分析后得到钢筋应变以及微段界面处混凝土平均应力，计算得到各测点混凝土应变。已知微段混凝土应变，从而建立微段内混凝土变形，沿锚固长度对微段相对滑移量进行积分即可得到竖向连接钢筋与界面混凝土间的相对滑移。

利用钢筋与混凝土间的应变差可计算任意锚固位置相对滑移，各级荷载作用下相对滑移分布如图 7-27 所示，加载初期竖向连接钢筋与混凝土间基本无相对滑移，随着荷载增加，加载端首先出现相对滑移，随后荷载传递至自由端，产生相对滑移，因此相对滑移从加载端至自由端逐渐减小。

各组试件相对滑移分布规律基本相同，从自由端到加载端相对滑移逐渐增大，当荷载水平较低时，从加载端到自由端竖向连接钢筋相对滑移变化幅度很小，表明当拉拔荷载较小时竖向连接钢筋基本未发生相对滑移，随着荷载水平的增加，竖向连接钢筋相对滑移逐渐增大，由加载端至自由端出现相对滑移递减。

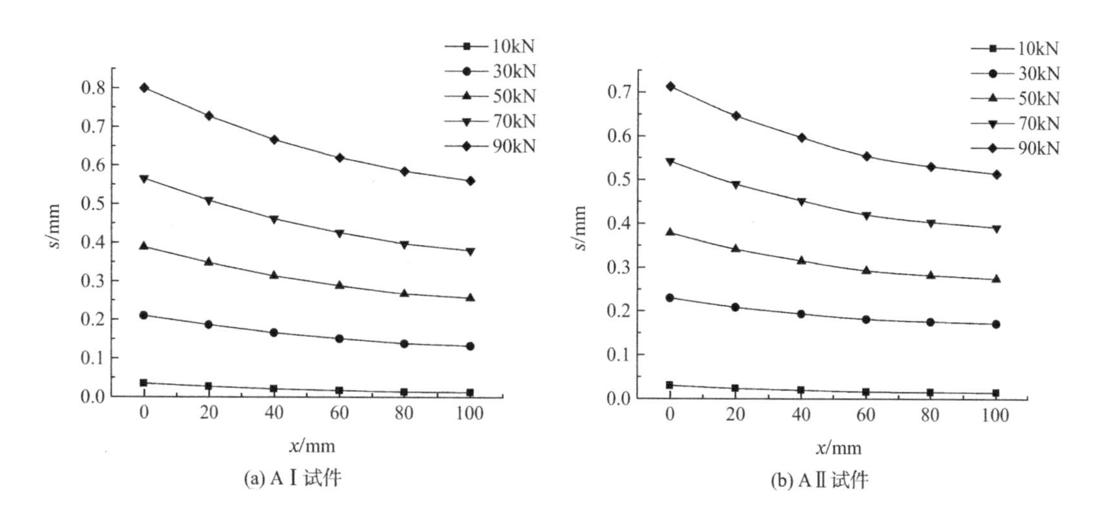

(a) AⅠ试件　　(b) AⅡ试件

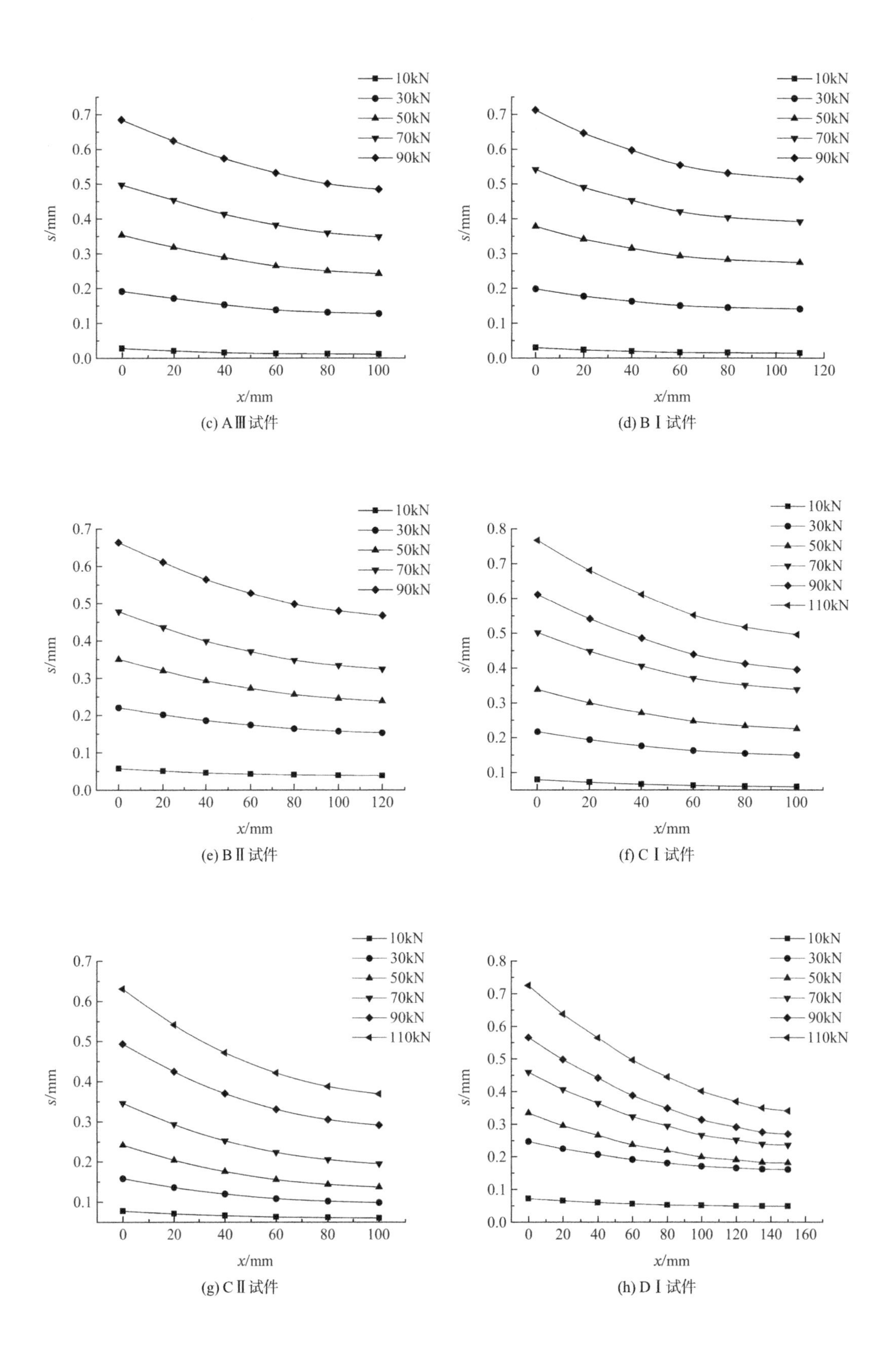

(c) AⅢ试件

(d) BⅠ试件

(e) BⅡ试件

(f) CⅠ试件

(g) CⅡ试件

(h) DⅠ试件

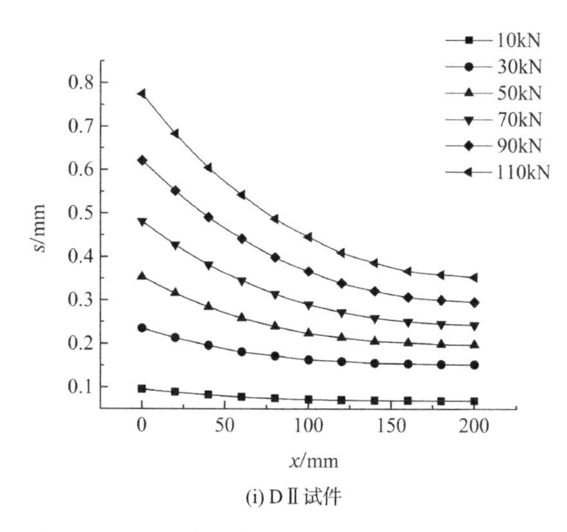

(i) DⅡ试件

图 7-27　双面叠合试件相对滑移沿粘结长度分布规律

7.4.3　粘结-滑移本构模型

1. 粘结位置函数

由于现有技术无法直接量测界面粘结应力，已有粘结性能试验均假设粘结应力均匀分布，为反映粘结应力实际分布情况，本次试验采用钢筋开槽布置应变片的方法量测双面叠合试件竖向连接钢筋应变进而计算粘结应力分布。各级荷载作用下竖向连接钢筋应变分布规律基本一致，钢筋应变根据应力沿锚固长度自加载端至自由端递减，相较于加载端一侧，靠近自由端应变递减趋缓。这是由于界面粘结应力方向始终与拉拔荷载方向相反，远离加载端位置粘结应力沿锚固长度得到积累，能够克服更大拉拔荷载从而对应位置钢筋应力较小。

锚固长度为 $5d$、$7.5d$、$10d$试件各级荷载下粘结应力分布如图 7-28 所示，曲线分布可知粘结区段边界位置粘结应力为 0，粘结应力分布与粘结区段位置有关，表现为中间区段粘结应力大于两端区段，靠近粘结区段边界位置粘结应力变化幅度最大。当荷载较小时，区段内粘结应力分布较均匀，随着拉拔荷载增加，粘结应力逐渐增大，粘结应力峰值向自由端移动，分布不均匀现象愈加明显。其原因是加载初期主要由加载端钢筋及混凝土协同抵抗拉拔荷载，此时加载端粘结应力较高，此后拉拔荷载逐级增加并向自由端传递，同时由于此前承受了较高的粘结作用，加载端钢筋、混凝土分别出现轴向及径向拉伸变形，混凝土对钢筋约束作用减弱，界面粘结作用出现退化，因此粘结应力峰值出现向自由端漂移趋势。不同锚固长度试件粘结应力分布差异明显，锚固长度为 $5d$试件粘结应力分布更加均匀，高应力区域较多，粘结应力峰值点位于 $0.2\sim0.4l_a$区段，而锚固长度 $7.5d$、$10d$试件，随着荷载增加，粘结应力分布越加不均匀，高应力区域较少，呈现“双峰”形分布。

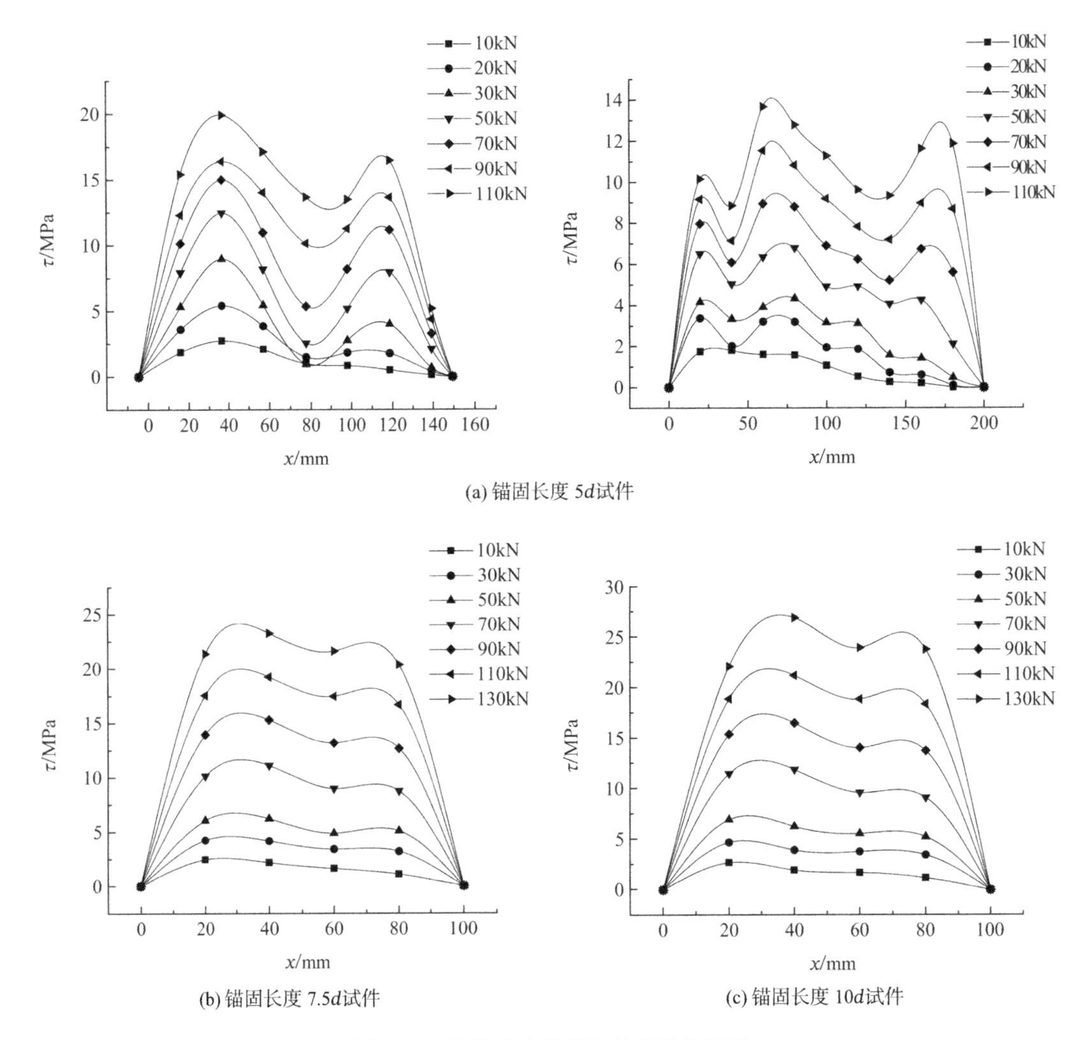

(a) 锚固长度 5d试件

(b) 锚固长度 7.5d试件

(c) 锚固长度 10d试件

图 7-28 粘结应力沿锚固长度分布规律

已有研究表明粘结-滑移关系受锚固位置影响，一般采用粘结位置函数描述粘结应力沿锚固长度的不均匀分布特性。具体方法为：首先绘制滑移量为 0.1mm、0.2mm、0.3mm 时锚固区段不同位置处的粘结应力分布曲线如图 7-29，反映粘结应力沿锚固区段的变化规律。由于粘结位置函数是一个相对函数，因此需要将得到的粘结滑移曲线转化为无量纲形式，即将粘结位置至加载端距离x和粘结应力τ分别通过锚固长度l_a和由公式(7-1)计算得到的平均粘结应力$\bar{\tau}$进行标准化处理。图 7-30 为滑移量为 0.1mm、0.2mm、0.3mm 时标准化粘结应力沿标准化锚固位置的分布，随后通过数值拟合得到粘结位置函数［式(7-9)］并绘制于图 7-30 中。

$$\varphi(x) = 13.265\left(\frac{x}{l_a}\right) - 43.755\left(\frac{x}{l_a}\right)^2 + 57.909\left(\frac{x}{l_a}\right)^3 - 27.416\left(\frac{x}{l_a}\right)^4 \tag{7-9}$$

采用相同的方式可得到锚固长度为 7.5d、10d时粘结位置函数：

$$\varphi(x) = 13.943\left(\frac{x}{l_a}\right) - 49.961\left(\frac{x}{l_a}\right)^2 + 71.174\left(\frac{x}{l_a}\right)^3 - 35.113\left(\frac{x}{l_a}\right)^4 \tag{7-10}$$

$$\varphi(x) = 18.330\left(\frac{x}{l_a}\right) - 64.907\left(\frac{x}{l_a}\right)^2 + 86.121\left(\frac{x}{l_a}\right)^3 - 35.549\left(\frac{x}{l_a}\right)^4 \tag{7-11}$$

式中$\varphi(x)$为粘结位置函数；l_a为锚固长度；x为到加载端距离。

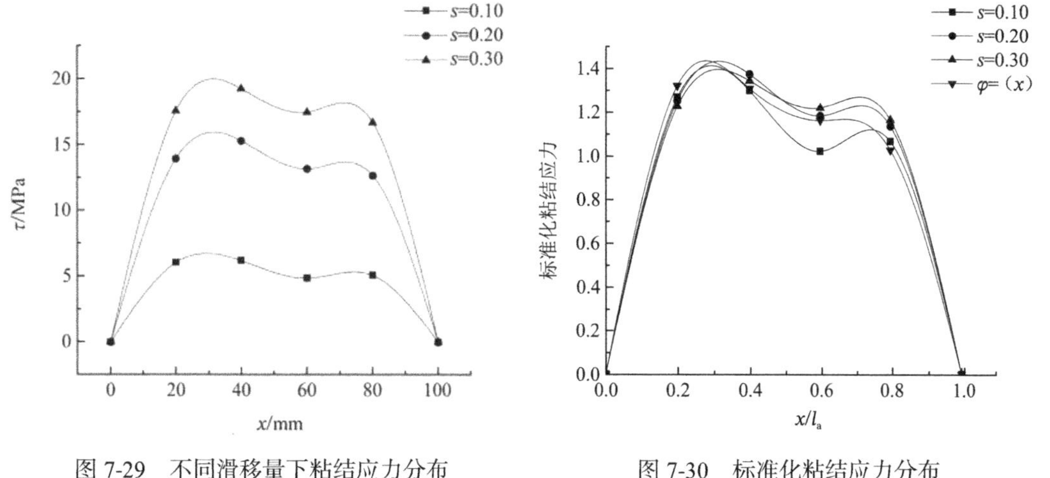

图 7-29　不同滑移量下粘结应力分布　　图 7-30　标准化粘结应力分布

2. 考虑位置函数的粘结-滑移本构关系

双面叠合剪力墙水平节点竖向连接钢筋在地震作用下因承受较大荷载而连接界面出现粘结滑移。对于发生拔出破坏试件，竖向连接钢筋的粘结滑移曲线反映了钢筋在拉拔荷载作用下的整体力学特性。为此有必要建立竖向连接钢筋的粘结滑移本构模型，为有限元分析及实际设计提供依据。

目前诸多学者提出了钢筋与混凝土间的粘结滑移模型，但受力钢筋粘结锚固状态及影响因素存在差异，因此需要结合竖向连接钢筋粘结滑移曲线及试件破坏模式，建立竖向连接钢筋界面粘结滑移本构模型。结合竖向连接钢筋粘结-移曲线特点，通过对比分析发现竖向连接钢筋与界面混凝土的粘结-滑移本构关系可简化为包含上升段及下降段的两阶段形式，具体形式如式(7-12)别采用 CEB-FIP[110]中给出的粘结-滑移本构模型的上升段以及过镇海提出的粘结-滑移本构模型的下降段描述竖向连接钢与界面混凝土间的粘结滑移行为，通过试验得到的粘结-滑移曲线定义本构模型粘结滑移特征值及参数。

$$\tau = \begin{cases} \tau_u\left(\dfrac{s}{s_u}\right)^{\alpha} & (0 \leqslant s \leqslant s_u) \\ \tau_u\dfrac{\dfrac{s}{s_u}}{b\left(\dfrac{s}{s_u}-1\right)^2+\dfrac{s}{s_u}} & (s \geqslant s_u) \end{cases} \tag{7-12}$$

式中，τ_u为极限粘结强度，s_u为峰值滑移。形状参数α主要影响本构模型上升段走势，α取值为 0 时表示粘结应力瞬时增加到峰值，取值为 1 时表示粘结应力与滑移呈线性关系。对于发生拔出破坏试件，通过对试验结果拟合上升段参数α取 0.62，下降段参数b取值为 0.4。

采用上述粘结-滑移本构模型对代表性试件实测得到的τ-s曲线进行拟合，τ-s曲线拟合结果与实测结果吻合较好，建立的双面叠合剪力墙水平节点竖向连接钢筋粘结-滑移本构模型能够较好地预测竖向连接钢筋与界面混凝土间的粘结滑移行为。

然上述粘结-滑移本构模型能够与试验结果吻合较好，但前文已经提到，粘结应力沿锚固长度是不断变化的，如果将上述粘结-滑移本构模型用于竖向连接钢筋力学行为预测或有限元分析中会存在精确性不足的问题。因此为反映粘结位置对粘结-滑移关系的影响，可在式(7-11)的基础上乘以粘结位置函数，得到优化后的粘结-滑移本构关系。

$$\tau(x,s)=\varphi(x)\cdot\tau(x) \tag{7-13}$$

式中$\tau(x,s)$为考虑锚固位置影响的优化粘结-滑移本构模型，$\varphi(x)$为锚固位置函数，$\tau(x)$为基本粘结-滑移本构模型。

7.5 本章小结

为研究双面叠合剪力墙水平节点竖向连接钢筋的粘结滑移性能，进行了双面叠合试件及全现浇试件的拉拔试验，并通过对竖向连接钢筋切割开槽后粘贴应变片得到加载过程中钢筋应变分布情况，随后利用应变数据计算得到了界面粘结应力以及相对滑移，建立了竖向连接钢筋界面粘结应力、相对滑移沿粘结长度的分布规律。通过对试验结果分析可知：

（1）双面叠合试件破坏模式为钢筋拔出及钢筋拉断，全现浇试件破坏模式为钢筋拔出。本次试验基于双面叠合剪力墙中部单排插筋形式设计试件，由于竖向连接钢筋自桁架筋内部穿过，桁架筋对竖向连接钢筋粘结区段混凝土存在较强的约束作用，粘结长度为$5d$试件破坏模式主要包括钢筋屈服前拔出破坏以及钢筋屈服后拔出破坏，粘结长度为$7.5d$试件发生钢筋屈服后的拔出破坏，粘结长度为$10d$试件表现为竖向连接钢筋的屈服后拔出破坏及拉断破坏。

（2）保护层厚度、混凝土强度、钢筋直径、锚固长度等因素对竖向连接钢筋粘结强度的影响与已有研究规律一致。双面叠合试件预制层的存在相当于增大了竖向连接钢筋的保护层厚度，因此双面叠合试件竖向连接钢筋具有足够的保护层厚度。从而提高了竖向连接钢筋的粘结性能，但同时也导致保护层厚度变化对粘结性能的影响较小。

（3）本次试验所研究参量包括现浇层厚度、钢筋直径、混凝土强度、粘结长度，上述参量对极限粘结强度的影响可归结为相对保护层厚度c/d、混凝土抗拉强度f_t、相对粘结长度l_a/d，极限粘结强度随着c/d、f_t的增大而提高，随着l_a/d的增大而降低。临界保护层厚度为$4.5d$，超过这一限值后增大保护层厚度对粘结强度提升效果不明显。双面叠合试件中桁架筋及预制层提供的侧向约束作用提高竖向连接钢筋与现浇层混凝土间粘结作用，锚固长度超过$10d$时试件即可能发生拉断破坏。

（4）通过在钢筋凹槽内布置应变片量测得到加载过程中竖向连接钢筋粘结区段应变，进而计算得到粘结应力、相对滑移分布规律。粘结长度较短时，粘结应力峰值集中于$0.6l_a$位置处，随着粘结长度增大，峰值粘结应力集中于$0.2\sim0.4l_a$区段。相同粘结长度下，增大钢筋直径或提高混凝土强度，粘结应力在靠近加载端的大部分区段分布更加均匀，粘结区段上不再出现应力分布急剧增减情况，粘结应力向自由端传递效果更好。

（5）竖向连接钢筋界面相对滑移主要受荷载影响，同级荷载下，从自由端至加载端相对滑移量逐渐增大，随着荷载增加，粘结区段某一固定位置处界面相对滑移近似呈线性增长。

（6）通过对竖向连接钢筋线切割开槽处理后布置应变片，得到应变沿粘结长度分布规律，绘制不同荷载作用下竖向连接钢筋粘结应力分布情况，建立粘结应力分布位置函数。依据试验结果建立粘结应力-滑移曲线，将τ-s关系简化为包括上升段及下降段的两段式模型，建立c本构关系。

参考文献

[1] 贺灵童, 陈艳. 建筑工业化的现在与未来[J]. 工程质量, 2013, 31(2): 1-8.

[2] 黄小坤, 田春雨. 预制装配式混凝土结构研究[J]. 住宅产业, 2010(9): 28-32.

[3] 蒋勤俭. 国内外装配式混凝土建筑发展综述[J]. 建筑技术, 2010, 41(12): 1074-1077.

[4] 王德华, 华绍彬. 北京市全装配大板住宅建设评述（上）[J]. 建筑施工, 1986(1): 27-31.

[5] Einea A, Salmon D C, Fogarasi G J, et al. State-of-the-art of precast concrete sandwich panels[J]. PCI Journal, 1991, 36(6): 78-98.

[6] PCI committee on precast concrete sandwich wall panels. State-of the-art of precast/prestressed sandwich wall panels[J]. PCI Journal, 1997, 42(2): 94-132.

[7] McCall W C. Thermal properties of sandwich panels[J]. Concrete International, 1985, 7(1): 35-41.

[8] Woltman G D, Hanna M, Tomlinson D G, et al. Thermal insulation effectiveness of sandwich concrete walls with GFRP shear connectors for sustainable construction[C]. 4th International Conference on Durability and Sustainability of FRP Composite for Construction and Rehabilitation, Quebec City, Canada, 2011.

[9] Salmon D C, Einea A, Tadros M K, et al. Full scale testing of precast concrete sandwich panels[J]. ACI Structural Journal, 1997, 94(4): 354-362.

[10] Einea A, Salmon D C, Tadros M K, et al. A new structurally and thermally efficient precast sandwich panel system[J]. PCI Journal, 1994, 39(4): 90-101.

[11] Bush Jr T D, Wu Z. Flexural analysis of prestressed concrete sandwich panels with truss connectors[J]. PCI Journal, 1998, 43(5): 76-86.

[12] Pfeifer D W, Hanson J A. Precast concrete wall panels: flexural stiffness of sandwich panels[J]. American Concrete Institute (ACI) Journal, 1965, 11: 67-86.

[13] Einea A. Structural and thermal efficiency of precast concrete sandwich panel systems[D]. Lincoln: The University of Nebraska, 1992.

[14] Bush T D , Stine G L. Flexural behavior of composite precast concrete sandwich panels with continuous truss connector[J]. PCI Journal, 1994. 39(2): 112-121.

[15] Abdelfattah E A. Structural behavior of precast concrete sandwich panel under axial and lateral loadings[D]. Seri Kembangan: University Putra Malaysia, 1999.

[16] Benayoune A, Samad A A A, Trikha D N,et al. Flexural behavior of precast concrete sandwich composite panel-experimental and theoretical investigations[J]. Construction and Building Materials, 2008, 22(4): 580-592.

[17] Frankl B. Structural behavior of insulated precast prestressed concrete sandwich panels reinforced with CFRP grid[D].North Carolina: University of North Carolina, 2008.

[18] Tarek K H, Sami H R. Analysis and design guidelines of precast, prestressed concrete, composite load-bearing sandwich wall panels reinforced with CFRP grid[J]. PCI Journal, 2010, 56(2): 147-162.

[19] Bernard A, Frank L. Behavior of precast, prestressed concrete sandwich wall panels reinforced with CFRF shear grid[J]. PCI Journal, 2011, 56(2): 42-54.

[20] Douglas T, Amir F. Experimental investigation of precast concrete insulated sandwich panels with glass fiber-reinforced polymer shear connectors[J]. American Concrete Institute (ACI) Journal, 2014, 111(3): 595-606.

[21] Insub C, JunHee K, Ho-Ryong K. Composite behavior of insulated concrete sandwich wall panels subjected to wind pressure and suction[J]. Materials, 2015, 8: 1264-1282.

[22] Oberlender G D. Strength investigation of reinforced concrete load bearing wall panels[D]. Arlington: University of Texas, 1973.

[23] Pessiki S, Mlynarczyk A. Experimental evaluation of the composite behavior of precast concrete Sandwich wall panels[J]. PCI Journal, 2003, 48(2): 54-71.

[24] Benayoune A, Samad A A A, Trikha D N, et al. Structural behavior of eccentrically loaded precast sandwich panels[J]. Construction and Building Materials, 2006, 20(9): 713-724.

[25] Benayoune A, Samad A A A, Ali A A A, et al. Response of precast reinforced composite sandwich panels to axial loading[J]. Construction and Building Materials, 2007, 21(3): 677-685.

[26] Hofheins C L, Reaveley L D, Pantelides C P. Behavior of welded plate connections in precast concrete panels under simulated seismic loads[J]. PCI Journal, 2002, 47(4): 122-133.

[27] Post A W. Thermal and fatigue testing of fiber reinforced polymer tie connectors used in concrete sandwich walls[D]. Ames: Iowa State University, 2006.

[28] Jaiden O, Marc M. Shear testing of precast concrete sandwich wall panel composite shear connectors[R]. CEE Faculty Publications, 2016: 1233.

[29] 连星. 叠合剪力墙的抗震性能实验分析及理论研究[D]. 合肥: 合肥工业大学, 2009.

[30] 章红梅, 吕西林, 段元锋, 等. 半预制钢筋混凝土叠合墙（PPRC-CW）非线性研究[J]. 土木工程学报, 2010, 43(S2): 93-100.

[31] 张伟林, 沈小璞, 吴志新, 等. 叠合剪力墙 T 型、L 型墙体抗震性能试验研究[J]. 工程力学, 2012, 29(6): 196-201.

[32] 李宁. 半装配叠合剪力墙工字形试件试验研究及数值模拟[D]. 合肥: 合肥工业大学, 2012.

[33] 叶燕华, 孙锐, 薛洲海, 等. 预制墙板内现浇自密实混凝土叠合剪力墙抗震性能试验研究[J]. 建筑结构学报, 2014, 35(7): 138-144.

[34] 姚荣, 叶燕华, 吕凡任. 型钢混凝土叠合剪力墙钢筋应力的试验研究[J]. 工业建筑, 2016(6): 149-154+165.

[35] 肖波, 李检保, 吕西林. 预制叠合剪力墙结构模拟地震振动台试验研究[J]. 结构工程师, 2016(3): 119-126.

[36] 汪梦甫, 邹同球. 带暗支撑预制叠合剪力墙抗震性能试验研究[J]. 湖南大学学报（自然科学版）, 2017(1): 54-64.

[37] 侯和涛, 马天翔, 曲哲, 等. 预制带肋叠合整体式剪力墙拟静力试验研究[J]. 建筑结构, 2016(10): 14-19.

[38] 初明进, 刘继良, 侯建群, 等. 无界面钢筋的叠合剪力墙受力性能试验研究[J]. 建筑结构学报, 2016(10): 90-97.

[39] 沈小璞, 马巍, 陈信堂, 等. 叠合混凝土墙板竖向拼缝连接抗震性能试验研究[J]. 合肥工业大学学报 2010, 33(9): 1366-1371

[40] 王滋军, 刘伟庆, 魏威, 等. 钢筋混凝土水平拼接叠合剪力墙抗震性能试验研究[J].建筑结构学报, 2012, 33(7): 147-155.

[41] 王滋军, 刘伟庆, 翟文豪, 等. 新型预制叠合剪力墙抗震性能试验研究[J]. 中南大学学报（自然科学版）, 2015(4): 1409-1419.

[42] 种迅, 叶献国, 蒋庆, 等. 水平拼缝部位采用强连接叠合剪力墙抗震性能研究[J]. 建筑结构, 2015(10): 43-48.

[43] 侯和涛, 叶海登, 马天翔, 等. 双面叠合剪力墙轴心受压性能研究[J]. 建筑结构学报, 2016(3): 76-85.

[44] 马天翔. 双面叠合剪力墙偏心受压与抗震性能试验研究[D]. 济南: 山东大学, 2016.

[45] Kampner M, Grenestedt J L. On using corrugated skins to carry shear in sandwich beams[J]. Composite Structures, 2008, 85(2): 139-148.

[46] Styles M, Compston P, Kalyanasundaram S. The effect of core thickness on the flexural behaviour of aluminium foam sandwich structures[J]. Composite Structures, 2007, 80(4): 532-538.

[47] Mostafa A, Shankar K, Morozov E V. Insight into the shear behaviour of composite sandwich panels with foam core[J]. Materials and Design, 2013, 50: 92-101.

[48] 赵志方. 新老混凝土粘结机理和测试方法[D]. 大连: 大连理工大学, 2000.

[49] 刘健. 新老混凝土粘结的力学性能研究[D]. 大连: 大连理工大学, 2000.

[50] 管大庆, 石韞珠. 界面处理对新老混凝土粘结性能的影响[J]. 混凝土与水泥制品, 1994(3): 23-24.

[51] 赵志方, 赵国藩. 新老混凝土粘结的拉剪性能研究[J]. 建筑结构学报, 1999, 20(6): 26-31.

[52] 中华人民共和国住房和城乡建设部. 混凝土物理力学性能试验方法标准:GB/T 50081—2019[S]. 北京: 中国建筑工业出版社, 2019.

[53] 中华人民共和国住房和城乡建设部. 混凝土结构设计标准: GB/T 50010—2010（2024 年版）[S]. 北京:中国建筑工业出版社, 2011.

[54] 中华人民共和国国家质量监督检验检疫总局, 中国国家标准化管理委员会. 金属材料 拉伸试验 第1部分: 室温试验方法: GB/T 228.1—2021[S]. 北京: 中国标准出版社, 2021.

[55] 杨联萍, 余少乐, 张其林, 等. 双面叠合试件界面抗剪性能试验[J]. 同济大学学报（自然科学版）, 2017(5): 664-672.

[56] Birkeland P W, Birkeland H W. Connections in precast concrete construction[J]. Journal of the American Concrete Institute, 1966, 63(3): 345-368.

[57] Anderson A R. Composite designs in precast and cast-in-place concrete[J]. Progressive Architecture, 1960, 41(9): 172-179.

[58] Birkeland P W, Birkeland H W. Connections in precast concrete construction[C]// Journal Proceedings, 1966, 63(3): 345-368.

[59] Birkeland H W. Class notes for course: precast and prestressed concrete[J]. Vancouver University of British Columbia, 1968.

[60] Mattock A H, Hawkins N M. Shear transfer in reinforced concrete—Recent research[J]. Pci Journal, 1972, 17(2): 55-75.

[61] Mattock A H. Shear transfer in concrete having reinforcement at an angle to the shear plane[J]. Special Publication, 1974, 42: 17-42.

[62] Loov R E. Design of precast connections[C]// a seminar organized by Compa International Pte Ltd, 1978.

[63] Loov R E, Patnaik A K. Horizontal shear strength of composite concrete beams[J]. PCI Journal, 1994, 39(1): 48-69.

[64] Mattock A H. Shear friction and high-strength concrete[J]. Structural Journal, 2001, 98(1): 50-59.

[65] Mansur M A, Vinayagam T, Tan K H. Shear transfer across a crack in reinforced high-strength concrete[J]. Journal of Materials in Civil Engineering, 2008, 20(4): 294-302.

[66] Comité Euro-International du Béton. CEB-FIP model code 1990 for concrete structures[S]. Switzerland: Bulletin Dinformation, 1990.

[67] British Standards Institute. Structural use of concrete-part 1: code of practice for design and construction: BS 8110-1[S]. London: British Standards Institute, 1997.

[68] Canadian Standards Association. Design of concrete structures-structures design: CAN/CSA A23.3[S]. Rexdale: Canadian Standards Association, 2004.

[69] Precast/Prestressed Concrete Institute. PCI design handbook, 6th edition [S]. Chicago: Precast/Prestressed Concrete Institute, 2004.

[70] American Association of State Highway and Transportation Officials. AASHTO LFRD bridge design specifications, 4th edition[S]. Washington: American Association of State Highway and Transportation Officials, 2007.

[71] American Concrete Institute. Building code requirements for structural concrete and commentary: ACI318-08[S]. USA: American Concrete Institute, 2008.

[72] British Standards Institute. Eurocode 2: design of concrete structures. part 1-1: general rules and rules for buildings[S]. London: British Standards Institute, 2004.

[73] 王振领，林拥军，钱永久. 新老混凝土结合面抗剪性能试验研究[J]. 西南交通大学学报, 2005, 40(5): 600-604.

[74] 王少波，郭进军，张雷顺，等. 界面剂对新老混凝土粘结的剪切性能的影响[J]. 工业建筑, 2001, 31(11): 35-38.

[75] 周旺华. 现代混凝土叠合结构[M]. 北京：中国建筑工业出版社, 1998.

[76] 郭进军，王少波. 新老混凝土粘结的剪切性能试验研究[J]. 建筑结构, 2002, 32(8): 43-45.

[77] 刘立新，于春，栾文彬，等. 预制混凝土叠合板的无筋叠合面抗剪性能试验研究[J].建筑施工, 2013, 35(1): 80-82.

[78] 过镇海，时旭东. 钢筋混凝土原理和分析[M]. 北京：清华大学出版社, 2003.

[79] Zilch K, Reinecke R. Capacity of shear joints between high-strength precast elements and normal-strength cast-in-place decks[C]//FIB International Symposium on High Performance Concrete, Orlando, Precast/ Prestressed Concrete Institute, 2000, 25-27.

[80] Rasmussen B H. The carrying capacity of transversely loaded bolts and dowels embedded in concrete [J]. Bygningsstatiske Meddelser, 1963, 34(2): 39-55.

[81] 苏小卒. 钢筋混凝土梁抗剪的一种机理[J]. 福州大学学报：自然科学版, 1996(S1): 99-103.

[82] Dulacska H. Dowel action of reinforcement crossing cracks in concrete[J]. ACI Journal, 1972, 69(12): 754-757.

[83] Krefeld W J, Thurston C W. Contribution of longitudinal steel to shear resistance of reinforced concrete beams[C]// Journal Proceedings, 1966, 63(3): 325-344.

[84] Houde J, Mirza M S. A finite element analysis of shear strength of reinforced concrete beams[J]. ACI Special Publication, 1974, 42: 103-128.

[85] Bauman T, Rusch H. Versuche Zum Studium der VerdUbelungswirkung der Biegezugbewehrung eines Stahlbetonbalken[J]. Deutscher Ausschuss fur Stahlbeton, Bulletin, 1970, 210(1): 125-139.

[86] Hanson N W. Precast-prestressed concrete bridges 2, horizontal shear connections[J]. Journal of the Portland Cement Association, 1960, 2(2): 38.

[87] Papanicolaou C G, Triantafillou T C. Shear transfer capacity along pumice aggregate concrete and high-performance concrete interfaces[J]. Materials and Structures, 2002, 35(4) : 237.

[88] 叶果. 新老混凝土界面抗剪性能研究[D]. 重庆: 重庆大学, 2011.

[89] Sousa C, Serra N A. Push-off tests in the study of cyclic behavior of interfaces between concretes cast at different times [J]. Journal of Structural Engineering, 2015, 142(1): 04015101.

[90] Simulia D C S. ABAQUS 6.11 analysis user's manual, 2011.

[91] 中华人民共和国住房和城乡建设部. 建筑抗震设计标准: GB/T 50011—2010（2024 年版）[S]. 北京: 中国建筑工业出版社, 2010.

[92] 中国建筑科学研究院. 建筑抗震试验规程: JGJ/T 101—2015[S]. 北京: 中国建筑工业出版社, 2015.

[93] Mast R F. Auxiliary reinforcement in concrete connections[J]. Journal of the Structural Division, 1968, 94(6): 1485-1504.

[94] Johal L. Shear transfer in reinforced concrete with moment or tension acting across the shear plane[J]. PCI Journal, 1975, 77.

[95] Mattock A H, Li W K, Wang T C. Shear transfer in lightweight reinforced concrete[J]. PCI Journal, 1976, 21(1): 20-39.

[96] Hofbeck J A, Ibrahim I O, Mattock A H. Shear transfer in reinforced concrete[C]// Journal Proceedings, 1969, 66(2): 119-128.

[97] Vecchio F J, Collins M P. Compression response of cracked reinforced concrete[J]. Journal of structural engineering, 1993, 119(12): 3590-3610.

[98] Hwang S J, Lee H J. Analytical model for predicting shear strengths of exterior reinforced concrete beam-column joints for seismic resistance[J]. Structural Journal, 1999, 96(5): 846-858.

[99] Hwang S J, Lee H J. Analytical model for predicting shear strengths of interior reinforced concrete beam-column joints for seismic resistance[J]. Structural Journal, 2000, 97(1): 35-44.

[100] Schafer K. Strut-and-tie models for the design of structural concrete[M]. Tai Nan: National Cheng Kung University, 1996.

[101] Jennewein M, Schäfer K. Standardisierte nachweise von häufigen D-Bereichen[J]. Deutscher Ausschuss fuer Stahlbeton, 1992 (430).

[102] ACI-ASCE Committee 352. Recommendations for design of beam-column joints in monolithic reinforced concrete structures[C]// American Concrete Institute, 1991.

[103] Paulay T, Priestley M J N. Seismic design of reinforced concrete and masonry buildings[R]. New York: Wiley, 1992.

[104] Zhang L X B, Hsu T T C. Behavior and analysis of 100 MPa concrete membrane elements[J]. Journal of Structural Engineering, 1998, 124(1): 24-34.

[105] Foster S J, Gilbert R I. The design of non-flexural members with normal and high-strength concretes[J]. Structural Journal, 1996, 93(1): 3-10.

[106] Hwang S J, Yu H W, Lee H J. Theory of interface shear capacity of reinforced concrete[J]. Journal of Structural Engineering, 2000, 126(6): 700-707.

[107] 辛丽婷. 预制叠合混凝土结构在地震作用下的倒塌分析研究[D]. 上海: 上海交通大学, 2018.

[108] 徐有邻. 变形钢筋-混凝土粘结锚固性能的试验研究[D]. 北京: 清华大学, 1990.

[109] 牛旭宁. 600MPa 级热轧带肋钢筋粘结锚固性能试验研究[D]. 天津: 河北工业大学, 2015.

[110] CEB-FIP 2000. State-of-the-art report on bond of reinforcement in concrete. State-of- Art Report Prepared by Task Group Bond Models (former CEB Task Group 2.5) FIB-Féd. Int. du Béton: 1-97.